KB269932

철 따라 가장 맛있는 **물고기 33종 요리법**

아빠, 생선요리를 부탁해

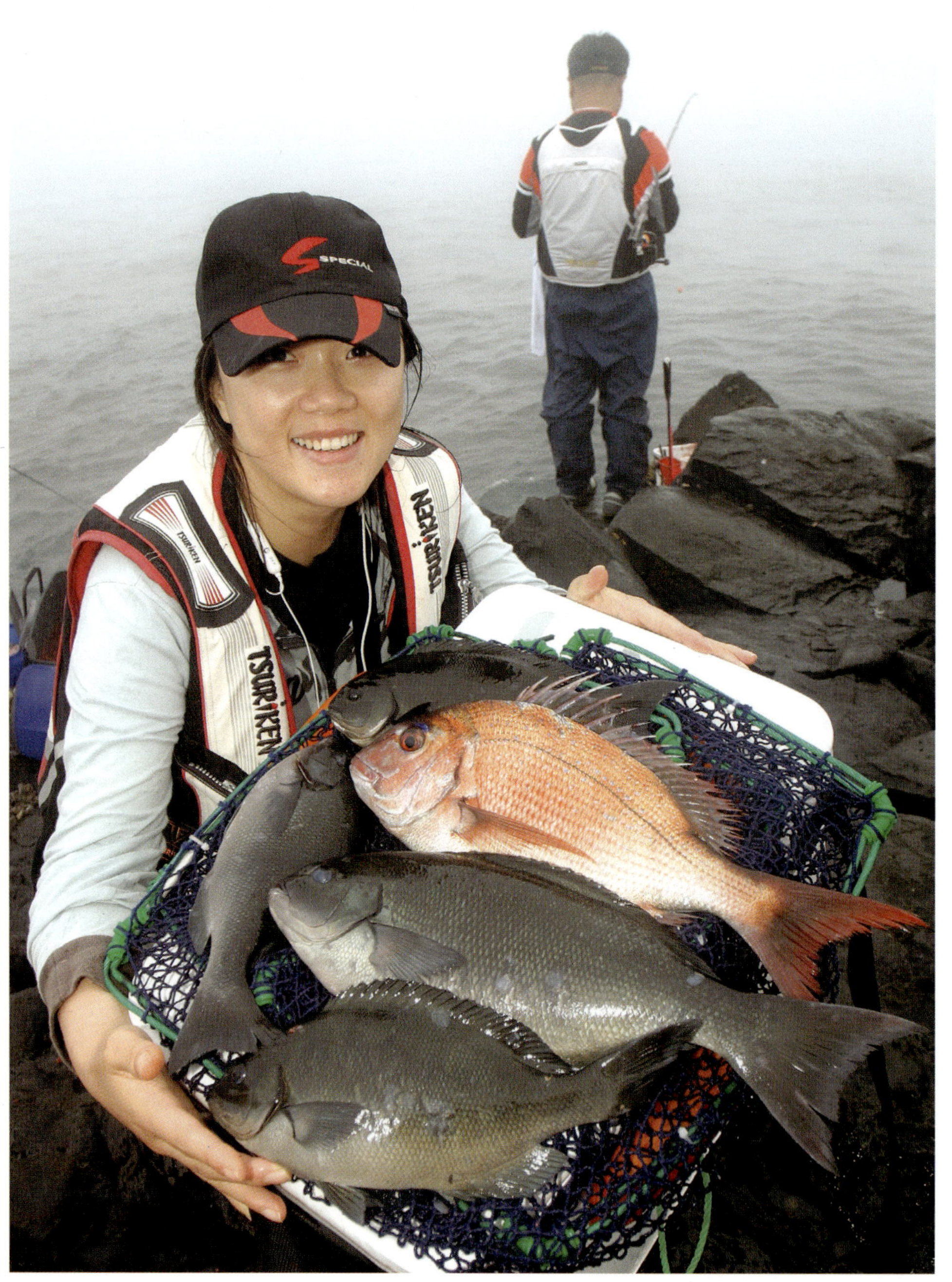

황금시간
Golden Time

아빠, 생선요리를 부탁해

아빠가 하면 더 쉬운 생선요리

생선은 여자가 손질하기 힘듭니다

우리나라 가정에서 먹는 생선요리는 뻔합니다. 갈치조림이나 고등어구이, 가자미 튀김의 범주를 크게 벗어나지 않습니다. 왜? 주부들이 따로 손질하지 않고 요리할 수 있는 생선이 이것뿐이기 때문입니다. 간혹 대구탕이나 명태찌게가 식탁에 오르지만, 잘 손질해서 토막 낸 상태로 양념까지 포장된 국거리 세트를 사와서 물만 붓고 끓인 경우가 많습니다.

이웃나라 일본의 경우는 우리와 다릅니다. 가정에서 생선요리를 많이 해먹는데 거의 남편들이 생선을 손질합니다. 큰 생선의 비늘을 치고 비린내 나는 내장을 빼고 포를 뜨고 머리를 쪼개 염장을 하는 손질과정은 사실 여자가 하기엔 힘든 작업입니다. 남편이 생선을 손질해주고 요리는 부인이 하는 경우도 있지만 처음부터 끝까지 생선요리를 남편이 전담하는 경우도 많습니다. 그런 문화가 일본을 '스시'로 대표되는 생선요리 대국으로 만들었습니다.

당신도 생선회를 직접 뜰 수 있습니다

만약 여러분이 생선요리를 좋아한다면 이 책에서 긴요한 정보를 얻을 수 있을 것입니다. 이 책은 생선을 간편하게 손질하는 길을 알려주고 있습니다. 생선과 육류의 가장 큰 차이는 손질된 식재료냐 그렇지 않느냐에 있습니다. 아무리 숙련된 요리사라도 소나 돼지를 직접 해체하여 요리하지는 않지만 생선은 작은 우럭 한 마리라도 직접 해체를 해야 찜을 하든 매운탕을 끓이든 할 수 있습니다. 그래서 주부들이 생선요리를 힘들어하는 것입니다. 요즘은 요리하기 좋게 손질된 생선이 마트에 나오지만 그 종류가 많지 않고 맛있는 고급 생선들은 대부분 빠져 있습니다.

생선 손질법, 그리 어렵지 않습니다. 잘 드는 칼과 약간의 관심만 있으면 누구나 일식집 주방장처럼 고기를 다룰 수 있습니다. 이 책을 보고 몇 번만 연습하면 직접 생선회를 뜰 수 있습니다. 그러면 횟집에선 너무 비싸서 사먹을 엄두도 내지 못하던 고급 생선회를 여러분의 가정에서 더 푸짐하고 더 정갈하게 즐길 수 있습니다.

바닷고기는 제철에 먹어야 제 맛을 냅니다

맛있는 생선요리를 먹는 비결이 있습니다. 첫째 각 물고기마다 가장 맛있는 제철이 있는데 그때 사서 먹는 것입니다. 둘째 양식산보다 자연산을 구해서 먹는 것입니다. 이 두 가지만 충족되면 회든 구이든 탕이든 어떤 요리를 해도 다 맛있습니다.

첫째 조건은 충족하기가 그리 어렵지 않습니다. 바닷고기는 가장 맛있는 시기에 가장 잘 잡히므로 시장에 출하되는 생선들은 대부분 제철고기이기 때문입니다. 만약 맛있는 철과 잘 잡히는 철이 다르다면 생선의 가격은 훨씬 더 비쌀 것이지만 그렇지 않은 것이 자연의 오묘한 섭리이고 축복이 아닐까 합니다.

문제는 둘째 조건입니다. 자연산 물고기를 구하기가 쉽지 않습니다. 일단 횟집 수족관에 들어 있는 활어들은 90% 양식산입니다. 제주도나 목포 같은 바닷가의 횟집도 마찬가지입니다. 자연산 물고기는 운송과정에서 쉽게 죽는데다 수족관에서 폐사율이 높기 때문에 횟집에서 잘 취급하지 않습니다. 자연산과 양식산을 구별할 수 있는 사람도 많지 않을 뿐더러 자연산이라고 더 비싼 값을 주고 사먹으려는 의욕을 보이는 사람도 거의 없기 때문에 점점 더 많은 횟감이 양식산으로 대체되고 있습니다.

왜 생선은 자연산을 먹어야 할까요?

물고기의 영양학적 우수성은 이미 많은 연구를 통해 증명되어 있습니다. 그런데 영양학적 측면에서 보면 양식한 물고기가 자연산보다 더 뛰어난 경우도 있습니다. 가령 체내 영양소를 추출해보면 특정 아미노산이나 비타민 성분은 지속적인 사료 투여로 건강하게 기른 양식어가 척박한 자연 생태계에서 살아남은 자연산 물고기보다 풍부할 수 있습니다. 그러나 그렇다고 해서 양식어가 자연산보다 몸에 좋은 식재료라고 보기는 어렵습니다. 인삼이 산삼보다 몸에 좋다고 하기 어렵듯이 말이죠. 자연산 물고기가 웰빙식품인 이유는 인위적 사육을 거치지 않고 생산되는 완벽한 식품이기 때문입니다. 가축은 물론 채소와 약초까지 인간이 재배하여 생산하는 오늘날, 물고기는 사람의 손길이 미치지 않는 대양을 누비며 오로지 자연의 양분만 흡수하며 자란 유일한 먹거리라고 할 수 있습니다.

물고기 전문가인 낚시인들의 지식을 공개합니다

지금까지 생선요리책은 요리 전문가가 썼습니다. 그러나 이 책은 요리사가 쓴 책이 아닙니다. 자연산 바닷고기를 가장 많이 먹어온 낚시인들과 섬마을 어부들이 그들의 경험을 토대로 쓴 책입니다. 낚시춘추 편집부가 취재한 바로는, 우리바다 생선의 맛에 대해 가장 잘 아는 사람들은 일식집 주방장이 아니라 바다에서 직접 물고기를 잡아 올리는 어부와 낚시인, 그리고 수산시장에 종사하는 수산업자들이었습니다. 그들의 증언은 흔히 알려진 요리상식과 많이 달랐습니다. 이를 테면… "비싼 생선은 맛있는 생선이 아니다. 단지 귀한 생선일 뿐이다." "작고 보잘 것 없는 잡어도 싱싱하다면 긴 유통과정을 거친 고급 생선보다 횟감으로 훨씬 낫다." "생선요리는 양념을 적게 하고 조리단계를 줄일수록 맛있다."

우리나라 최고 미어(味魚) 33종을 만나보세요

이 책에 소개한 33개 어종은 우리나라 바다낚시인들이 가장 맛있다고 투표로 뽑은 것입니다. 책 속에 맛 순위 투표결과도 나와 있습니다. 그중엔 횟집이나 시장에서 쉽게 구해 먹을 수 있는 물고기도 있지만 그렇지 못한 물고기도 있습니다. 가령 맛 순위 2위와 3위에 오른 긴꼬리벵에돔과 붉바리는 아마 이름마저 생소할 겁니다.

한편 생선회의 제왕이라 불리는 다금바리는 이 책에서 빠져 있습니다. 그 이유는 책을 읽어보면 아실 텐데, 어쨌든 42명의 바닷고기 전문가들은 공통적으로 "다금바리는 과대평가된 생선이다. 희소성 때문에 비싸게 거래될 뿐 그 가격만큼의 맛은 없다"고 평가했습니다.

행복한 가족식탁, 아빠가 만들어보세요

이 책은 주부들을 위한 요리책이 아닙니다. 오히려 남편들이 보고 익히기에 적합한 책입니다. 물론 부부가 함께 보면 더 좋겠죠. 조리과정이 어려우우면 손질과정만이라도 익혀서 가족들에게 맛있는 생선요리를 만들어주시기 바랍니다. 생선요리에 숙달되면 낚시터나 캠핑장에 갔을 때도 물고기를 재료로 멋진 요리 솜씨를 뽐낼 수 있을 것입니다.

월간 낚시춘추 편집장 허만갑 / 사진부장 이기선

일러두기

Buying 각 생선의 시장가격과 구입방법을 정리한 항목입니다.
Nutrition 각 생선의 영양성분을 정리한 항목입니다.
Fishing 각 물고기의 낚시터와 낚시방법을 간략하게 소개한 항목입니다. 낚시정보에 대해 더 알고 싶으시면 인터넷 검색창에 【낚시춘추】를 쳐보시기 바랍니다.

〈아빠, 생선요리를 부탁해〉에 도움 주신

42명의 바닷고기 전문가들

●요리 진행
김한민 여수 한일낚시
박명식 부산 진수사
양성욱 제주 킹덤호수산
임정두 서울 동신수사
정호우 서울 우마끼횟집
오창재 서울 어도횟집
조운용 고양 수라수라
최성창 속초 강진호횟집
김창용 창원 바다루어낚시 전문가
김용학 파주 바다 선상낚시 전문가
노용현 거제 구조라 부산횟집
신정범 당진 날으는산오징어 횟집
박수만 거제 지세포 장어나라

●요리 자문
박성식 목포 햇뜰수산횟집
추은철 진해 등대횟집
김광석 인천 소래시장 회센터 재성이네
김현자 여수 영조상회 회센터
최덕안 서울 노량진수산시장 여수여천
박경식 부산 낚시전문 프리라이터
김진용 한국어탁회 사무국장
방문일 서울 갯바위낚시 전문가
김영문 부평 동혜T/S

●어류학 자문
명정구 박사. 한국 해양과학기술원
김영혜 박사. 여수 수산과학원
명정인 박사. 부산 수산과학원
김진구 교수. 부산 부경대학교
김영제 교수. 부산 부경대학교

●생선유통 자문
울진 죽변항 영주수산
고성 동해활어횟집
강릉 기사문 식당
부산 기장군 대변항 필규수산
인천 순종호 횟집
포항 수협 중매인조합
통영 수협 중매인조합
여수 수협 중매인조합
완도 수협 중매인조합

●바다낚시 자문
최상용 강원도 고성군 공현진낚시마트
박영한 강원도 고성군 아야진 용광낚시마트
이정식 강원도 속초시 낚시이야기
황만철 포항 신신낚시
백종훈 통영 푸른낚시마트
최평관 목포 온누리피싱호

contents

004   머리말
아빠가 하면 더 쉬운 생선요리

008   프롤로그1
생선 손질하기

012   프롤로그2
생선회 뜨기

part 1 봄고기

022   임연수어(3월)
임연수어 조림 / 임연수어 구이 / 임연수어 회

028   도다리(4월)
도다리 회 / 도다리 쑥국 / 도다리 간장조림

036   쏨뱅이(4월)
쏨뱅이 회 / 쏨뱅이 된장국

042   참돔(4월)
참돔 숙회 / 참돔 양념장구이 / 참돔 맑은국
참돔 머리구이

050   주꾸미
주꾸미 회 / 주꾸미 데침 / 주꾸미 볶음
주꾸미 야채 볶음면

058   참가자미(5월)
참가자미 뼈회 / 참가자미 물회 / 참가자미 회무침
참가자미 뼈회 된장 무침 / 참가자미 조림

068   간자미(5월)
간자미탕 / 간자미 회 / 간자미 회무침

part 2 여름고기

076   문어(6월)
문어숙회냉채 / 참문어 데침

082   농어(7월)
농어 회초밥 / 농어 소금구이

088   성대(7월)
성대 회 / 성대 고추장 양념꼬치

094   민어(8월)
민어 회 / 민어 껍질데침 / 민어 맑은탕

102   보구치(8월)
보구치 매운탕 / 보구치 회무침 / 보구치 찜

part 3 가을고기

110   우럭(9월)
우럭 회 / 우럭 매운탕 / 우럭 커틀릿

118   쥐치(9월)
쥐치 회 / 쥐치 튀김

124   광어(10월)
광어 회 / 광어 매운탕 / 광어 굴말이
광어 보양탕

134   전어(10월)
전어 회 / 전어 스즈케 초밥

140   돌돔(10월)
돌돔 회 / 돌돔 맑은탕 / 돌돔 껍질데침

148   붉바리(10월)
붉바리 회 / 붉바리 어죽

154 **갈치(10월)**
갈치 회 / 갈치 튀김 / 갈치 회무침
갈치 간장조림 / 갈치 매운탕

164 **무늬오징어(10월)**
무늬오징어 회 / 무늬오징어 호박전
무늬오징어 딤섬과 순대
무늬오징어 샐러드 / 무늬오징어 데침

176 **쥐노래미(10월)**
쥐노래미 회 / 쥐노래미 매운탕

182 **삼치(11월)**
삼치 소금구이 / 삼치 오코노미야키 / 삼치 회

190 **망둥어(11월)**
망둥어 뼈회 / 망둥어 양념조림

196 **호래기(11월)**
호래기 회 / 호래기 회무침 / 호래기 순대
호래기 카레꼬치튀김 / 호래기 누룽지탕

part 4 겨울고기

210 **감성돔(12월)**
감성돔 회 / 감성돔 매운탕 / 감성돔 맑은탕
감성돔 소금구이 / 감성돔 찜

220 **벵에돔(12월)**
벵에돔 회 / 벵에돔 맑은탕

226 **볼락(12월)**
볼락 간장조림 / 볼락 맑은탕
볼락 데리야끼 / 볼락 김치말이찜

236 **붕장어(12월)**
붕장어 소금구이 / 붕장어 대나무통찜
붕장어 간장조림

244 **대구(1월)**
대구찜 / 대구 누룽지탕 / 대구 양념장구이

252 **학꽁치(1월)**
학꽁치 회

256 **숭어(2월)**
숭어 회

260 **열기(2월)**
열기 회 / 열기 삼색찜 / 열기 허브 양념구이

268 **삼세기(2월)**
삼세기 냉채

35 **생선요리 고수의 길 1**
회칼 선택과 사용

73 **생선요리 고수의 길 2**
생선회 랭킹전-바다낚시인들이 뽑은 최고의 회는?

101 **생선요리 고수의 길 3**
회와 소스에도 궁합이 있다

123 **생선요리 고수의 길 4**
소금간과 물간

147 **생선요리 고수의 길 5**
배따기와 등따기

175 **생선요리 고수의 길 6**
위험한 물고기들

206 **생선요리 고수의 길 7**
집에서 반건조 생선(피데기) 만들기

225 **생선요리 고수의 길 8**
헷갈리기 쉬운 일본식 숙회의 종류

267 **생선요리 고수의 길 9**
비싼 몸값 자랑하는 '귀족물고기'는?

생선 손질하기

생선요리의 맛은 생선의 신선도가 좌우한다. 아무리 비싼 생선도 선도가 나쁘면 싱싱한 잡어보다 못한 재료가 된다. 따라서 싱싱한 생선을 구하는 것이야말로 맛있는 생선요리 만들기의 기본이다.

지금부터 소개하는 내용은 낚시인들이 직접 낚은 생선을 보관하고 손질하는 방법이다. 낚시로 잡은 살아 있는 물고기야말로 최상의 식재료일 것이다. 그 상태 그대로 집까지 운반하기 위하여 낚시인들은 피를 빼고 내장을 제거하고 얼음을 촘촘히 채운 아이스박스에 물고기를 종이로 싸서 담는데, 그 정성과 노하우는 생선요리에 입문하는 사람들이 꼭 알아둘만한 것이다.

그 다음으로는 집에 가져온 생선을 먹기 좋게 손질하는 방법을 익혀야 한다. 생선 손질은 기본적으로 먹는 부분인 살과 먹지 못하는 뼈, 비늘, 내장을 분리하는 작업이다. 구이나 국요리를 만들 계획이라면 비늘을 치고 배를 갈라 내장을 빼는 간단한 손질만 하면 되지만, 회를 뜨거나 생선살로 다양한 요리를 만들 계획이라면 뼈만 남기고 살을 발라내는 포 뜨기 요령을 익혀야 한다. 아마도 이 포 뜨기(회 뜨기) 단계에서 대부분 좌절하여 생선요리를 포기할 것이다. 하지만 요령만 알면 결코 어렵지 않으며 다음 장에 소개하는 각 어종별 생선회 뜨기 과정을 따라 해보면 누구나 두세 번 만에 생선회를 뜰 수 있다.

횟감 보관 요령

생선은 신선도가 생명이다. 특히 횟감은 활어상태에서부터 세심한 관리가 필요하다. 생선은 죽는 순간 피부터 부패하기 시작하므로, 활어를 죽이기 전 칼로 동맥을 찔러 피부터 뽑는다. 이것을 일본말로는 '시메(しめ)'라

아이스박스에 담긴 싱싱한 자연산 물고기들.
고급 횟감인 감성돔, 참돔, 돌돔이다.

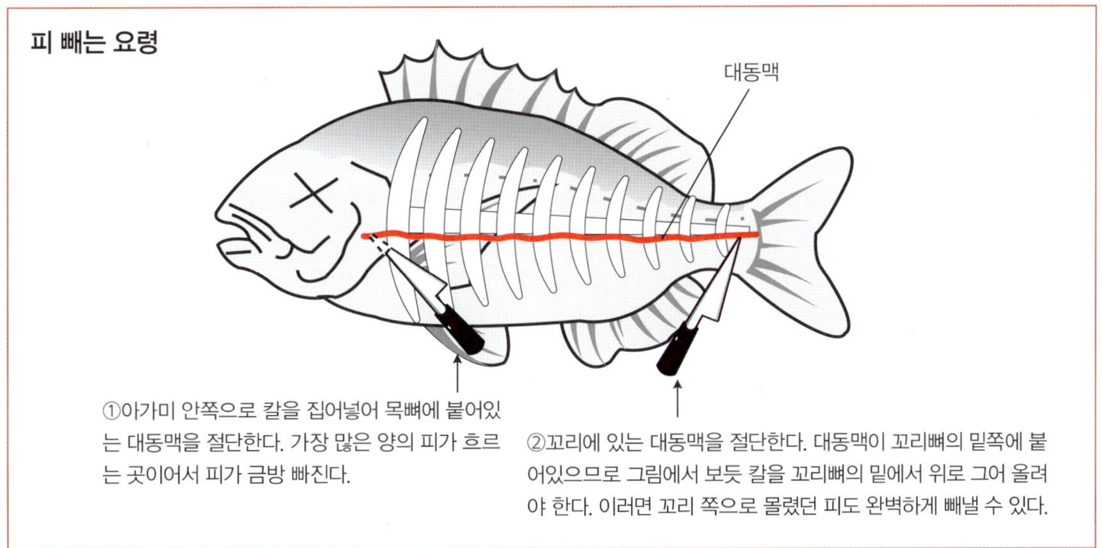

피 빼는 요령

고 한다.

직접 물고기를 낚아서 집으로 가져가는 낚시인들이 갑론을박하는 것 중 하나가 '시메의 타이밍'이다. '낚은 직후 바로 피를 빼 쿨러에 넣는 게 좋다'는 견해와 '최대한 잘 살렸다가 철수 직전 피를 빼는 게 좋다'는 견해가 부딪힌다. 다수의견은 "고기를 온전하게 잘 살려둘 수 있다면 철수 직전에 피를 빼는 게 가장 좋지만 고기를 잘 살릴 수 없는 상황이라면 낚은 즉시 피를 빼서 냉장하는 것이 부패를 막는 길이다"이다.

피를 뺀 뒤 여유가 있으면 칼로 배를 갈라서 내장을 제거하는 게 좋다. 그 이유는 내장이 살보다 먼저 부패하기 때문이다. 또 물고기가 죽으면 내장 속에 살고 있던 각종 기생충이 살 속으로 파고들므로 가급적 빨리 내장을 제거한다. 이때 내장을 뺀 부위는 가급적 민물로 씻지 않는 것이 좋다. 바닷고기는 민물이 닿으면 빨리 상하기 때문인데 바닷물로 세척하는 것이 좋고 바닷물이 없다면 키친타월로 닦아서 갈무리한다.

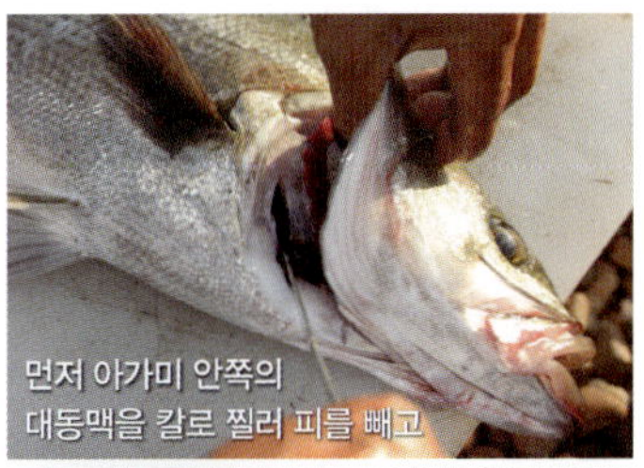

먼저 아가미 안쪽의 대동맥을 칼로 찔러 피를 빼고

꼬리쪽 등뼈 부분의 동맥도 칼로 끊어준다.

냉장의 필요성

'생선회의 맛은 얼음의 마술'이라는 말이 있다. 물고기는 살아 있을 때 잡아서 바로 회로 뜬 것이 가장 맛있을 것 같지만 사실은 얼음에 2~10시간 냉장시켰다가 회로 떠야 더 맛있다. 그 이유는 첫째 냉기가 생선살의 조직을 경직시켜 식감을 높여주기 때문이며, 둘째 생선도 육류처럼 숙성이 되어야 깊은 맛을 내기 때문이다. 다만 생선은 냉동시키면 조직이 얼어서 부서지기 때문에 장기간 보관할 게 아니라면 최대한 냉동은 피하는 것이 좋다.

가정에선 보통 냉장고에 생선을 보관하지만 냉장실의 온도는 4℃로 횟감을 보관하기엔 약간 높다. 그보다

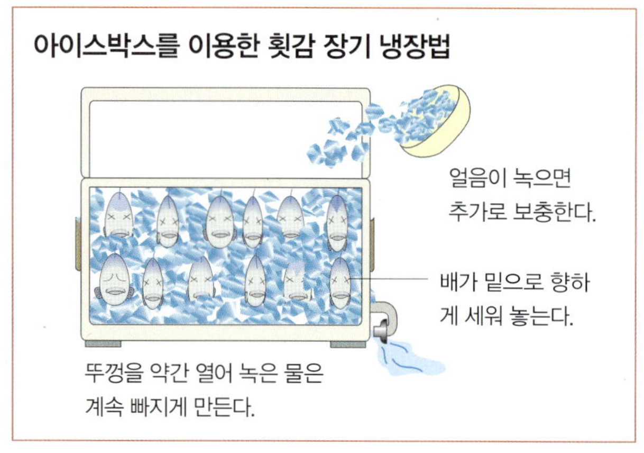

0℃ 안팎으로 조절되는 김치냉장고에 보관하는 것이 좋다. 그러나 냉장고의 횟감 보관기간은 길어야 24시간이다. 만약 48시간 정도 횟감으로 장기보관하려면 아이스박스에 얼음을 가득 채워서 생선을 담는 방법을 쓴다. 이 때 통얼음보다 각얼음을 쓰되(통얼음은 잘게 부순다) 생선의 밑에만 얼음을 깔지 말고 위에도 얼음을 부어서 냉기가 생선을 감쌀 수 있게 해야 한다. 단 얼음이 녹은 물이 고기와 직접 닿으면 생선 살이 물러지므로 비닐봉지나 지퍼백 등으로 고기를 밀봉할 필요가 있다. 이때 고기를 신문지나 수건에 싼 뒤 지퍼백에 보관하면 신문지나 수건이 물기를 흡수해 더 뽀송뽀송하게 저장할 수 있다.

생선 손질 과정

생선요리를 하기 위해 생선의 비늘을 치고 내장을 제거하는 기초과정을 '손질' 또는 일본말로 '미즈아라이(水洗い)'라고 한다. 일식집에서 생선을 손질할 때는 '물에 씻는다'는 일본말대로 수돗물을 사용하지만, 우리나라 바다낚시인들은 가능한 한 민물로 씻지 않는다. 낚시인들은 "바닷고기는 민물이 닿으면 육질이 물러진다"고 주장하며, 특히 횟감을 손질할 때는 수건이나 키친타월로 피와 물기를 닦아내며 손질하고 있다.

1 갯바위에서 직접 낚은 참돔을 손질하는 모습. 바닷고기는 민물에는 쉽게 상하지만 바닷물로 세척하면 잘 상하지 않는다.
2 비늘긁개로 비늘 치기.
3 칼로 비늘 치기. 비늘이 큰 생선은 칼등으로, 비늘이 작은 생선은 칼날로 비늘을 제거하면 편하다.

아가미와 내장 제거하기

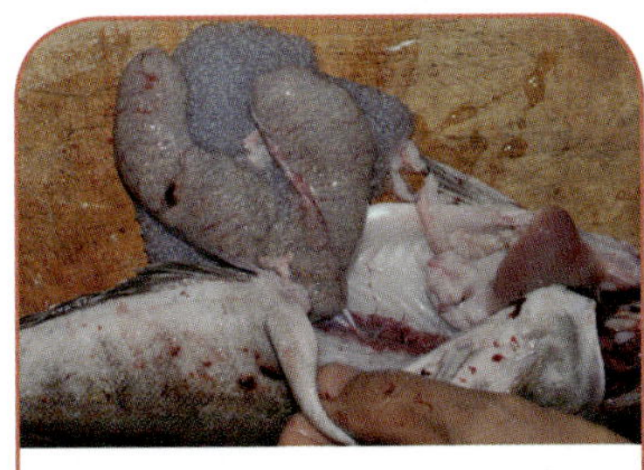

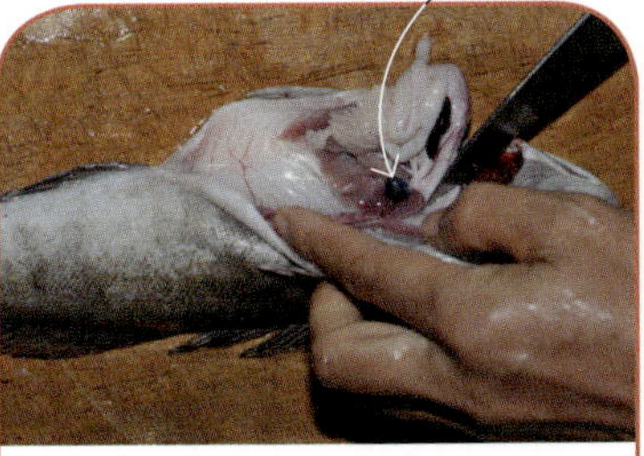

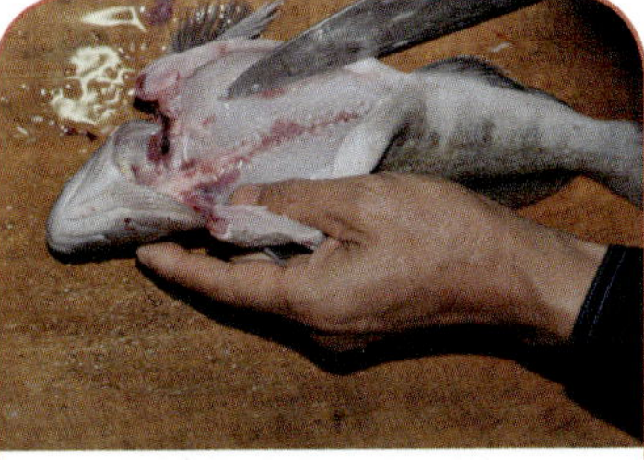

1 배를 갈라 창자를 끄집어내서 버린다.

2 나머지 내장은 따로 잘라서 매운탕에 넣고 끓이면 맛있다.

3 아가미를 떼어서 버리고 찌꺼기를 긁어낸다.

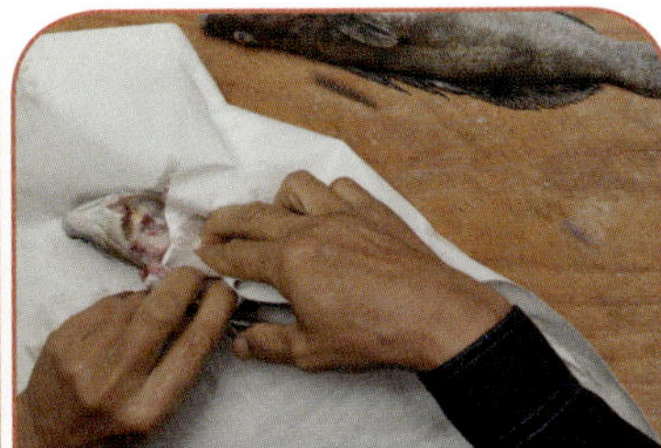

4 수돗물로 깨끗이 세척한다.

5 키친타월로 물기를 말끔히 닦아낸다. 민물이 남아 있으면 생선이 쉬 상한다.

6 손질이 끝난 상태의 생선.

비늘 치기

비늘이 큰 생선은 '비늘긁개'를 사용해 비늘을 제거하고 비늘이 작은 생선은 칼로 긁어 제거한다. 왼손으로 생선 대가리를 잡고 꼬리 쪽에서 머리 쪽으로 비늘을 친다. 비늘긁개를 앞으로 당기면 비늘이 튀어서 옷에 묻으므로 옆으로 밀어서 제거한다.

아가미와 내장 제거

①대가리를 먹지 않는 물고기(갈치, 고등어 등)는 대가리와 내장을 함께 제거한다. 칼로 생선 목덜미부터 자르되 완전히 절단하기 전에 손으로 잡고 뜯어내면 내장과 함께 딸려 나온다.
②대가리까지 먹고자 할 때는 대가리는 그대로 두고 아가미와 내장만 빼낸다. 요령은 생선 멱살을 칼로 자르고, 가슴지느러미 부분의 뼈를 잘라 항문 쪽으로 배를 가른 다음, 오른손의 칼로 아가미 안쪽을 누르고 왼손으로 아가미와 내장을 동시에 뜯어낸다.

내장 막 청소

칼 끝으로 내장 막 안의 등뼈 부분까지 긁어서 내장의 잔여물과 핏기를 긁어낸다. 만약 회감으로서 몇 시간 숙성시킬 계획이면 물로 씻지 말고 키친타월로 내장 막 안을 깨끗이 닦아낸다. 그러나 구이나 탕 재료라면 물로 씻어도 상관없다. 또 손질 후 바로 회를 뜰 계획이면 물로 씻어도 된다.

생선회 뜨기

생선의 뼈와 살을 발라내는 작업을 일본말로 오로시(おろし)라 하는데, 우리말로는 '포 뜨기'
또는 '회 뜨기'라 할 수 있다. 오로시가 끝나면 먹기 좋게 썰어 담기만 하면 된다. 모든 생선회 요리에
꼭 필요한 과정으로, 이 방법만 숙달하면 횟집에 가지 않고도 직접 다양한 생선회를 만들 수 있다.
보통 등뼈만 도려내고 양쪽으로 각각 1장씩 포를 뜨는 '3장 뜨기'를 하지만,
광어처럼 넓적한 물고기나 부시리처럼 큰 물고기는 양쪽 포를 또 절반씩 나눈 '5장 뜨기'를 한다.

넓적한 생선회 뜨기 _돌돔, 참돔, 감성돔 등

김한민
· 여수 한일낚시 대표
· 바다낚시 전문가이자
  생선요리 전문가

1 칼끝을 생선 목(아가미 안쪽 밑)에 찔러 넣고 배 쪽으로 쭉 가른다.

2 내장을 꺼내고 내장막 안쪽까지 깨끗이 긁어낸다.

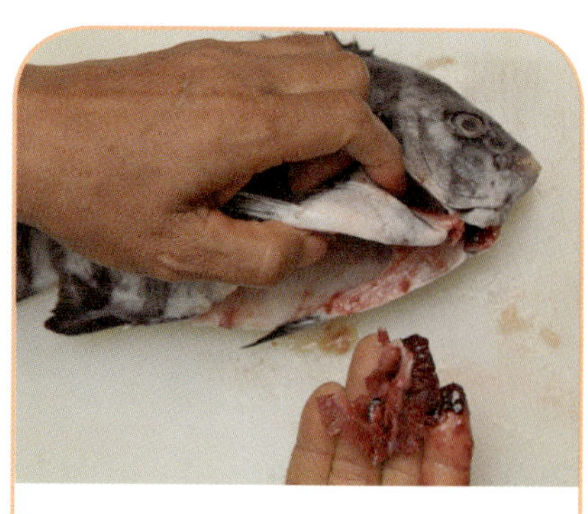

3 손으로 아가미를 잡고 뜯어낸다.

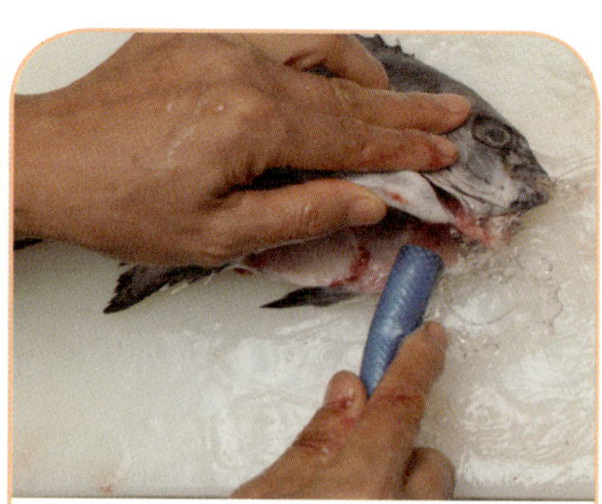

4 수돗물로 핏물과 내장 찌꺼기를 깨끗이 씻는다.

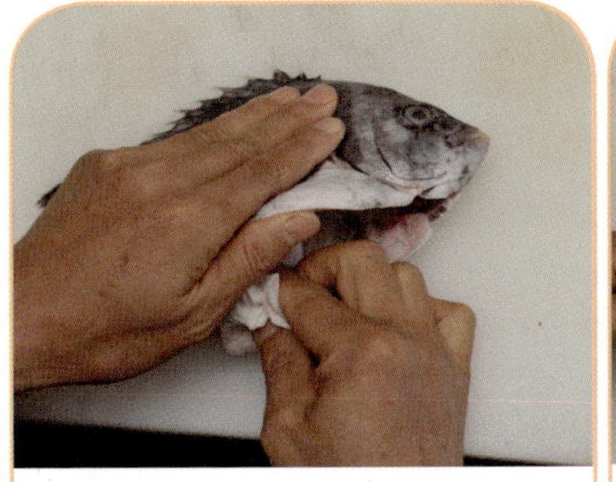

5 키친타월로 물기를 말끔히 닦아낸다. 물기가 있으면 생선살이 물러진다.

6 칼을 가슴지느러미에 바짝 붙여 대고 등뼈까지 머리 쪽 절반을 자른다.

7 꼬리 쪽도 칼을 그어서 등뼈까지 잘라준다.

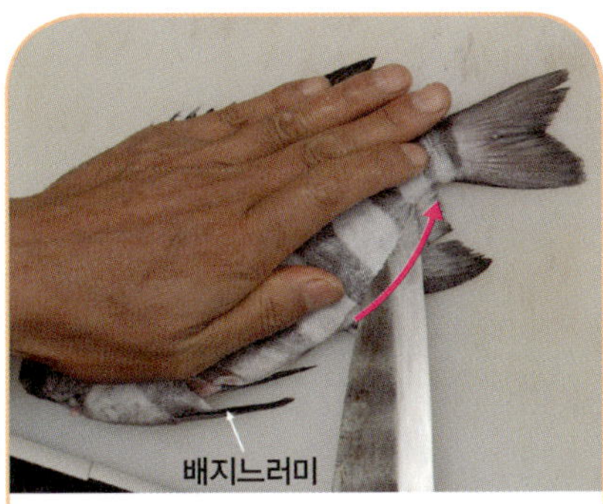

8 먼저 배지느러미 뒤에 칼을 살짝 찌른 다음 꼬리 쪽으로 밀면서 자른다.

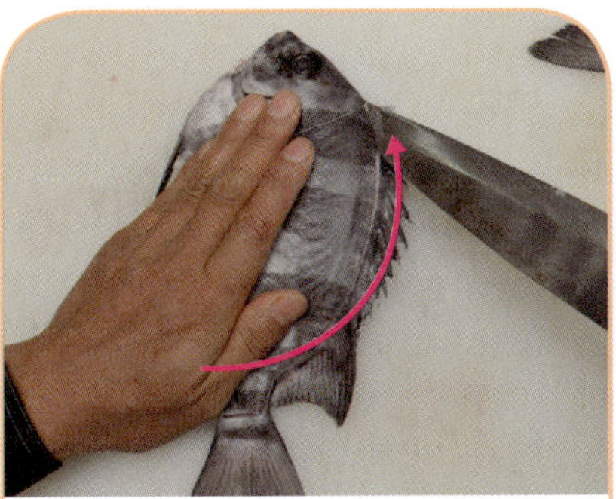

9 다음엔 꼬리에서 머리 쪽으로 밀면서 자른다. 칼날은 1cm만 들어가게 한다.

10 다시 꼬리 쪽으로 칼끝을 뼈 빗살에 붙여 빗질하듯 긁으면서 내려온다.

11 칼이 등뼈에 닿으면 살짝 들어 뱃살 쪽으로 넘긴 후 다시 빗질하듯 긁는다.

12 갈비뼈가 절단된 모습. 칼을 뱃살 쪽으로 더 그어서 포를 완전히 잘라낸다.

13 이번엔 반대쪽 면의 머리 쪽을 역시 같은 요령으로 절반 두께로 자른다.

※ 칼끝이 갈비뼈에 닿았을 때 약간 힘을 주어 당기면 갈비뼈가 절단된다. 단 칼의 절삭력이 좋아야 한다.

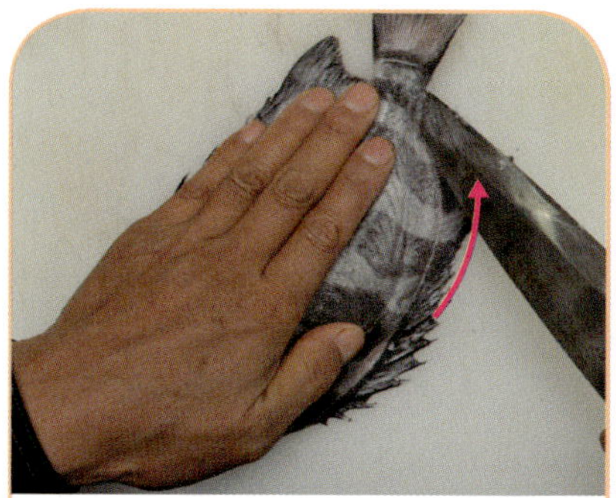

14 칼끝을 1~2cm만 찔러 넣고 꼬리 쪽으로 쭉-쭉-쭉- 밀면서 자른다.

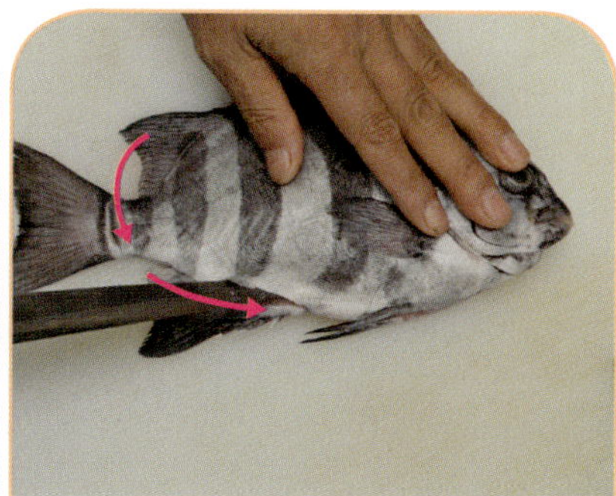

15 다시 꼬리에서 머리 쪽으로 뱃살을 자른다.

16 역시 칼끝을 뼈 빗살에 붙여 빗질하듯 긁으면서 생선살을 뼈에서 분리한다.

17 칼끝이 갈비뼈에 닿았을 때 당겨서 갈비뼈를 자른 다음 계속 뱃살까지 가른다.

18 3장 포 뜨기가 완료된 모습.

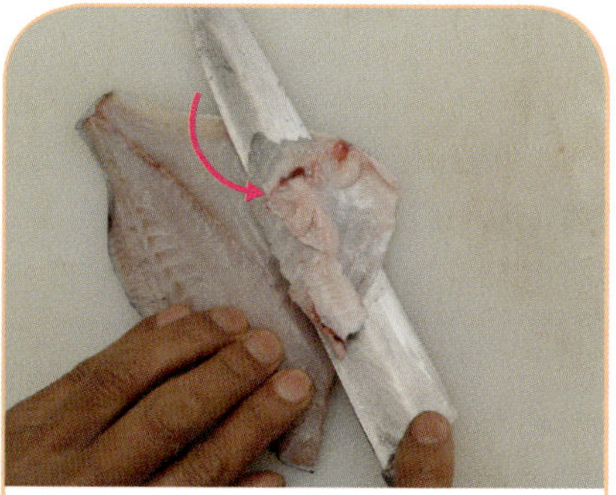

19 칼을 비스듬히 눕혀서 갈비뼈 끝에 댄 다음 갈비뼈를 얇게 도려낸다.

20 꼬리 부분에 살짝 칼집을 낸다. 왼손으로 꼬리 쪽 껍질을 잡기 위해서다.

21 왼손으로 꼬리 쪽 껍질을 잡고 칼은 밀어서 껍질에 평평하게 밀착시킨다.

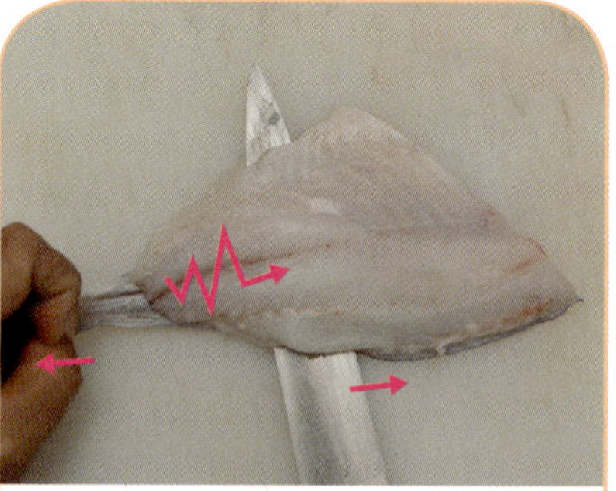

22 칼날을 15도만 살짝 세운 채 머리 쪽으로 밀고 왼손은 반대로 당긴다.

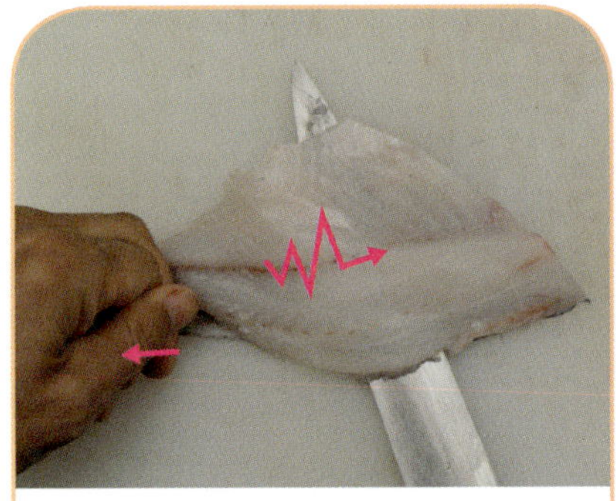

23 칼날을 쓱싹쓱싹 밀면서 껍질과 분리시킨다.(칼로 누른 채 껍질을 당겨도 된다.)

24 껍질과 살이 분리된 상태.

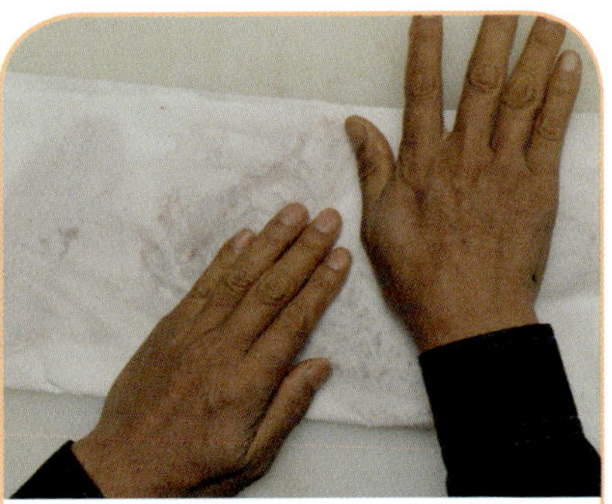

25 키친타월로 포를 싸서 물기를 빼고 핏기를 제거한다.

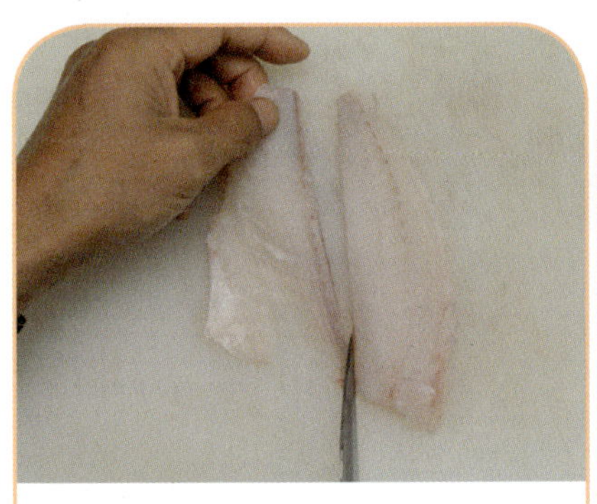

26 생선은 살에도 뼈가 있어서 포의 가운데 뼈를 잘라서 버려야 한다.

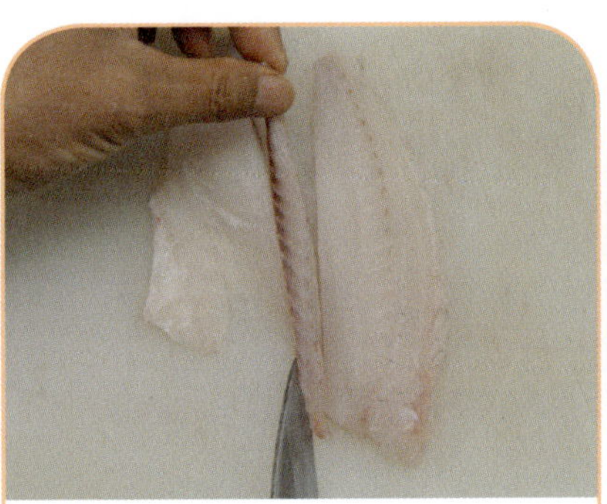

27 가운데 뼈 양쪽을 잘라서 뼈는 버린다.

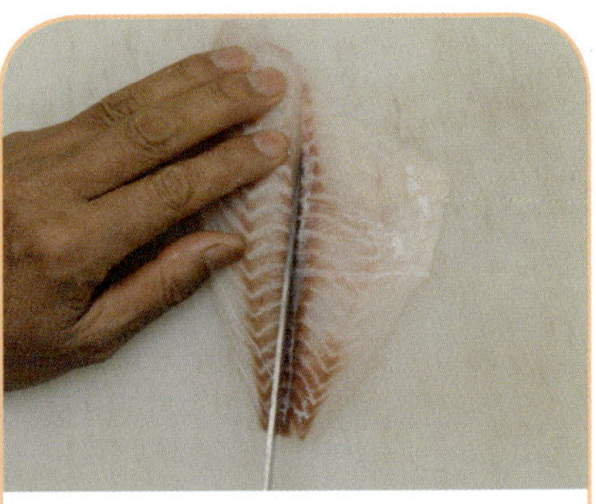

28 다른 한 장의 포도 같은 방법으로 가운데 뼈를 제거한다.

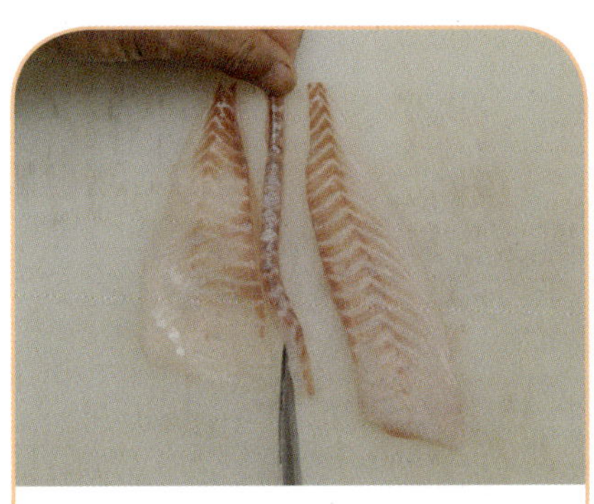

29 포를 이등분하여 가운데 뼈를 버린다.

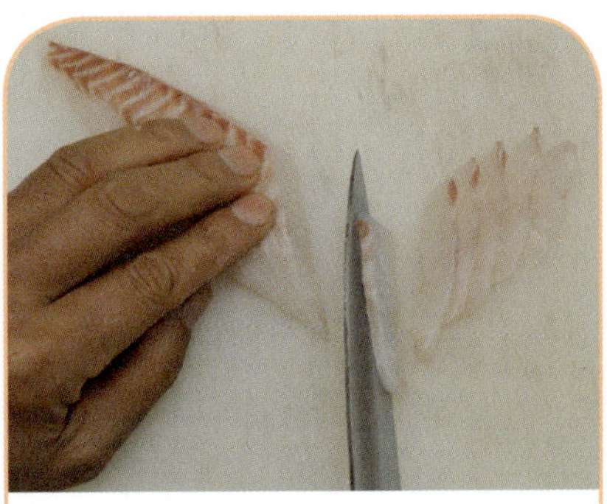

30 넓적한 생선회는 무늬결과 평행하게 그리고 얇게 썰어야 식감이 좋다.

완성 돌돔 회

길쭉한 생선회 뜨기 _쥐노래미, 우럭, 삼치 등

1 칼을 가슴지느러미에 바짝 붙여 대고 등뼈까지 머리 쪽 절반을 자른다.

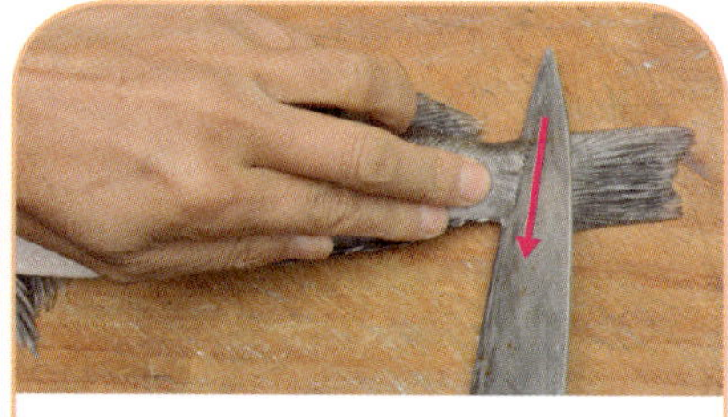

2 꼬리 쪽도 칼을 그어서 등뼈까지 잘라준다.

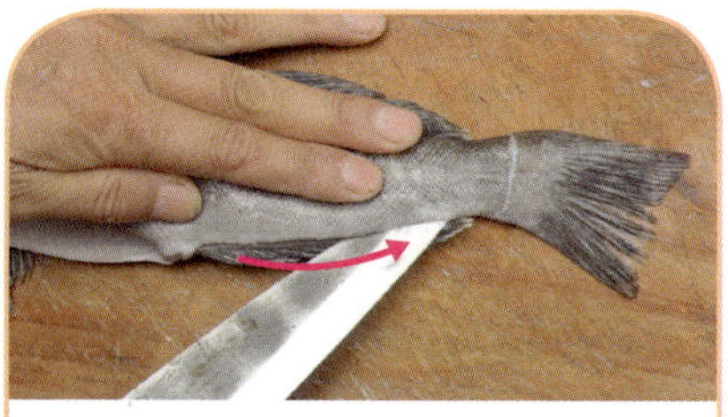

3 먼저 배지느러미 뒤에 칼을 살짝 찌른 다음 꼬리 쪽으로 밀면서 자른다.

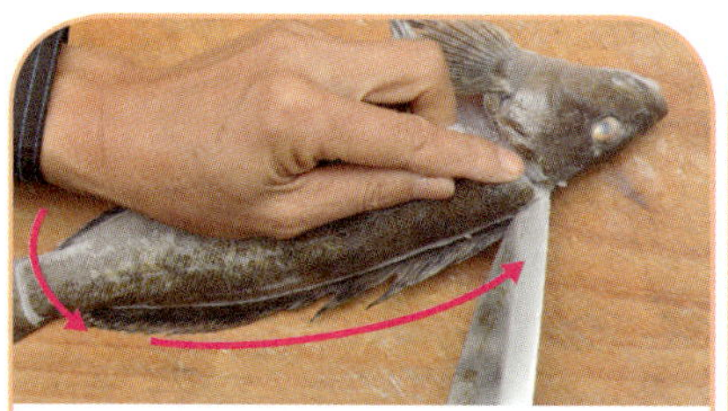

4 다음엔 꼬리에서 머리 쪽으로 밀면서 자른다. 칼날은 1cm만 들어가게 한다.

5 다시 꼬리 쪽으로 칼끝을 뼈 빗살에 붙여 빗질하듯 긁으면서 내려온다.

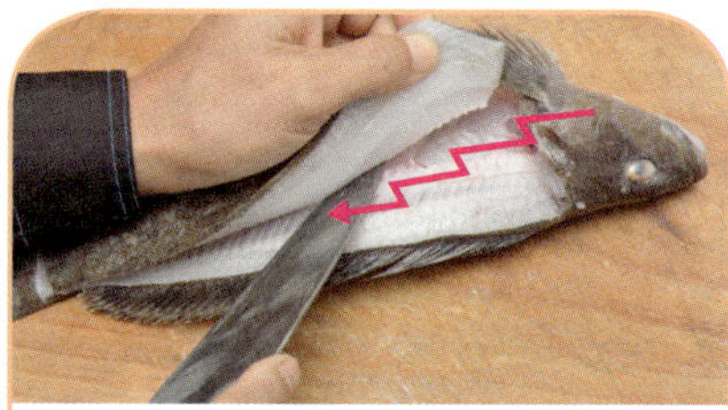

6 칼이 갈비뼈에 닿았을 때 약간 힘을 주어 갈비뼈를 자른다.

7 칼을 뱃살 쪽으로 더 그어서 포를 완전히 잘라낸다.

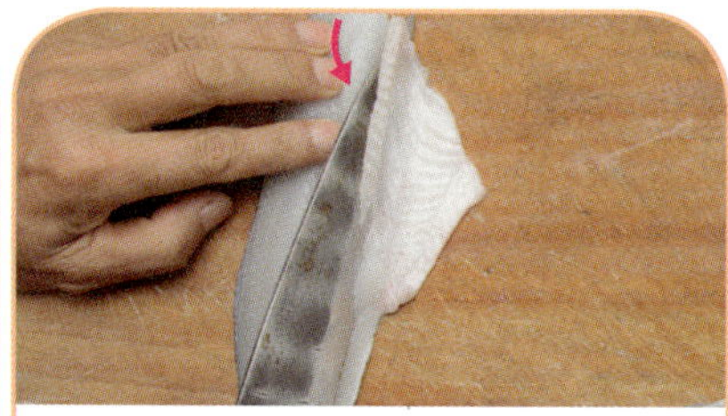

8 칼을 비스듬히 눕혀서 갈비뼈 끝에 댄 다음 갈비뼈를 얇게 도려낸다.

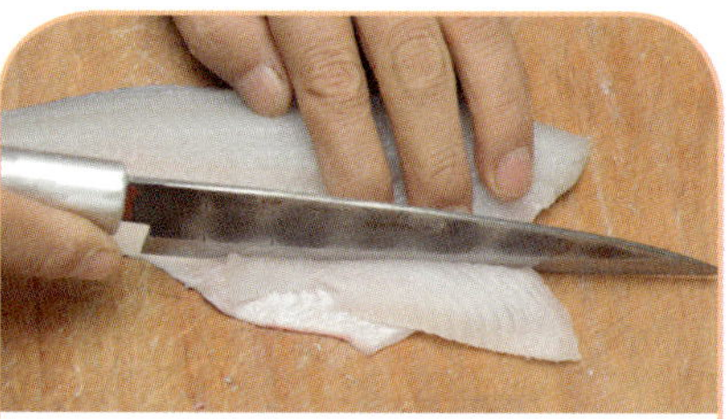

9 갈비뼈를 충분히 도려냈으면 칼을 수직으로 세워 나머지를 잘라낸다.

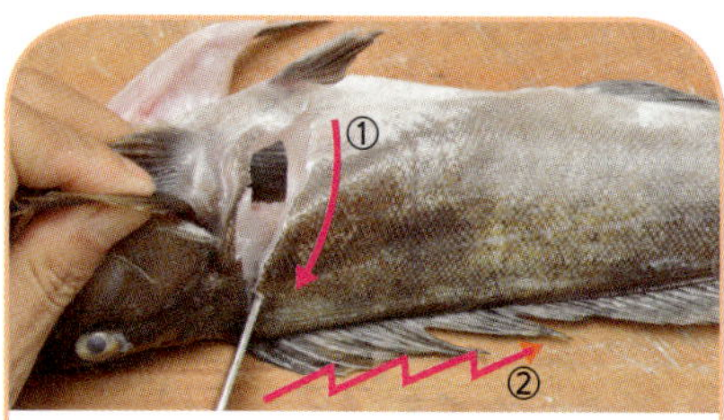

10 이번엔 반대쪽 머리를 자른 뒤 다시 꼬리 쪽으로 쭉-쭉-쭉- 밀면서 자른다.

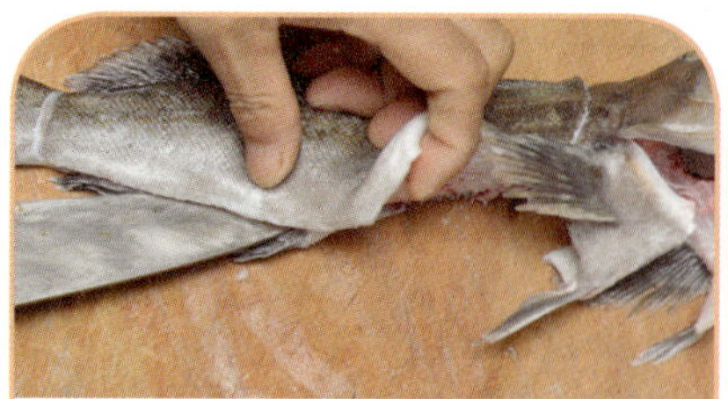

11 다시 배지느러미 뒤에서 꼬리 쪽으로 (이번엔 칼을 당기면서) 뱃살을 자른다.

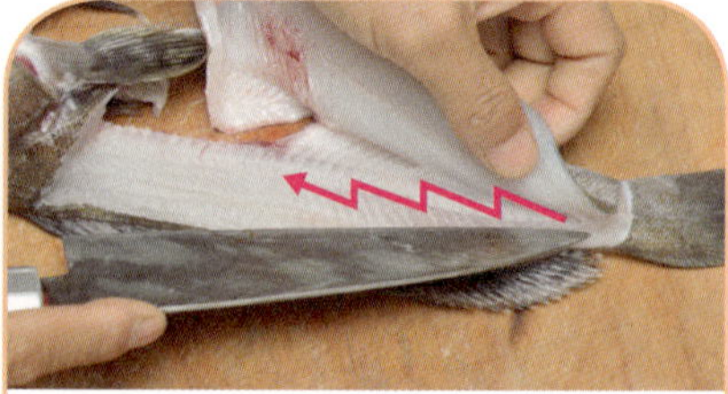

12 칼끝을 뼈 빗살에 붙여 빗질하듯 긁으면서 생선살을 뼈에서 분리한다.

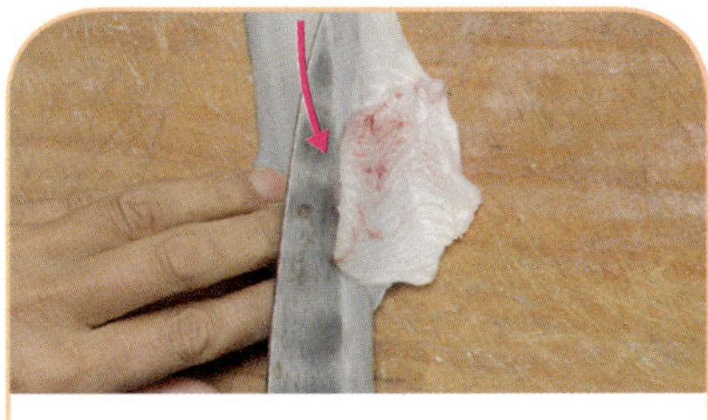

13 칼을 비스듬히 눕혀서 갈비뼈를 얇게 도려낸다.

14 3장 포 뜨기가 완료된 모습.

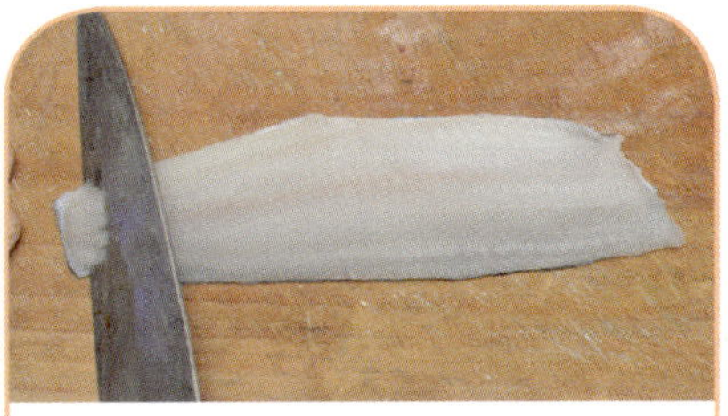

15 꼬리 부분에 살짝 칼집을 낸다.

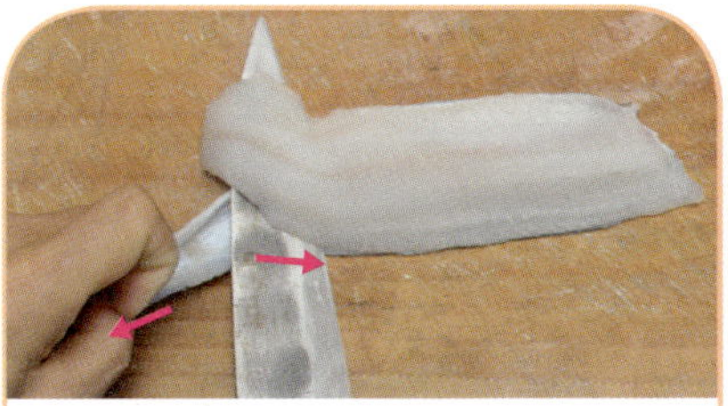

16 왼손으로 꼬리 쪽 껍질을 잡고 칼은 껍질에 밀착시킨 채 평평하게 눕힌다.

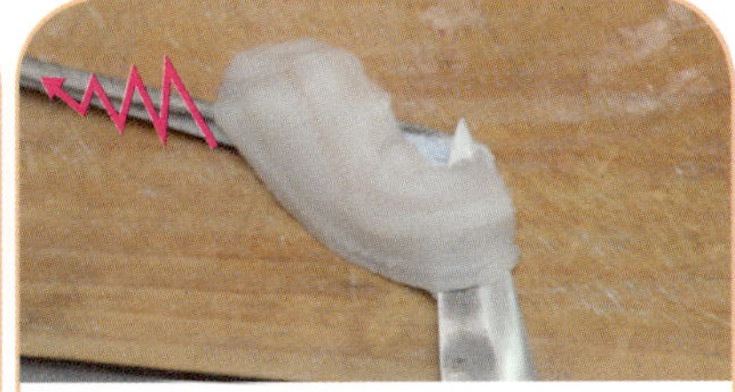

17 칼로 껍질을 누른 채 왼손으로 쓱싹쓱싹 껍질을 당겨 벗긴다.

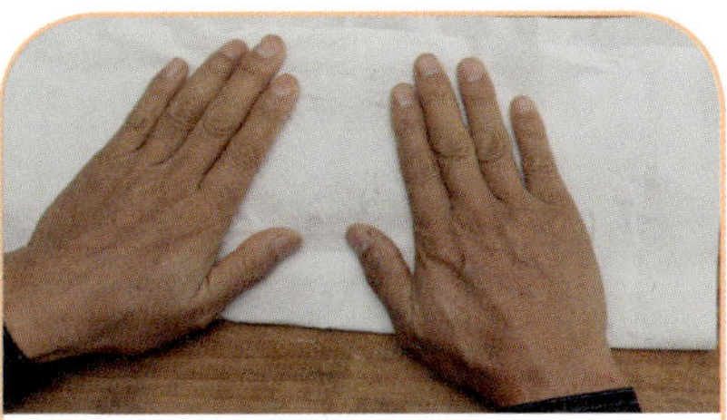

18 키친타월로 포를 싸서 물기와 핏기를 제거한다.

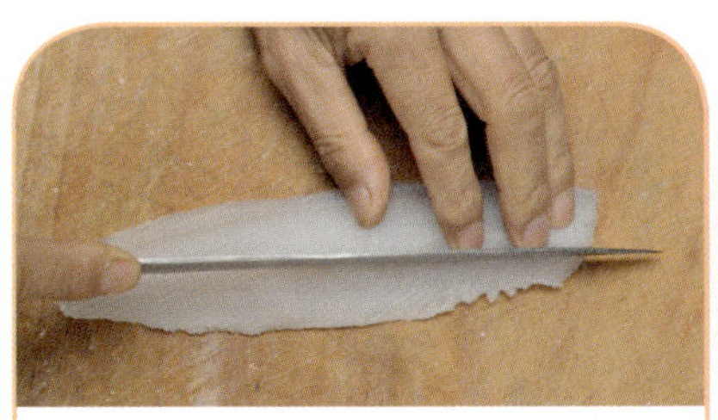

19 포의 가운데 뼈를 제거하기 위해 이등분한다.

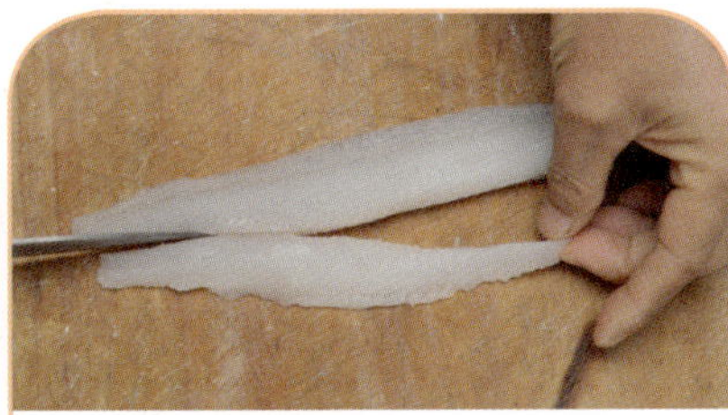

20 가운데 뼈의 양쪽을 잘라서

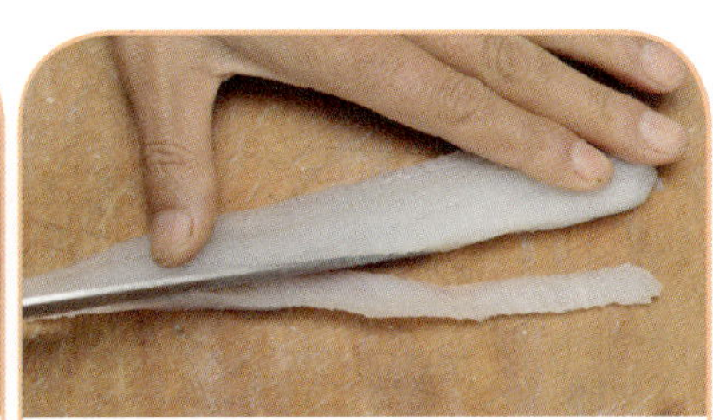

21 가운데 뼈는 버린다.

22 길쭉한 생선회는 세로로 길게 썰어야 푸짐하게 씹는 식감을 즐길 수 있다.

완성 쥐노래미 회

작은 생선 포 뜨기 _전어, 전갱이, 고등어 등

1 칼로 비늘을 벗긴다.

2 칼을 가슴지느러미에 바짝 붙여 머리를 자른다.(배지느러미 포함)

3 뒷지느러미와 함께 배부분을 자른다. (뒷지느러미의 큰 가시도 함께 제거 효과)

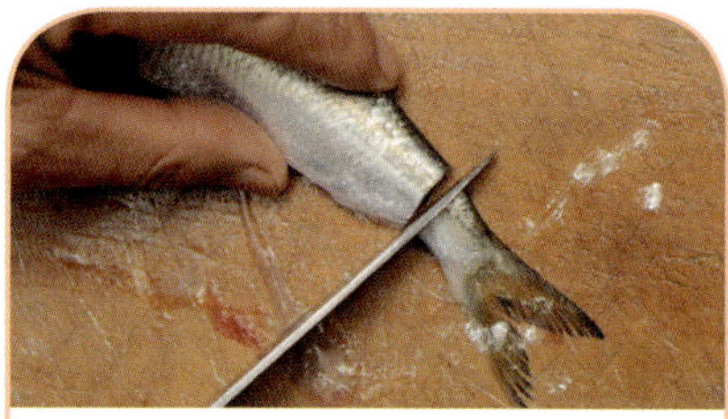

4 꼬리지느러미를 자른다.

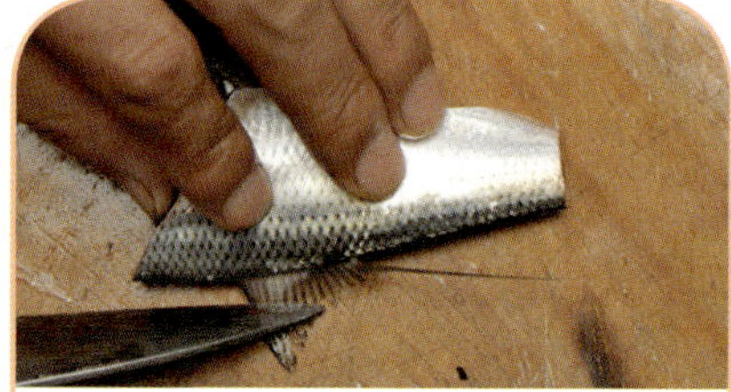

5 등지느러미를 자르기 위해 등지느러미를 잠깐 펼친다.

6 칼을 내리그어서 등지느러미를 잘라낸다.

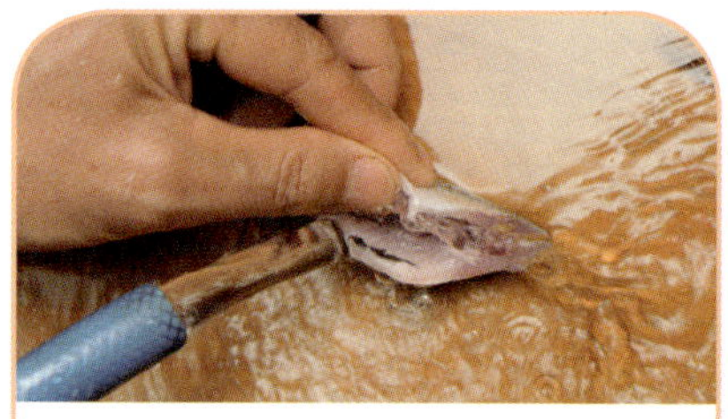

7 손톱으로 내장을 긁어내고 수돗물로 깨끗이 씻는다.

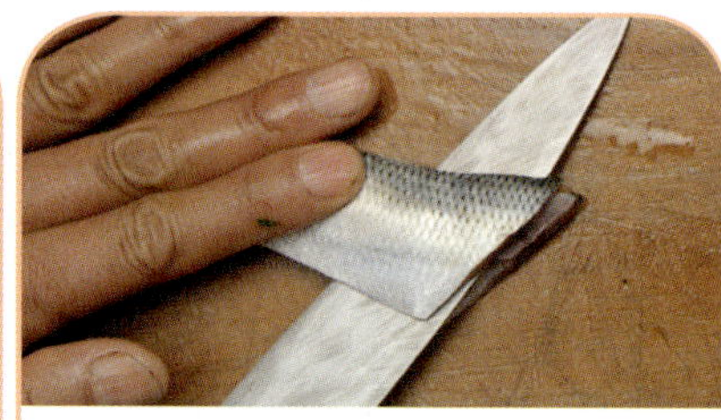

8 칼을 등뼈 위에 밀착시켜 머리 쪽에서 꼬리 쪽으로 쓱싹쓱싹 밀며 자른다.

9 한쪽 포를 잘라낸 상태.

10 이번엔 칼을 등뼈 밑에 밀착시켜 역시 꼬리 쪽으로 쓱싹쓱싹 자른다.

11 갈비뼈를 도려낸다.

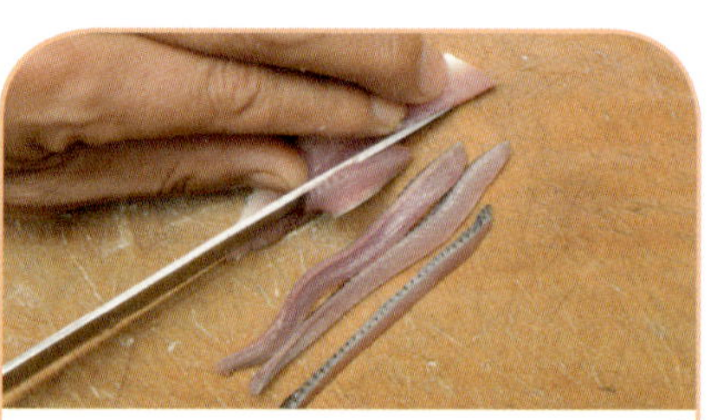

12 전어와 같이 작은 생선은 껍질째 길쭉길쭉 세로로 썰면 맛있다.

작은 생선 뼈회(세꼬시) 뜨기 _열기, 볼락, 쏨뱅이 등

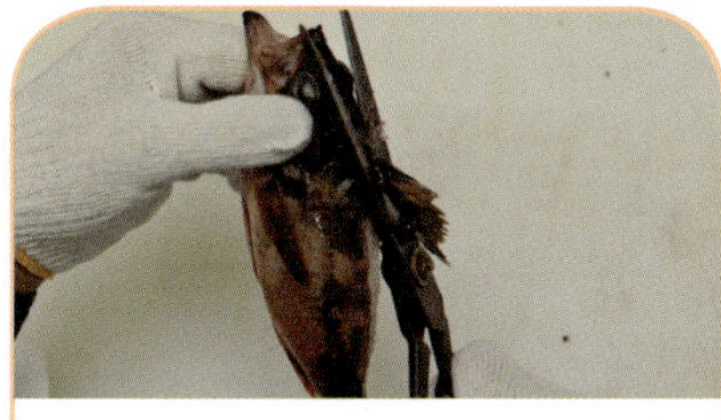

1 가위로 등지느러미를 자른다. 뼈회를 뜰 때는 가위를 사용하면 편리하다.

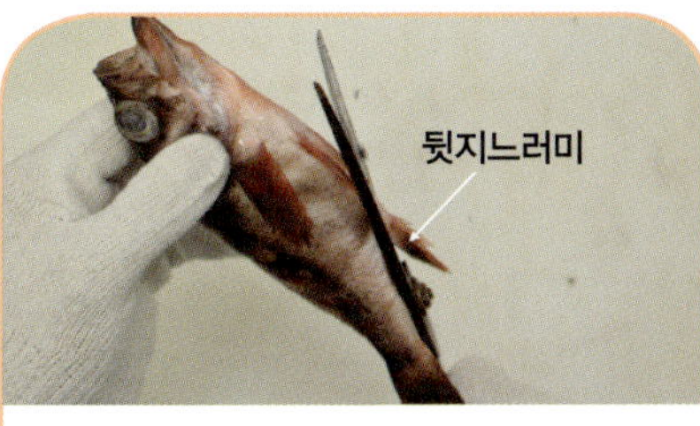

2 뒷지느러미는 큰 가시가 배 깊숙이 박혀 있어 살과 함께 파내듯 잘라낸다.

3 가위 날 끝으로 찔러 넣은 뒤 오려서 배를 가른다.

4 가위를 사진 방향으로 올려가며 자르되,

5 등쪽에 이르면 가위 날을 얕게 넣어 껍질만 잘라 나간다.

6 목장갑을 낀 손으로 껍질을 잡고 당기면

7 껍질만 깨끗이 벗겨진다.

8 이번엔 반대쪽 껍질은 자르지 말고 살만 자른다는 기분으로 가위질을 한다.

9 왼손으로 머리를 잡고 당기면 껍질만 머리에 붙어서 벗겨진다.

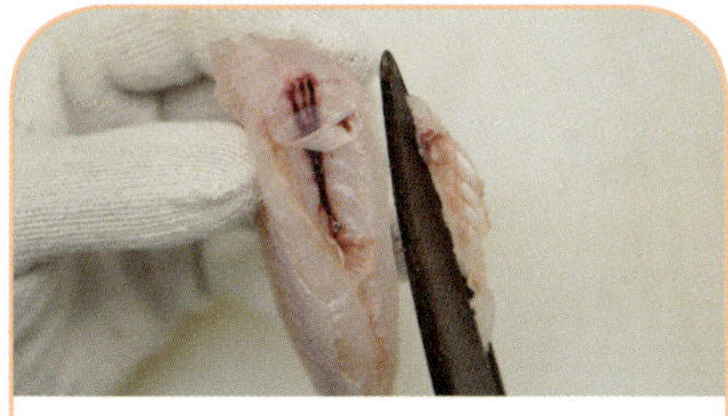

10 가위로 배의 지저분한 갈비뼈를 제거한다.

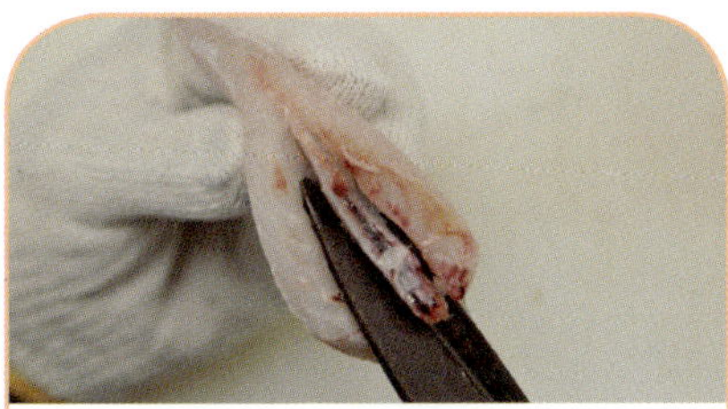

11 가위 끝으로 등뼈의 가장 단단한 부분을 도려낸다.

12 열기 뼈회 준비가 끝난 모습. 그대로 뼈째 어슷어슷 썰어서 담으면 된다.

part 1

봄은 사계절 가운데 해수온이 가장 낮은 계절이다.
바닷물은 육지보다 천천히 식기 때문에 겨울보다
봄에 수온이 더 낮다. 그러나 수온이 낮을수록
물고기는 맛있어진다. 추위를 이기기 위해
살을 찌우고 지방층을 두텁게 쌓기 때문이다.

봄고기

3월 임연수어

4월 도다리/쏨뱅이/참돔/주꾸미

5월 참가자미/간자미

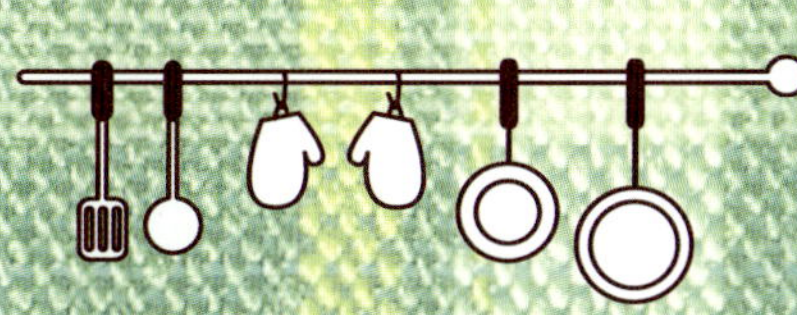

임연수어

동해에서만 잡히는 임연수어는 겨울과 봄에 많이 나는 냉수성 어종이다. 옛날 임연수(林延壽)란 어부가 이
물고기를 특히 잘 잡았다고 해서 붙은 이름이다. 산지인 동해북부에서는 임연수어를 크기에 따라
다르게 부르는데 큰 놈은 '새치', 작은 놈은 '가르쟁이'로 부른다. 12~2월엔 씨알이 잘아 맛이 덜하고
3~4월엔 30~40cm급 성어도 섞이기 시작하는데, 이 시기에 살이 찌고 기름기가 차올라 맛이 가장 좋다.
임연수어는 살이 물러 좋은 횟감이라 보기는 어렵다. 그러나 낚시로 잡아서 즉석에서 썰어먹으면

달짝지근한 맛과 특유의 향이 난다. 씨알이 클수록 회맛이 좋다.

임연수어는 오래 살지 못해 활어는 구입하기 어렵다. 다만 2~4월에 동해안(고성~포항) 횟집에 가면
간혹 임연수어 회를 맛볼 수 있는데 4인 기준 8만~13만원이다. 임연수어는 껍질이 특히 맛있다.

쫄깃하면서도 기름기가 자르르 도는데 '임연수어 껍질 먹는 재미에 논도 팔아먹었다'는 속담이 있다.

무를 넣고 끓인 매운탕도 아주 시원하다.

임연수어 조림

임연수어는 비린내가 나지 않아 소금구이를 하거나 튀기면 살과 껍질 맛이 일품이며
지방이 적기 때문에 조림이나 볶음 등으로 조리하면 특유의 쫄깃한 식감을 잘 살릴 수 있다.

준비물(4인분)

임연수어 3마리, 고춧가루 2스푼, 간장 5스푼, 물엿 2스푼, 파, 마늘 적당량

01

임연수어의 비늘을 치고 내장을 제거한 후 반으로 가른다.

02

냄비에 무를 깔고 임연수어를 올린 다음 자작자작할 정도로 물을 붓고 센불로 끓인다. 팔팔 끓으면 그 위에 고춧가루를 비롯해 파, 마늘, 물엿, 고춧가루, 간장을 넣는다.

03

중불로 줄인 뒤 7~10분 정도 끓이면 맛있는 조림 완성.

Buying

임연수어는 양식이 되지 않는다. 그물(정치망, 자망)로 잡는데 생명력이 약해 올라오자마자 죽으므로 활어는 유통되지 않고 대부분 선어로 판매되고 있다. 해마다 어획량이 줄어 러시아에서 대량으로 수입하고 있다. 수입산 임연수어는 40~60cm로 큰 게 특징으로 두 마리에 1만원 안팎에 거래되고 있다. 그에 비해 국내산은 20~30cm급이 유통되고 있으며 가격은 한 두름(20마리)에 1만~2만원이다. 눈알이 붉고 체색이 선명하지 않은 것은 선도가 떨어진 임연수어다.

Nutrition

칼슘이 많아 골다공증 환자에게 좋다. 임연수어 살에는 비타민 B1이 많이 함유되어 멀미를 자주 하거나 현기증에 시달리는 이들에게 효과가 있고 성장기 아이들의 시력 보호와 병에 대한 저항력을 길러주는 데 좋다.

임연수어 구이

내장 제거 후 해풍이나 선풍기 바람에
반나절 정도 말린 임연수어로 구우면 제일 맛있다.

 **Recipe**

비늘을 치고 배를 갈라 내장을 제거하고 적당량의 소금을 뿌려
2~3시간 말린 임연수어를 생선그릴이나 프라이팬에 올린 뒤
살 쪽을 먼저 굽고 반대로 뒤집어 껍질 쪽을 마저 구워주면 된다.

임연수어는 12월부터 5월 초 사이에 낚인다. 12월
부터 3월 중순까지는 30~50m 수심에 머물러 있
기 때문에 배낚시로 낚고, 3월 하순이면 더 얕은 내
만으로 나와 갯바위나 방파제에서도 낚을 수 있다.
고성, 속초가 주산지지만 동해남부인 영덕, 포항에
서도 낚인다.
12~3월의 임연수어 배낚시는 항에서 10~20분
거리의 근해에서 하며 전동릴낚싯대에 바늘이
6~10개 달린 카드채비를 많이 사용한다. 뱃삯은
1인 6만원이다. 3월 하순부터는 방파제에서 릴낚
싯대 찌낚시로 낚는다.

임연수어 회

봄에 잡히는 임연수어에는 대부분 기생충이 들어 있다.
살아 있을 때는 내장 속에 있다가 죽으면 살에 파고들기 때문에
죽은 임연수어로는 회를 뜨지 않는다. 싱싱하게 살아 있을 때
내장만 재빨리 제거한 뒤 떠 먹으면 문제가 없다.

Recipe

아가미를 칼로 찌른 뒤 물에 1분 정도 담가 피를 뺀
다음 포를 뜨고 껍데기를 벗겨낸다. 임연수어의 살은
미지근한 물이나 막걸리에 담가 기름기를 제거한 후
썰면 담백한 맛을 즐길 수 있다. 임연수어 회는
고추냉이를 넣은 간장에 찍어 먹는 게 맛있다.

도다리

도다리는 사철 맛있지만 '봄 도다리, 가을 전어'란 말이 있듯 봄이 제철이다. 정식 이름은
문치가자미이며 가자미 종류 중에서 참가자미와 함께 가장 맛있다. 3월 하순부터 5월 중순까지
남해안의 진해, 남해도, 진도, 목포 앞바다에서 도다리가 많이 잡힌다. 도다리는 산란기인 1월과
산란 직후인 2~3월에는 맛이 없으며 4월은 되어야 살이 찌고 뼈가 말랑해져 제 맛을 낸다.
도다리는 남해에 흔하고 동해와 서해엔 귀하다. 도다리는 회가 차지고 쫄깃한 게 특징이다.
가자미류 중엔 죽으면 금방 비린내가 나고 껍질이 비린 종이 많지만 도다리는 비린 맛이 적고
껍질째 썰어 먹어도 좋은 풍미를 느낄 수 있다. 그러나 너무 큰 것은 뼈회로 먹기에 다소 부담스러우며
4~5월 정치망에 많이 드는 손바닥만 한 크기가 뼈회의 재료로 좋다.

도다리 회

도다리는 연골 어류는 아니지만 뼈가 적당히 부드러워 뼈째 썰기에 좋다.
체형이 납작하여 작은 도다리는 포를 뜨기 어렵다. 도다리 중 작은 것은
뼈회를 해서 먹고 큰 도다리는 국이나 매운탕 재료로 사용한다. 도다리 뼈회는
초고추장보다 된장에 찍어 먹어야 제 맛이다. 시중에 파는 쌈장에 참기름을 약간 붓고
다진 마늘을 섞어서 비벼주면 훌륭한 뼈회 소스가 된다.

작은 도다리 뼈회 뜨기

01

위, 아래 지느러미를 잘라낸다.

02
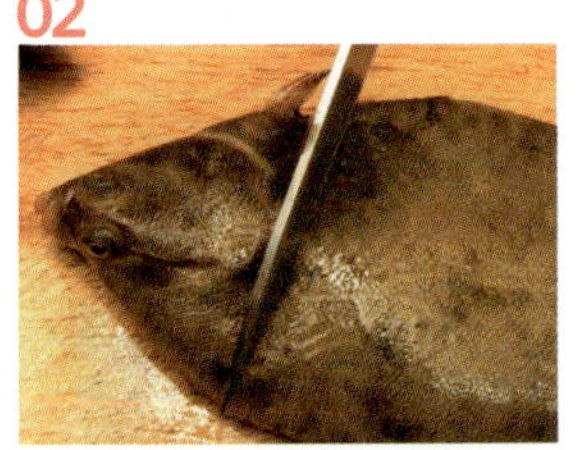
머리를 잘라낸 후 배를 갈라 내장을 깨끗하게 제거한다.

03

껍질을 벗기기 위해 꼬리 쪽에 칼집을 낸다.

04
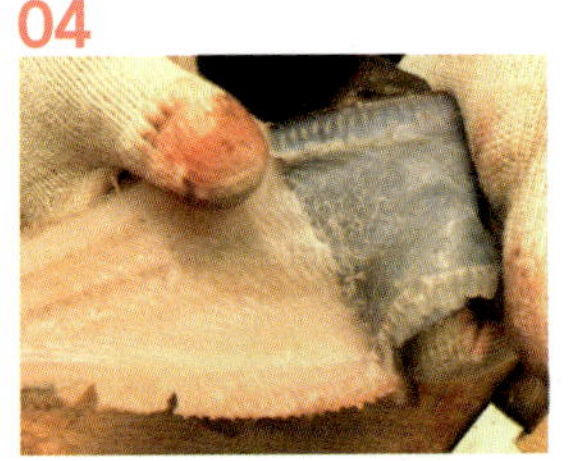
한 손에 꼬리를 잡고 나머지 한 손으로는 껍질을 잡아 힘을 주어 벗겨낸다.

05

포를 키친타월에 둘둘 말아 눌러서 물기를 제거한다.

06

잔뼈가 뻗은 방향과 직각으로 어슷하게 썰어야 먹기 좋다.

07

억센 가운데 뼈 부분은 따로 포를 떠낸 다음 어슷하게 썬다.

큰 도다리 회 뜨기

01
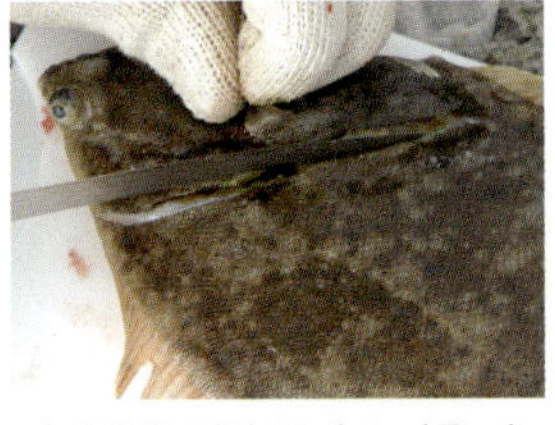
머리 쪽을 절반 두께로 자른 다음, 등지느러미를 따라 칼을 비스듬하게 넣어 꼬리 쪽으로 힘을 주어 잘라간다.

02

뼈 위쪽을 따라 가지런하게 살을 베어낸 뒤 반대쪽(내장 있는 곳)에서 칼을 넣어 포를 떠낸다.

03
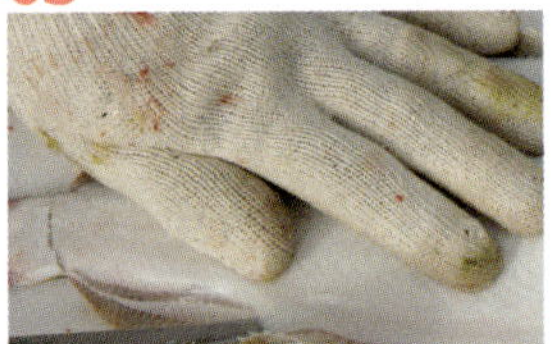
이번에는 도다리를 뒤집어 배 쪽에서 같은 방법으로 포를 떠낸다.

04

떠낸 포는 껍질과 분리시키기 위해 꼬리 쪽에 칼집을 넣는다.

05

칼을 왼쪽으로 비스듬하게 한 다음 살과 껍질을 분리해나간다.

06
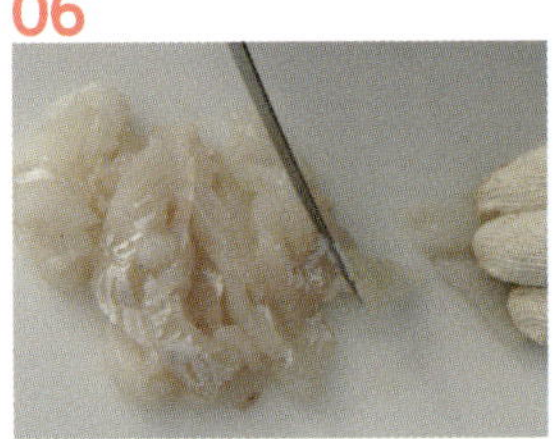
적당한 크기로 어슷하게 썰어 나간다.

Buying

일반적으로 거래되는 가격은 자연산의 경우 1kg당 1만5천원~2만5천원이며 양식산은 1kg당 4천~1만원이다. 자연산 도다리는 그물로 잡는데, 양은 많지 않지만 주낙에 잡힌 도다리는 비싸게 거래된다. 양식 도다리는 중국산이 70%, 국내산이 30%다.
큰 항구의 수협 어판장마다 매일 새벽 활어 경매가 이루어지는데, 이곳에서 경매되는 도다리는 100% 자연산이다. 경매에서 낙찰 받은 중매인(중간도매상)에게 수수료만 지불하면 개인도 구입할 수가 있다. 시장에서 도다리를 구입할 때는 살이 통통하고 비늘이 단단하며 윤기가 나는 것이 좋다. 살이 좀 빠졌거나 지느러미에 상처나 피멍이 있는 것은 하루 이상 지난 것이므로 피해야 한다.

도다리 쑥국

도다리쑥국은 옅은 된장국에 쑥과 도다리를 넣고 끓인 국인데 원래 통영지방의 토속음식이었으나
지금은 경상남도 어디서나 즐겨먹는 계절 음식이 되었다. 도다리쑥국은 해독작용이 있고
춘곤증을 달래는 보양음식이다. 쑥 대신 미역을 넣어서 끓여도 맛있다.

준비물 손질한 도다리, 된장 한 큰술, 쑥, 황태로 끓여낸 육수, 마늘, 소금, 들깨가루, 빨간고추

01

등의 비늘을 제거한다. 도다리는 비늘이 아주 잘기 때문에 칼로 긁어서 깨끗이 제거해야 한다. 배 부분도 마찬가지로 이물질을 없애준다.

02

내장을 제거한 후 지느러미를 잘라낸다. 지느러미는 제거하지 않아도 상관없지만, 먹을 때 씹히는 걸 싫어하면 제거하는 것이 좋다.

03

육수를 준비한다. 쌀을 씻은 물로 만들기도 한다. 솔로 살짝 씻은 황태 머리 또는 멸치를 팔팔 끓는 물에 넣고 3분 뒤에 꺼내면 된다.

04

끓는 육수에 도다리를 넣은 후 잘 으깬 된장을 한 큰 술 넣는다.

05

5분 후 잘게 다진 마늘을 넣고 국간장이나 소금으로 간을 맞춘다. 10분 정도 충분히 끓인 후 들깨가루를 넣어주면 더 고소하다.

06

빨간고추를 넣은 후 마지막에 쑥을 넉넉하게 담아서 살짝 끓인다. 쑥은 너무 익지 않게 한다.

Fishing

3~5월에 경남 진해와 남해도, 전남 목포의 여러 낚시점을 통해 도다리 낚싯배를 타면 누구나 쉽게 낚을 수 있다. 낚싯배에서 장비와 채비를 빌려주므로 빈 몸으로 가도 낚시를 즐길 수 있다.

한편 이 시기에 남해안의 방파제나 해변에서 던질낚시를 해도 밀물시간만 잘 맞추면 몇 마리는 어렵잖게 낚을 수 있다. 미끼는 청갯지렁이나 참갯지렁이를 사용한다. 도다리가 입질하면 낚싯대 끝이 스륵 스륵 휘어지는 것으로 알 수 있는데 도다리는 먹이에 대한 욕심이 많아 입에 문 미끼를 뱉어내는 법이 없기 때문에 느긋하게 기다리다가 확실히 걸렸다고 생각될 때 천천히 감아 들이면 된다.

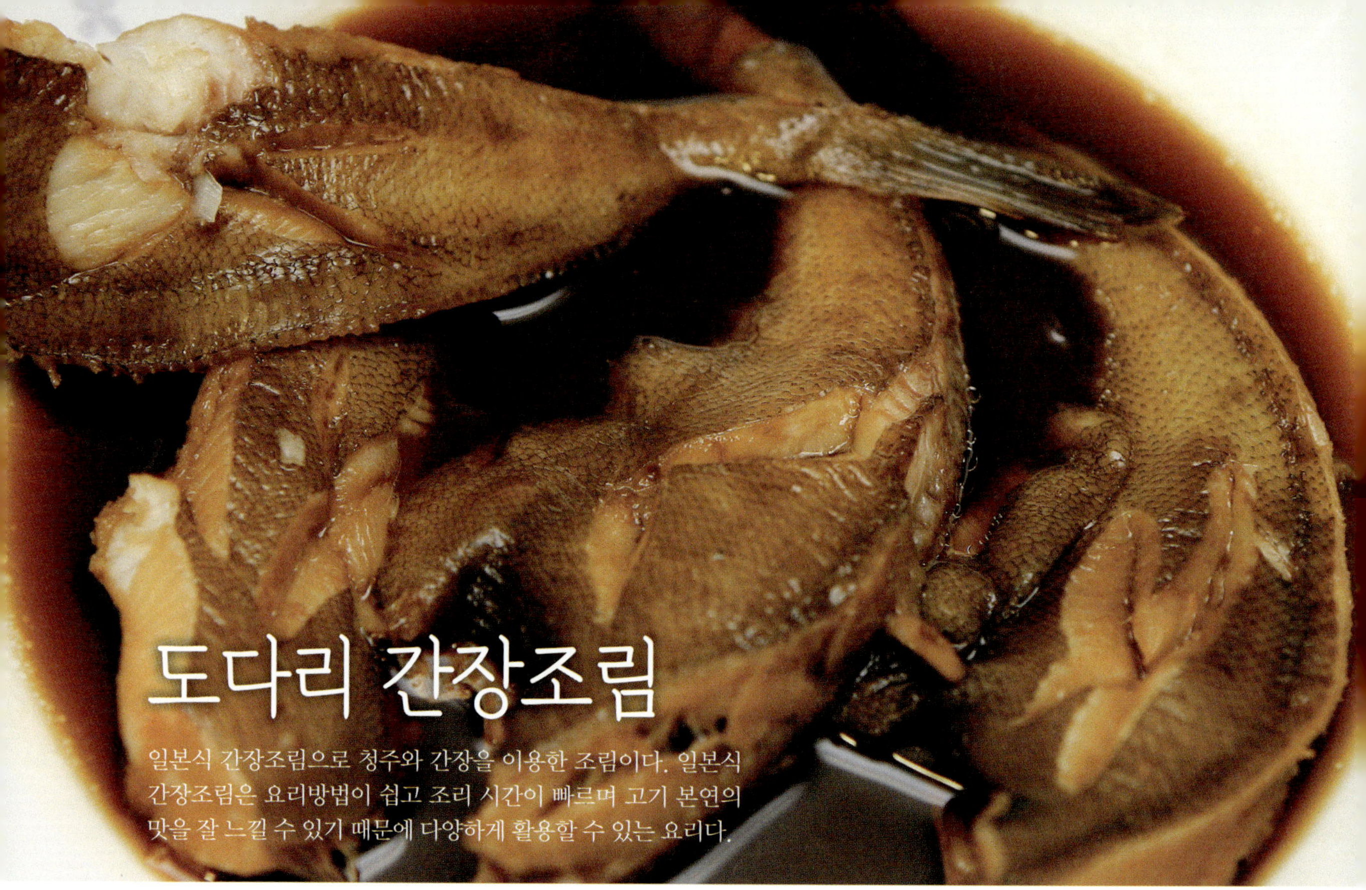

도다리 간장조림

일본식 간장조림으로 청주와 간장을 이용한 조림이다. 일본식
간장조림은 요리방법이 쉽고 조리 시간이 빠르며 고기 본연의
맛을 잘 느낄 수 있기 때문에 다양하게 활용할 수 있는 요리다.

Recipe

준비물

손질한 도다리, 간장, 청주, 마늘,
생강, 미림(맛술), 설탕

도다리는 비늘을 치고 세로로 반 갈라 양념
이 잘 스며들도록 등에 X자로 칼집을 낸다.

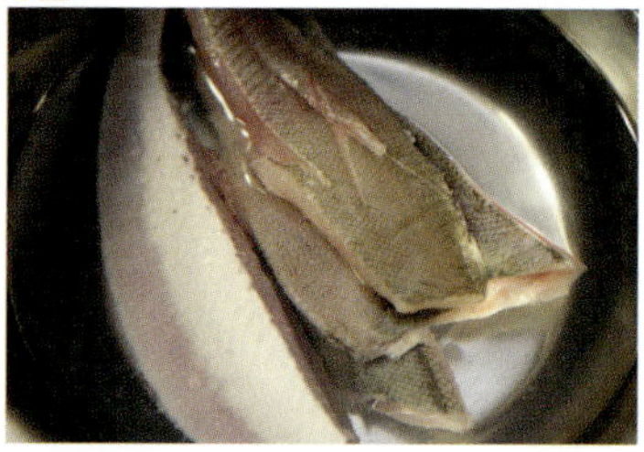

뜨거운 물에 잠시 담갔다 씻으면 비린내를
없앨 수 있다. 찬물에는 닿지 않는 것이 좋다.

일반 물컵으로 물 1컵, 청주 1컵, 간장
1/3컵, 미림 1/3컵을 따르고 마늘과 생강,
설탕 한 스푼을 넣어 프라이팬에 조린다.

뚜껑을 덮고 중불에 15분 정도 조리면
완성.

Nutrition

도다리는 고단백 저지방으로 열량
이 낮아서 다이어트에 효과적이다.
특히 도다리 지느러미에는 콜라겐
이 풍부하며 어린이, 노인의 기력
보충에도 도움을 준다.

회칼 선택과 사용

생선회는 칼의 상태에 따라서 맛이 달라진다. 참치나 전갱이처럼 살이 무른 등푸른 생선은 칼날이 무디면 회를 써는 과정에서 쉽게 뭉개진다. 회칼은 주로 일식 칼을 쓰는데 일식 칼은 한쪽 면만 연마해 날을 세웠기 때문에 회를 평면으로 고르고 얇게 썰 수 있는 것이 장점이다. 일식 칼은 데바보쵸(=데바칼, 뼈와 살을 분리할 때 쓰는 칼)와 야나기바보쵸(=사시미칼, 얇게 회를 썰 때 쓰는 칼)로 나뉜다.

일식 요리사들은 수십만원, 수백만원짜리 칼을 사용하지만 일반 가정에서 쓸 용도라면 4만~5만원짜리 칼이면 충분하다. 칼날의 재질은 탄소강과 스테인리스 합금이 있는데, 탄소강은 절삭력은 우수하나 녹이 잘 스는 단점이 있고, 스테인리스 합금은 바닷물에도 녹슬지 않아서 편리하지만 절삭력은 조금 떨어진다. 야외에서도 쓰려면 스테인리스 합금이 낫고 주방에서만 쓰려면 탄소강이 낫다.

데바칼

사시미칼

데바칼 出刃包丁 : 데바보쵸

생선의 머리를 자르고 포를 뜨거나, 뼈를 자르는 용도로 주로 사용한다. 길이가 짧고 칼등이 두꺼우며 회칼에 비해 약간 무거운 것이 특징으로, 강한 힘을 줄 수 있고 손으로 칼등을 내리칠 수 있기 때문에 생선의 머리를 반으로 쪼개거나 꼬리나 등뼈 절단 등의 힘든 일을 하기가 수월하다. 생선을 자주 손질한다면 꼭 필요한 칼이다.

사시미칼 柳刃包丁 : 야나기바보쵸

흔히 회칼이라고 부른다. 칼날이 길고 얇으며 데바칼보다는 얇지만 보통 주방용 식칼보다는 두껍게 만들어져 큰 힘을 주지 않아도 생선살을 쉽게 절단할 수 있다. 회칼이 긴 이유는 칼날을 당기면서 회를 썰기 때문에 칼날이 길수록 두꺼운 생선포도 쉽게 썰리기 때문이다. 칼날이 짧으면 쓱싹쓱싹 톱질하듯 썰어야 하는데 그러면 회가 뭉개진다.

잡다한 손질용 소형 칼

작은 물고기의 내장을 가르고 뼈를 자르는 손질을 할 때는 칼날이 무뎌져도 부담 없이 쓸 수 있는 작고 값싼 칼이 필요하다. 대장간에서 만들어 시골장이나 철물점에서 살 수 있는 무쇠 식칼이 좋다.

칼 연마법

일식 칼은 자주 갈아서 써야 하므로 숫돌을 구입해야 한다. 숫돌은 표면의 거친 정도에 따라 100방(번), 800방(번), 1000방(번) 등으로 부르며 숫자가 낮을수록 표면이 거칠고, 숫자가 높을수록 표면이 매끄럽다. 가정에서는 주로 1000번을 사용하는데, 전문가들은 조금 거친 400~800번 숫돌과 1000~10000번 숫돌을 함께 쓴다. 먼저 거친 숫돌로 표면을 연마한 후 부드러운 숫돌로 마무리를 하는 것이다. 칼의 절삭력을 높이기 위해서는 부드러운 숫돌에 10분 이상 갈아야 한다.

먼저 숫돌을 물에 30분 정도 불려서 충분히 물을 머금게 한 후(숫돌이 물을 머금으면 숫돌 표면에 기포가 맺힌다) 숫돌이 미끄러지지 않게 고정한 후 그림과 같이 자세를 잡고 칼을 앞으로 밀었다가 뒤로 당기는 동작을 반복하면 된다. 앞으로 밀 때는 80%의 힘으로, 뒤로 당길 때는 20%의 힘을 주어 천천히 같은 동작을 반복한다.

쏨뱅이

'죽어도 삼뱅이'란 말이 있다. 삼뱅이는 쏨뱅이의 사투리다. '빨간 우럭'이라고도 불리는 쏨뱅이는
같은 쏨뱅이목에 속하는 조피볼락(우럭), 볼락, 불볼락(열기) 중에서 어부들이 최고로 치는
고급 어종이다. 그러나 먼바다 심해에서 드물게 잡히는지라 시장에서 구하기 어렵고
간혹 어시장에서 돔과 비슷한 높은 가격에 거래되고 있다. 쏨뱅이는 회도 맛있지만 '매운탕의 황
제'라고 불릴 만큼 국을 끓여 놓으면 정말 시원하다. 남해안 섬사람들은 해풍에 꾸덕꾸덕 말려서
먹는데 완전건조한 것으로는 맑은탕, 반건조한 것으로는 찜을 한다.
쏨뱅이가 잘 낚이는 시기는 겨울과 봄이다. 1~3월에 산란한 뒤 봄이 오면 활발한 먹이활동을
하기 시작하는데, 이때 육질이 쫄깃하고 단맛이 배어 맛이 제일 좋다.

쏨뱅이 회

횟감으로는 30cm가 넘는 큰 씨알이 좋지만 무척 귀하다.
20cm 이하의 작은 쏨뱅이는 뼈회로 먹는 게 좋다.

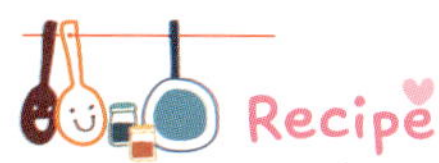

01

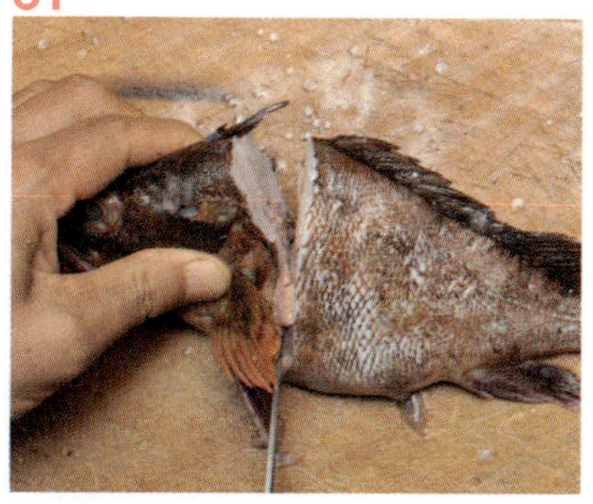

쏨뱅이의 비늘을 치고 머리를 잘라낸다.

02

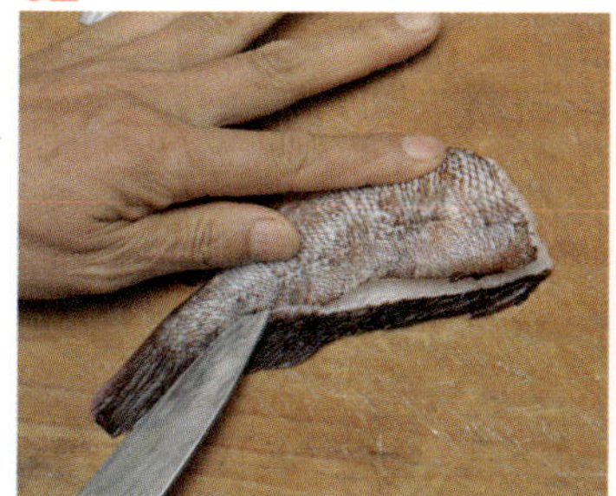

머리 쪽에 칼을 넣어 꼬리 쪽으로 포를 뜬 다음 반대편 쪽도 같은 방법으로 포를 떠낸다.

03

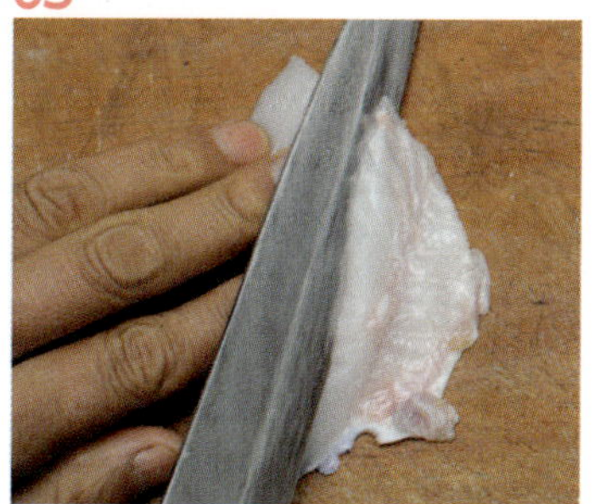

뱃살의 갈비뼈를 제거한다.

04

왼손 엄지와 검지로 꼬리 쪽 껍질을 잡고 칼날을 밀어서 살과 껍질을 분리한다.

05

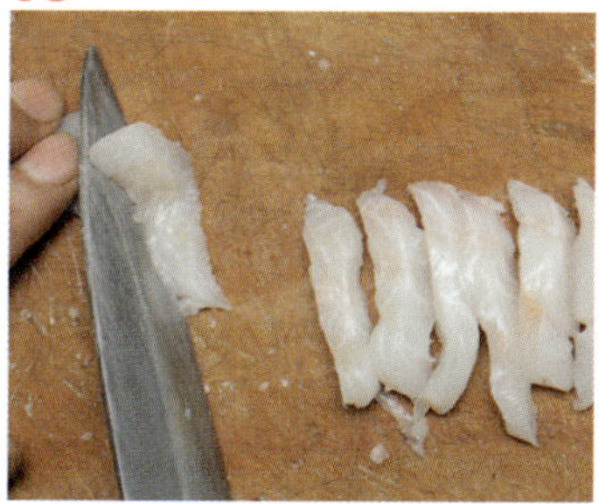

어슷어슷 약간 큼직하게 회를 떠낸다.

Nutrition

쏨뱅이는 칼슘이나 철분, 단백질을 풍부하게 함유하고 있고 비타민(특히 비타민 A)이 풍부하여 간 기능 향상과 암 예방, 시력 저하, 피로회복, 노화방지 등에 도움이 된다.

Buying

쏨뱅이는 양식이 되지 않아 전량 자연산에 의존하고 있다. 어시장에서 고급 횟감으로 취급하여 우럭, 볼락, 참돔보다 비싸게 거래된다. 횟감으로 사용하는 활어는 1kg당 3만~4만원을 호가하며 탕이나 구이감으로 파는 선어는 활어 가격의 50% 정도 된다. 구입할 때는 눈알이 맑고 체색이 깨끗하며 아가미가 선홍색을 띠는 것을 고르는 것이 요령이다. 횟집에서 파는 쏨뱅이회 가격은 감성돔과 비슷한, 4인 기준 15만원선이다(탕 포함).

쏨뱅이 된장국

옛날부터 바닷가 사람들은 쏨뱅이 된장국을 즐겨 먹었다.
매운탕보다 맛이 깔끔하고 시원하다.
일본에서는 산모의 산후 몸조리를 위해
쏨뱅이 국을 먹였다고 한다.

준비물(2인분)

손질된 쏨뱅이 두 마리, 무 1/3, 다진 마늘 약간, 다시마 약간, 청양고추 2개,
쑥갓이나 파 약간, 빨간고추 1개

01

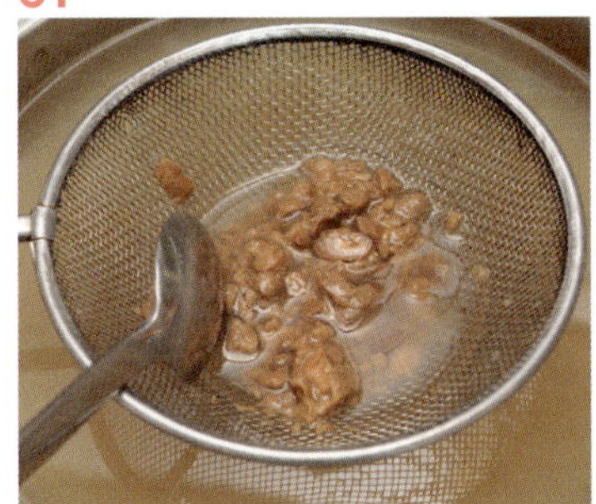

냄비에 적당량 물을 붓고 된장을 푼다.

02

무를 2~3cm 크기로 삐져서 넣는다.
그리고 다시마를 2~3개
넣고 한소끔 끓인다.

03

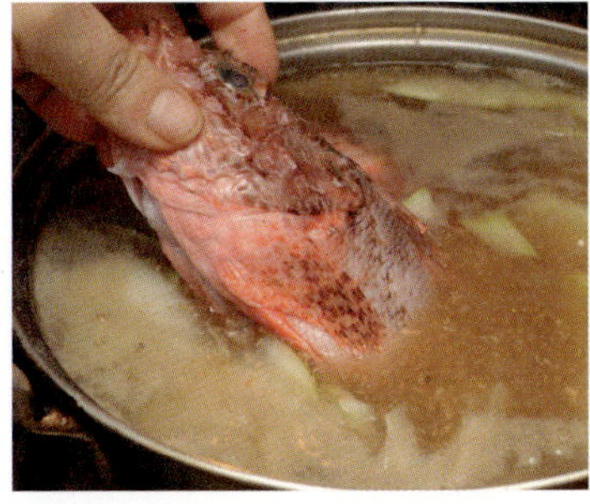

끓는 된장국에 손질된 쏨뱅이를 넣고
센 불로 끓인다.

04

5분 정도 끓인 뒤 무와 쏨뱅이가 익어갈 무
렵 물 위에 뜬 거품을 떠낸 뒤 다진 마늘과
청양고추를 넣는다. 중불로 낮추고 3분 더
끓인 다음 미나리나 쑥갓, 파를 넣으면 완성.

Fishing

남해 원도나 제주도 갯바위
에서 민장대 맥낚시나 릴찌
낚시로 암초 틈을 노려서 낚
는다. 특히 밤에 활동을 많이
하므로 해가 진 뒤 크릴이나
청갯지렁이 미끼를 달아 낚
으면 된다. 최근 동해안에서
는 야간에 루어로도 낚는다.
쏨뱅이를 제대로 낚으려면
50~100m 심해 외줄낚시가
제격이다. 거문도 등 남해 원
도와 제주도가 쏨뱅이 배낚
시터로 유명하다. 최근 쏨뱅
이 어획량이 늘고 있는데, 이
것은 정부에서 2010년 이후
매년 남해와 동해에 쏨뱅이
치어를 방류해오고 있기 때
문이다.

참돔

붉은 체색이 아름다운 참돔은 예로부터 귀한 생선으로 대접받고 있다.
'도미' 하면 곧 참돔을 뜻할 만큼 돔류의 대표 어종이다. 그러나
낚시인들 사이에선 그리 맛있는 고기로 인정받지는 못하고 있는데
그 이유는 회맛이 감성돔, 돌돔, 벵에돔 같은 다른 돔에 비해 떨어지기
때문이다. 그러나 참돔은 열을 가하면 육질이 단단해지고 양념 맛을
100% 빨아들여 익히는 과정을 거친 요리로서는 훨씬 더 맛있다고
볼 수 있다. 또 일본에선 담백한 맛을 가진 참돔 회의 인기도 높다.
참돔은 여름과 초가을에 잘 낚이지만 맛은 늦가을부터 봄까지 좋다.
참돔의 특징은 60cm까지가 맛있고 더 이상 크면 맛이 떨어진다는 것이다.
그래서 위판가격도 70cm를 넘어서면 오히려 떨어진다.

참돔 숙회

참돔이 횟감으로 인기가 낮은 이유는 식감이 무르기 때문인데, 그래서 낚시인들은 회보다 숙회(마츠카와)를
즐긴다. 마츠카와란 포의 껍질에 뜨거운 물을 부어 껍질만 익힌 다음 바로 얼음물에 담가 급랭시킨 후 껍질째 썰어내는
회를 말한다. 열을 받아 수축된 참돔 살이 더욱 단단해지고 쫀득쫀득해지며, 날것으로는 질기고 비린 참돔 껍질이
연해지고 껍질과 살 사이의 기름기가 회 속으로 고루 배어나오면서 전체적으로 고소한 맛이 깊어진다.

01

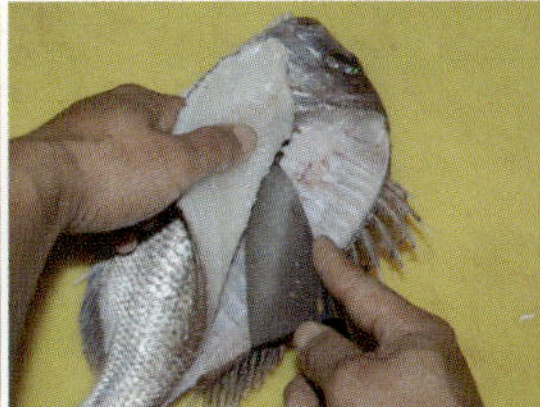
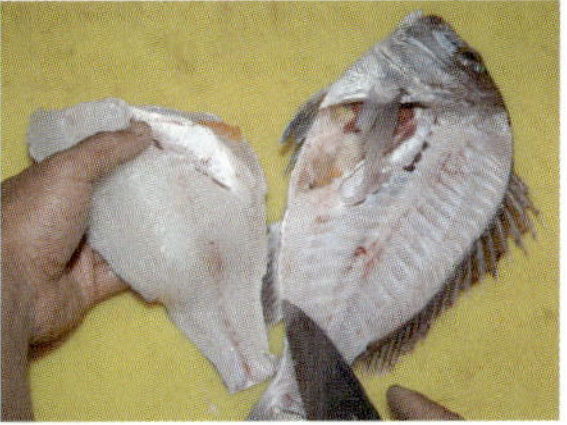

참돔 비늘을 벗긴 뒤 머리 쪽을 절반만 자른 다음 등을 따라 꼬리까지 포를 뜬다.

02

석쇠에 포를 올린 다음 팔팔 끓인 물을 껍질에 끼얹은 뒤

03

재빨리 얼음물에 담근다.

04

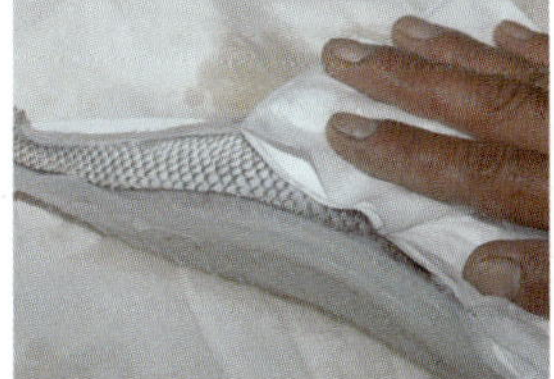

타월을 이용해 물기를 깨끗이 닦아내고

05

갈비뼈를 도려낸다.

06

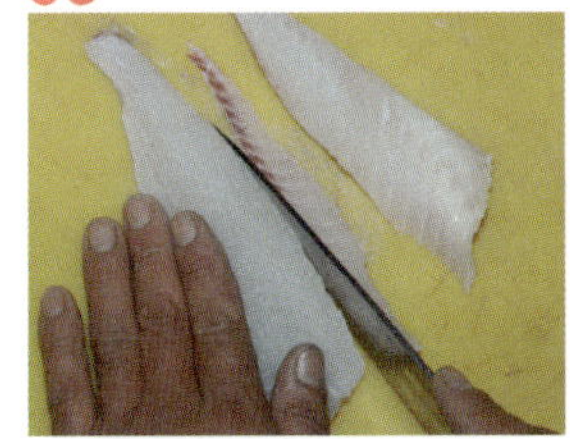

중간 뼈를 잘라 낸 다음

07

적당한 크기로 썰어낸다.

Fishing

참돔은 과거 1990년대 이전까지는 여름에 주로 낚였으나 지금은 해수온 상승 때문에 한겨울만 빼고 연중 낚이고 있다. 낚시철은 4월부터 12월까지다. 여름과 가을엔 잔 씨알이 많이 낚이고 겨울과 봄엔 큰 씨알이 주로 낚인다. 참돔은 동해에선 귀하며 남해와 서해, 제주에서 많이 낚인다. 남해에선 갯바위와 배에서 릴찌낚시로 많이 낚고, 서해에선 배에서 루어로 많이 낚는다. 참돔은 깊은 수심과 세찬 조류를 좋아하기 때문에 육지에서 가까운 바다에서는 낚기 힘들고 먼 바다로 나가야 한다. 추자도, 거문도, 가거도, 만재도, 태도 등 남해 원도 갯바위가 대표적인 참돔낚시터다.

참돔 숙회는 고추냉이를 푼 간장에 찍어 먹으면 맛있다.

자연산 참돔 회와 양식 참돔 회 구별하기

자연산 참돔 회는 밝은 흰색을 띠며, 양식산 참돔 회는 색이 약간 누렇고 검정색 실 같은 모양이 살 속에 보인다.

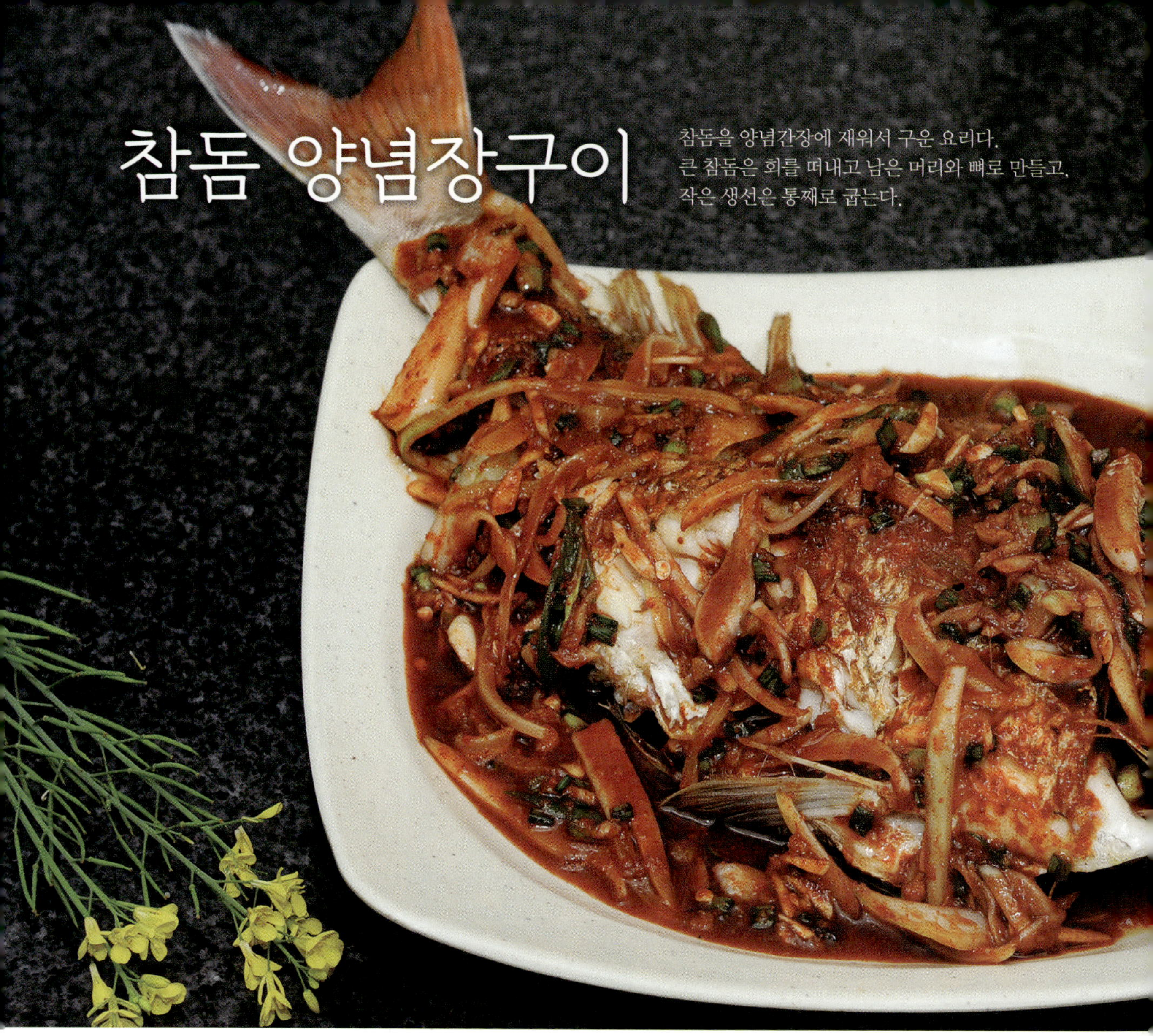

참돔 양념장구이

참돔을 양념간장에 재워서 구운 요리다.
큰 참돔은 회를 떠내고 남은 머리와 뼈로 만들고,
작은 생선은 통째로 굽는다.

양념장 만들기

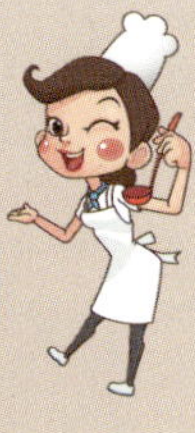

준비물

간장 3큰술, 식초 2큰술,
고춧가루 2큰술, 설탕 1큰술, 물엿 1큰술,
참기름 약간

01

먼저 작은 종지에 간장을 붓고

02

식초, 물엿, 고춧가루와 설탕을 넣고
참기름을 약간 섞는다.

01

깨끗이 손질한 참돔에 세로로 3번 정도 칼집을 낸다. 칼집을 내야 양념장이 골고루 배고 속까지 고루 익는다.

02

팬에 식용유를 적당량 넣고 강한 불에서 1분 정도 생선을 익힌 다음 중간불로 낮춰 노릇노릇하게 앞뒤로 잘 익힌다.(3~5분 정도)

03

잘 익은 참돔을 접시에 얹고 그 위에 양념장을 얹으면 완성.

03

다진 마늘, 후춧가루, 양파, 빨간 고추와 풋고추, 쪽파 등을 적당한 크기로 썰어 넣으면

04

양념장 완성.

어시장에서 유통되는 참돔은 90%가 양식산, 10%가 자연산이다. 양식산은 국내산과 중국산, 일본산으로 나뉘는데, 일본산의 경우 체색과 품질이 자연산과 구별하기 어려울 정도로 좋아서 자연산과 비슷한 가격에 팔리고 있으며, 국내산과 중국산은 체색이 검어(보라색에 가깝다) 눈으로 쉽게 구별할 수 있고 자연산의 절반 값에 구입할 수 있다. 자연산 참돔은 수족관 안에서 오래 살지 못하므로 횟집의 참돔은 99%가 양식산이라고 보면 틀림없다. 같은 길이일 경우 양식산 참돔의 살이 더 두툼하고 살도 더 단단한데, 그래서 구이나 국은 자연산 참돔이 단연 맛있지만 회는 양식산 참돔이 더 맛있을 수 있다.

자연산 참돔을 사려면, 큰 항구의 수협어판장 새벽 경매 현장을 찾아야 한다. 경매가 끝난 후 중간 도매상인에게 구입하면 가격도 저렴하고 신선도도 제일 좋다. 자연산 참돔 가격은 1kg당 3만~4만원이며, 700g(30㎝급) 이하와 4kg(약 70㎝급) 이상의 큰 씨알은 상품성이 떨어져 1kg당 가격이 2만원선으로 뚝 떨어진다. 양식 참돔(국내산과 중국산)은 1kg에 1만5천원~2만5천원이면 살 수 있다. 싱싱한 참돔은 눈이 맑고 깨끗하며 등에 박힌 에메랄드빛 점이 선명하다. 목포 등 항구 횟집 중엔 자연산만 취급하는 횟집들이 있는데 참돔회 가격은 4인 기준(대략 1.5kg) 12만~15만원이다.

참돔 맑은국

회를 뜨고 남은 참돔의 뼈를 모아 끓이는데, 작은 참돔은 통째로 넣고 끓여도 좋다. 취향에 따라 수제비나 미역을 넣기도 한다. 단, 맑은국엔 향이 강한 생강, 마늘 등의 기타 양념을 너무 많이 넣으면 맛을 버릴 수 있다.

Recipe

Nutrition

참돔은 지방 함유량이 적어 소화가 잘되고 알레르기나 식중독의 염려도 적다. 참돔의 안구에 가득 들어 있는 젤라틴 성분인 뮤코다당류는 관절과 혈관, 피부를 유연하게 해주는 작용도 한다.

01

참돔이 잠길 정도의 물을 넣고, 적당한 크기로 썬 무를 넣은 다음 센 불에 20분간 팔팔 끓인다.

02

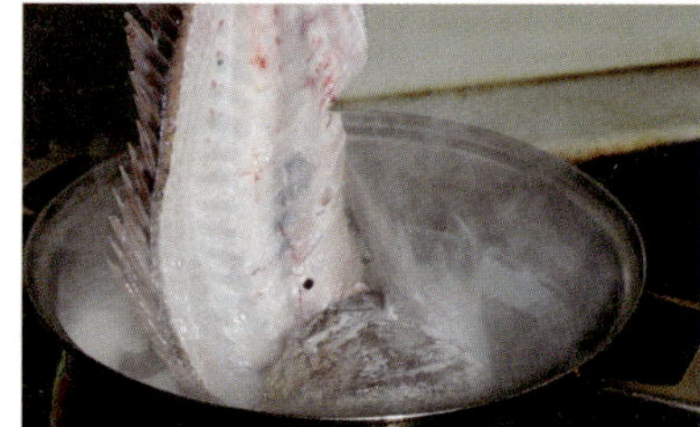

팔팔 끓는 물에 회를 뜨고 남은 참돔 머리와 뼈를 넣는다. 중간 불에서 30분 정도 더 끓인다.

03

물을 보충해가며 1시간 더 끓이면 더 진국을 얻을 수 있다. 위에 뜨는 뿌연 거품을 계속 걷어내 줘야 비린내가 나지 않는다.

04

뿌옇게 국물이 우러나면 다진 마늘과 청양고추 등을 썰어 넣은 다음 소금으로 간을 맞춘다. 약한 불로 2분 정도 더 끓이면 참돔 맑은국 완성.

참돔 머리구이

참돔 머리는 버리지 말고 따로 모아놨다가 튀기거나 구우면 고소한 맛이 일품이다. 머리를 반으로 쪼개주어야 제대로 익힐 수 있다.(강한 칼로 주둥이부터 쪼개야 한다.) 구이용 그릴에는 20분 정도 익히고, 기름을 두른 프라이팬에 튀길 때는 중불에 앞뒤로 7~8분씩 충분히 익혀준다.

01

02

머리를 반으로 쪼개주어야 제대로 익힐 수 있다.

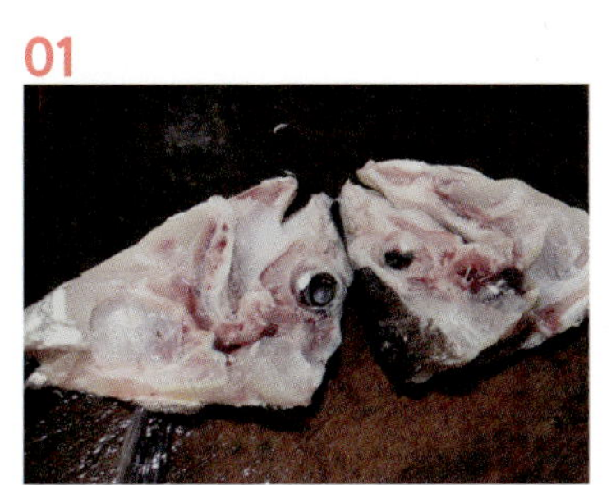

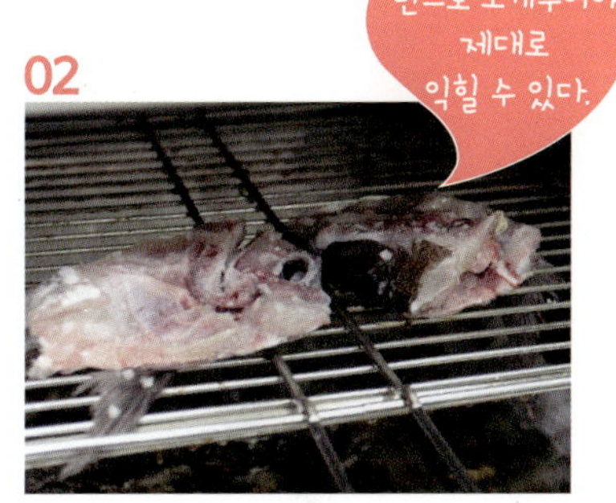

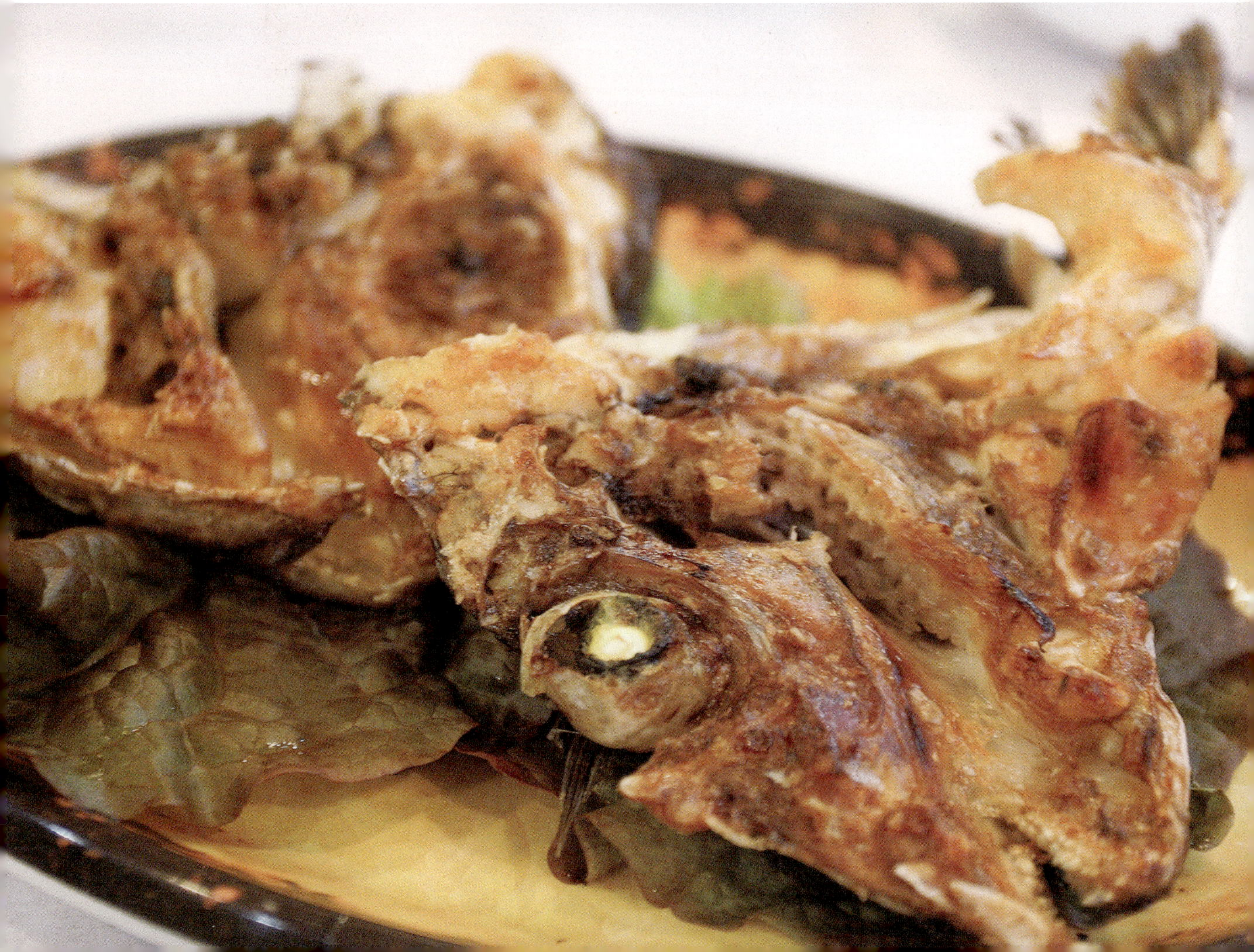

주꾸미

주꾸미는 팔완목(目) 문어과(科)의 두족류로서 문어류 중 가장 작은 종이다.

낙지와 비슷하게 생겼지만 몸체가 뭉툭하니 작다. 주꾸미는 알밴 봄철에는 소라통발로 잡고 가을에는

낚시로 잡는데, 회로 먹기엔 가을철의 작은 주꾸미가 좋고, 익혀서 먹기엔 봄철의 큰 주꾸미가 맛있다.

예로부터 '봄 주꾸미, 가을낙지'라고 해서 봄을 제철로 보았다.

또 서해안 일부 지방에서는 '꽃바래기'라 하여 진달래꽃 필 무렵의 주꾸미를 최고로 친다.

주꾸미는 낙지에 비해 푸대접받았지만 2000년대 들어와 웰빙식재료로 주목받고 몸값이 오르기 시작했고

덩달아 서해안 각 포구에서 주꾸미 축제가 열리기 시작했다. 주꾸미는 전골, 볶음, 샤브샤브 등

다양한 요리로 즐길 수 있다. 데쳐 먹을 때는 다리는 살짝 데쳐서 잘라내고 몸통은 좀 더 삶아준다.

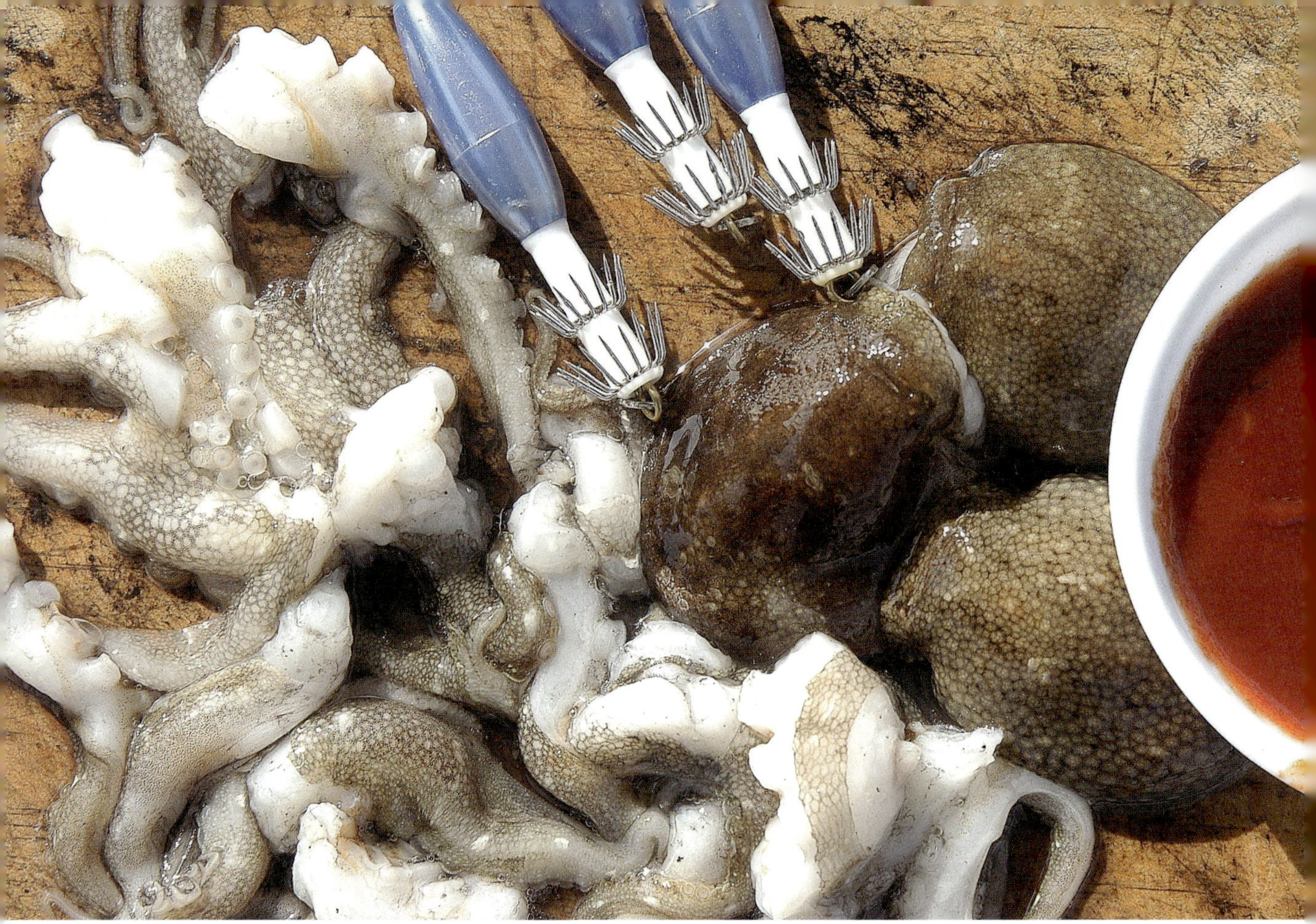

주꾸미 회

주꾸미는 회로 먹어도 좋고 데쳐 먹어도 맛있다.
살이 부드러워 작은 놈은 통째로 초고추장에 찍어 먹기도 한다.

큰 주꾸미는 머리를 먼저 자른 후 다리도 먹기 좋은 크기로 자른다. 너무 잘게 자르지 않도록 한다.

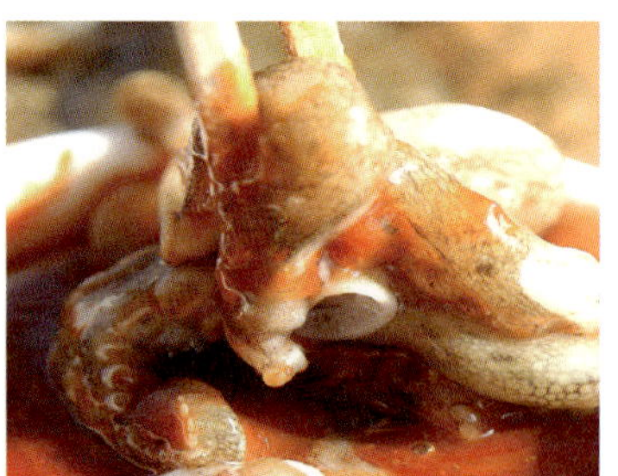

작은 주꾸미는 낚는 즉시 초고추장에 찍어 먹는 게 제일 맛있다.

주꾸미 탕탕이 주꾸미를 적당한 크기로 잘라 참기름, 깨소금 등을 버무려 먹어도 좋다.

주꾸미 데침

주꾸미를 데칠 때는 물을 팔팔 끓인 후에 넣어야 잡냄새가 나지 않고 살이 더 쫄깃하다. 오래 삶으면 오히려 질겨지므로 20~30초 뒤에 건져낸다.

Recipe

01

팔팔 끓는 물에 주꾸미를 집어넣고 20~30 초 가량 데친다.

02

데친 주꾸미는 건져올려 가위로 먹기 좋게 자른다.

03

주꾸미 데침은 보통 그냥 먹지만 초고추장도 어울린다. 라면스프를 넣고 끓인 물에 데쳐도 짭조름하여 맛있다.

주꾸미 볶음

싱싱한 주꾸미를 고추장으로 양념하여 볶아먹으면 밥도둑이 따로 없다.
쫄깃하면서도 매콤한 맛을 느낄 수 있는 주꾸미 볶음은 짧은 시간에 만들 수 있어 간편하다.
밥에 얹어 먹어도 좋고 소면을 삶아 함께 비벼 먹으면 색다른 맛을 느낄 수 있다.

준비물(4인분)

주꾸미 4~5마리, 양송이버섯 2개,
대파, 양파, 청양고추, 붉은 고추

01

먼저 주꾸미를 깨끗이 씻어서 적당한 길
이로 잘라 놓는다.

02

프라이팬에 식용유를 두르고 대파, 양파,
푸른 고추, 붉은 고추 순으로 볶는다.

03

적당히 볶아졌으면 중불에 놓고 주꾸미
를 넣은 다음 같이 볶는다.

04

재료가 70~80% 익은 뒤에 양념장을 넣
고 신속하게 볶아낸다.

05

주꾸미 볶음 완성.

양념장 만들기

고추장(1큰술)+고춧가루(1큰술)+설
탕(1큰술)+맛술(1큰술)+
진간장(0.5)+다진마늘(0.5)+
생강가루(0.3)+참기름+깨

주꾸미는 수요에 비해 공급량이
턱없이 부족해 중국에서 많이 수
입하고 있다. 일반 식당에서 나오
는 주꾸미 요리의 재료는 대부분
중국산 냉동 주꾸미라고 보면 틀
림없다. 국산 주꾸미는 보령·서천
이나 군산 등 바닷가 항구에서 어
업을 병행하는 횟집이나 직판장을
이용하면 구입할 수 있는데, 국산
주꾸미는 대부분 활어로 위판한
다. 주꾸미는 어획량과 수요량에
따라 가격변동이 심한 편이다. 대
략 1kg에 2만5천~3만5천원으
로, 3~4명이 먹기에 적당하다. 횟
집에서 맛보려면 1kg당 4~5만원
은 지불해야 한다.

Nutrition

타우린 함량이 높은 주꾸미는 혈액순환을
원활하게 해 정력을 증강시키는 스태미나
식품이다. 주꾸미는 체내 지방이 1%에 불
과해 아무리 많이 먹어도 살이 찌지 않는
다. 그 외에도 인, 철분 성분이 빈혈을 예방
하며 주꾸미 먹물에는 항암 성분과 노화를
예방하는 항산화 물질이 들어있다.

주꾸미 야채 볶음면

주꾸미는 요리의 주재료로도 좋은 맛을 내지만 부재료로 사용해도 음식의 풍미를 더해주는 역할을 한다.
주꾸미 야채 볶음면은 일본식 '야끼우동'에 주꾸미를 첨가한 것으로 맵지 않고 짭조름한
맛에 주꾸미 특유의 쫄깃함이 살아 있는 별미다.

준비물

주꾸미 1~2마리, 피망, 청경채, 대파, 당근, 양파, 버섯, 우동사리,
후추, 다진 마늘, 굴소스(1인분 기준)

Fishing

주꾸미는 우리나라 서해와 남해 연안에서 잡힌다. 어부들은
봄에 소라 껍데기를 줄에 매달아 바다에 던져두었다가 잡는
다. 주꾸미가 낮에는 빈 소라 껍데기 속에 들어가 숨는 습성
을 이용해서 잡는 전통 어업법이다. 가을에는 에기나 주꾸미
볼 같은 어구를 이용해 주꾸미를 낚는데, 9월부터 11월까지
낚는다. 가을이 깊어갈수록 씨알이 굵어진다.
주꾸미 배낚시는 여성과 어린이도 쉽게 낚을 수 있는 게 매력
이다. 주꾸미 배낚시터는 보령 오천, 무창포, 서천 홍원리, 군
산, 격포 등 서해중부다. 남해의 완도와 남해, 삼천포 등지에
서도 주꾸미가 낚이지만 서해만큼 활성화되어 있지 않다.
낚시방법은 '애자'라 불리는 주꾸미볼을 줄 끝에 달고 그 위
에 '스테'라 불리는 갑오징어용 에기를 단 다음 바닥까지 내려
낚싯줄을 팽팽하게 한 뒤 10~15초 만에 한 번씩 들어주기를
반복하면 된다. 주꾸미가 애자나 스테에 올라타면 무거운 느
낌이 든다. 그때 천천히 줄을 감아올리면 된다. 급히 감다 보
면 주꾸미가 잘 떨어지므로 조심해야 한다.

주꾸미는 내장을 꺼낸 뒤 굵은 소금으로
문질러 끈적임을 없애고, 야채는 가늘게
채썰어둔다.

우동 사리는 다소 덜 익은 듯 삶아 놓는다.

프라이팬에 식용유를 두르고 다진 마늘
을 넣어 미리 볶는다. 마늘을 기름에 먼저
볶아야 향이 충분히 배어든다.

야채를 단단한 것부터 차례대로 넣고
볶는다.

주꾸미를 먹기 좋은 크기로 잘라 넣는다.

후추, 굴 소스를 넣어 충분히 간을 한 다음
마지막으로 면을 넣고 볶는다.

참가자미

우리나라에서 잡히는 가자미는 종류가 많다. 동해에선 참가자미와 용가자미(어구가자미),

남해에선 문치가자미(도다리), 서해에선 돌가자미가 대표적으로 많이 나는 가자미들이다.

그중 동해를 대표하는 참가자미는 회맛이 담백하며 씹을수록 고소한 맛이 특징이다.

그에 비해 도다리 회맛은 달짝지근하며 차진 맛이 있다. 아마도 참가자미는 깨끗한 모래바

닥에 살고 도다리는 모래와 뻘이 섞인 지역에 살아서 그런 맛의 차이가 나지 않나 싶다.

참가자미는 초겨울에 알을 품기 시작해 2~3월이면 산란한다.

산란 후 살이 오르기 시작하는 5월에 가장 맛이 좋다. 한편 겨울에 많이 낚이는

용가자미(어구가자미)는 참가자미보다 물기가 많아서 맛이 떨어진다. 용

가자미와 참가자미는 배를 뒤집어보면 바로 구분할 수 있다.

용가자미는 배가 흰색이며 참가자미는 양쪽 지느러미를 따라

노랑무늬가 띠를 이루고 있다. 그래서 참가자미를 노랑가자미로 부르기도 한다.

참가자미 vs 용가자미(어구가자미)

동해에서 가장 흔한 가자미는 용가자미와 참가자미인데 외양으로 쉽게 구별할 수 있다.

용가자미(어구가자미)_참가자미보다 주둥이가 더 뾰족하고 입이 크다. 배 쪽은 흰색이며 가장자리는 회색을 띤다. 차가운 물을 좋아해 강원도 고성, 양양 앞바다에서만 겨울철에 낚인다. 무리 지어 다니므로 한 번에 10마리씩 주렁주렁 낚이는 게 매력이다. 참가자미에 비해 회 맛은 떨어져 회무침이나 구이, 조림으로 먹는다.

참가자미_배 쪽 가장자리부터 꼬리까지 노란색을 띤다. 동해의 가자미 중 가장 맛있지만 낱마리로 잡혀 값이 비싸다. 따뜻한 물을 좋아해 봄부터 가을까지 꾸준히 잡히며 영덕, 울진, 삼척, 양양, 고성까지 동해안 전역에서 잡힌다.

참가자미

용가자미(등)

용가자미(배)

참가자미 뼈회

참가자미는 봄에 제 맛이 나며 살이 쫄깃해 회가 최고다. 특히 작은 사이즈의 가자미를 뼈째 썰어 놓으면
그 맛이 일품이다. 가자미는 작아야 뼈횟감으로 좋아서 인기가 있으며 큰 가자미는 뼈를 발라내고 회를 썰어야 한다.

01

먼저 가자미 양쪽에 있는 지느러미를 잘라낸다.

02

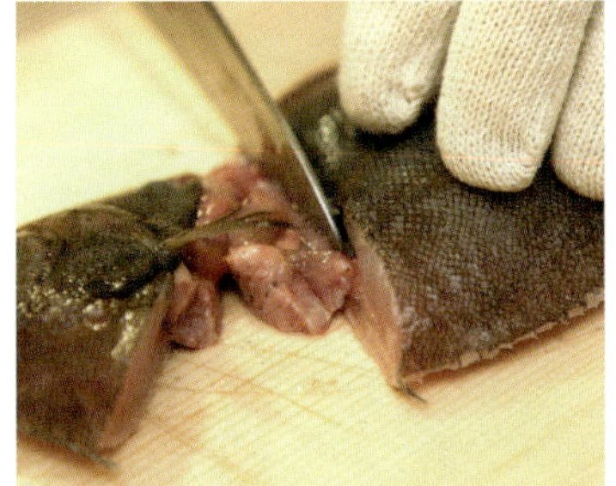

머리를 자르고 내장을 제거한다. 머리를 분리하면 내장이 함께 딸려서 빠져 나온다.

03

껍질을 쥘 수 있게 칼로 껍질을 조금 잘라 낸다.

04

펜치나 손으로 껍질을 잡고 벗겨낸다.

05

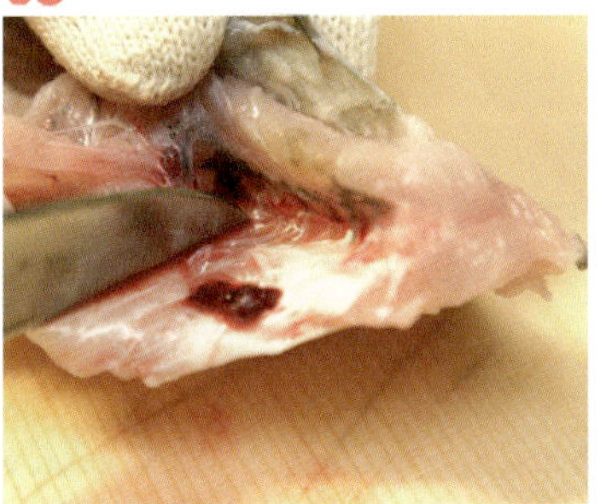

몸통에 남은 내장과 피를 제거한다. 물에 씻어도 상관없다.

06

몸통 안에 손가락을 넣어 손가락에 걸리는 제일 큰 뼈를 뽑아낸다.

07

뼈째 썰 때는 고기의 등뼈를 기준으로 반드시 세로로 썰어야 한다. 그렇게 썰어야 갈비뼈가 자잘하게 썰려 먹을 때 뼈가 씹히지 않는다.

08

세로로 썰면 가운데 등뼈만 남게 되는데 등뼈의 살은 포를 뜬 다음 먹기 좋게 썬다.

참가자미 물회

제주도를 대표하는 물회 재료가 자리돔과 한치라면 동해안에서
물회의 횟감으로 많이 쓰이는 것은 역시 참가자미다.

 **Recipe** 준비물

▶ 참가자미 1마리, 무, 배, 상추, 당근, 오이, 양파 등 갖은 채소
▶ 고추장 양념육수 재료-고추장, 식초, 고춧가루, 설탕, 사과, 소금, 레몬즙, 매운 고추(땡초), 물엿, 꿀, 후추, 간 마늘

01

껍질을 벗긴 가자미 살을 소금을
푼 얼음물에 담근다.

02

깨끗한 타월에 말아 냉장실에 보
관한다.

03

채소는 되도록 가늘게 채 썬다.

04

채소를 그릇에 담고, 냉장실의 가
자미를 꺼내 중간에 있는 굵은 뼈
만 발라내고 세로로 길게 뼈째 썰
어 담은 뒤 미리 만들어 놓은 육
수를 붓는다.

참가자미 회무침

무, 당근, 깻잎, 양파를 아주 가늘게 채 썬 다음
초고추장을 회와 함께 넣는다. 기호에 따라
고추장, 식초, 설탕을 더 넣어 새콤달콤하게 만들거나
맵게 만들 수 있다. 양념이 골고루 배도록 비빈다.
여기에 참깨와 다진 고추를 넣어도 좋다.

Tip

**회무침을 집에서 만들면
왜 제 맛이 안 날까?**

그 이유는 대부분 야채를 굵고 두껍게 썰기
때문이다. 야채가 두꺼우면 야채 맛이 강해
물회의 제 맛이 나지 않는다.

참가자미 뼈회 된장 무침

초고추장 대신 된장을 넣어 참가자미의 구수한 맛을 더 잘 느낄 수 있는 동해안의 토속음식이다.
만드는 방법은 간단하여 가자미 뼈회에 고추, 마늘, 깻잎 등을 넣고 된장에 버무리면 끝.
숟가락으로 떠서 배추나 봄동, 깻잎에 싸먹으면 된다.

Recipe

준비물(4인분) 참가자미 뼈회, 고추, 마늘, 배추, 깻잎, 된장, 고춧가루

참가자미는 모래바닥에 붙어 있어서 그물에 잘 걸려들지 않아 어부들도 낚시로 잡는다. 그래서 수요에 비해 늘 공급이 딸리고 값이 비싸다. 사실 산지가 아니면 구경하기도 힘들다. 참가자미는 1kg(18~20cm급 10마리 내외)에 4만~5만원에 거래되고 있으며, 비쌀 때는 7만원까지 치솟는다. 그에 반해 겨울철에 흔히 잡히는 용가자미는 20마리에 5천원~1만원이다. 동해안 횟집의 참가자미회 가격은 2인 기준(3마리)에 3만~5만원. 참가자미를 구입할 때는 비늘이 단단하고 윤기가 있으며 배의 노란 무늬가 선명한 것을 골라야 한다.

01

가자미 뼈회를 잘게 다진다. 너무 다지면 살이 물러지므로 주의.

02

깻잎과 고추, 마늘을 잘게 다져 넣는다. 취향에 따라 각종 야채를 곁들여도 좋다.

Fishing

참가자미는 비싼 고급어종이지만 배낚시로 쉽게 낚을 수 있어서 낚시어종으로 인기가 높다. 동해안에선 연중 낚이는데 5월부터 9월까지가 피크시즌이다. 참가자미 배낚시는 포항부터 고성까지 동해안 전역에서 성행하는데, 서울에서는 강원도 고성과 속초권을 많이 찾고 남부지방 낚시인들은 포항과 영덕(강구)을 찾는다. 여름에는 동해안 백사장에서 원투낚시로도 낚을 수 있다. 한편 용가자미(어구가자미)낚시는 겨울이 제 시즌으로 1~3월이 피크다.

03

된장과 고춧가루를 함께 넣는다.

04

젓가락으로 비빈다. 참기름을 넣으면 고소한 맛을 더할 수 있다.

참가자미 조림

참가자미는 살이 단단해 어떤 요리를 해놔도 식감이 좋다.
식해. 구이, 조림, 튀김도 맛있고 매운탕을 끓여놓으면 국물이 시원하다.
특히 참가자미 조림은 짭짤하면서 달콤한 양념이 부드러운 속살과 어울려 입안에서 살살 녹는다.

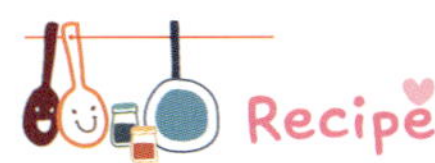

01

조림용 냄비에 무를 깐다. 조림 과정에서 무의 단맛이 배어 나오고 가자미가 바닥에 눌러 붙는 것을 막아준다.

02

비늘을 깔끔히 벗겨내고 머리와 꼬리, 내장을 잘라낸 뒤 칼집을 낸다.

03

손질이 끝난 가자미를 냄비에 깐 뒤 살짝 데친다.

04

조림 간장을 골고루 뿌려준다.

05

고춧가루, 다진 마늘, 청양 고추 등을 얹고, 센 불에 10분 정도 더 끓인다.

Nutrition

참가자미는 비타민 B1, B2와 칼슘이 많은 고단백 저지방의 흰살생선으로 기억력 증강에 도움을 주고 스트레스를 많이 받는 사람에게 좋다. 지방이 적어 회복기 환자의 식사에 적합하다. 가자미 회나 알에는 비타민 A가 풍부하고, 옆지느러미에 붙어 있는 살에는 콜라겐 성분이 있어 피부를 젊게 하는 효과도 있다.

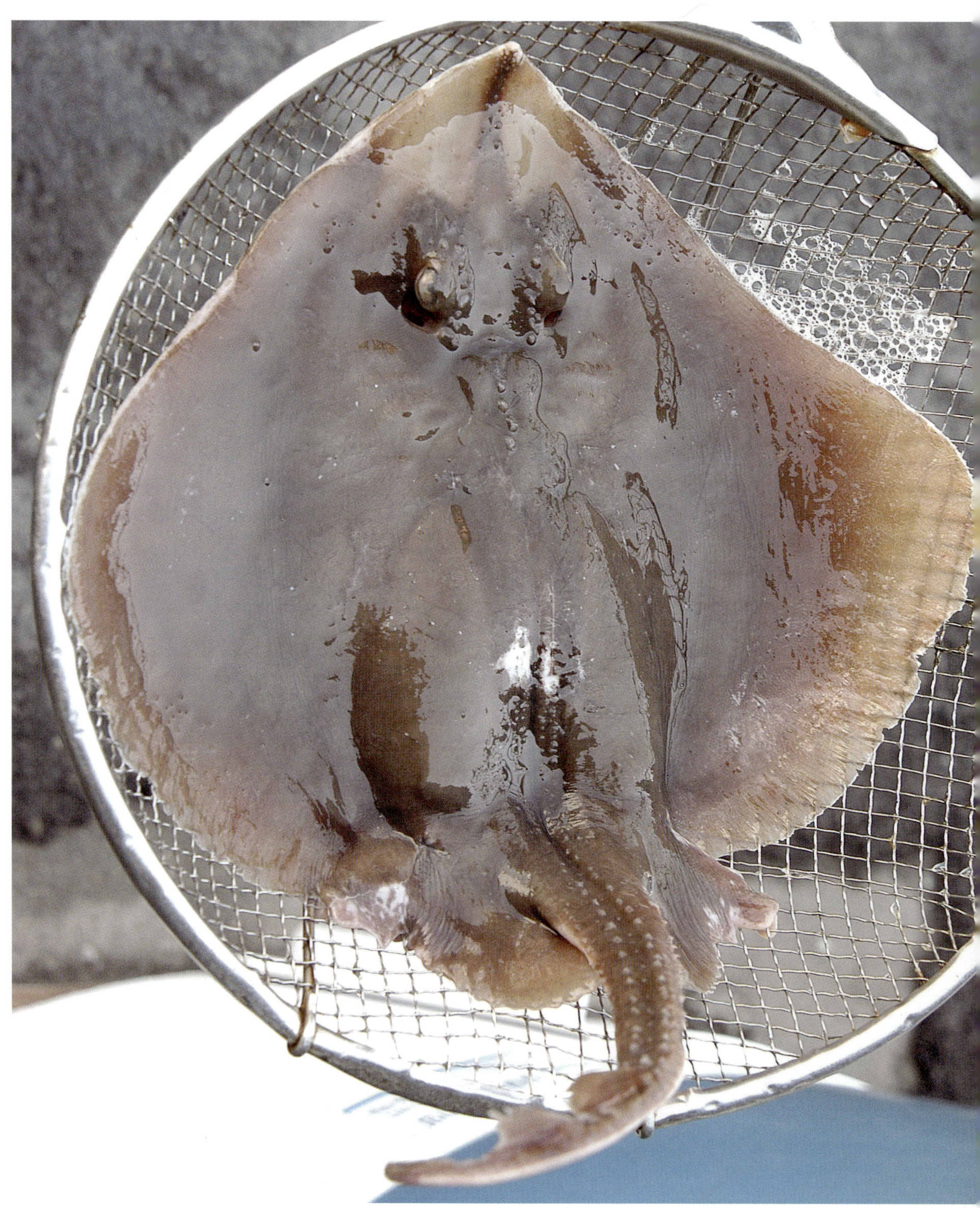

간자미

홍어와 비슷하게 생긴 간자미는 홍어보다 작고 가격도 훨씬 저렴하다. 홍어처럼 삭혀서 먹지는 않는다.
뼈가 연한 연골어류라 뼈회로 즐겨 먹는데 오도독! 오도독! 뼈째 씹히는 맛이 일품이다.

간자미 뼈회는 묵은 김치에 싸먹거나 회무침으로 먹는다. 암놈이 좀 더 뼈가 부드러워 횟감용으로 알맞고,
수놈은 찜이나 탕감으로 좋다. 무더운 여름에는 간자미 회냉면이 인기 있고 간자미 애(간)를 소금에 찍어
먹어도 별미다. 간자미는 겨울부터 초여름 사이에 서해 태안 앞바다에서 많이 잡힌다.

그중 산란기인 3~6월에 어획량이 가장 많고 맛도 좋다. 한여름에도 맛이 떨어지지 않으며 가을까지
맛을 유지하지만 여름이 되면 깊은 곳으로 들어가면서 뼈가 억세지므로 뼈회를 먹으려면 봄이 제철이다.

간자미와 가오리는 다른 어종

간자미가 가오리 새끼라고 잘못 알고 있는 사람들이 많은데 가오리와 간자미는 엄연히 다르다. 둘 다 홍어목(目) 가오리과(科)에 속하
지만, 가오리는 다년생으로 60~70cm까지 자라는 데 비해 간자미는 일년생으로 40cm까지밖에 크지 않고 산란 뒤 대부분 죽는다.
진도에서는 간자미, 태안에서는 강개미, 갱개미 등으로 불린다. 대부분 간재미로 불리지만 '간자미'가 표준말이다. 암놈과 수놈은 꼬
리로 구별하는데 꼬리가 셋 달린 것이 수놈(꼬리처럼 보이는 두 개는 생식기다), 꼬리가 하나 달린 것이 암놈이다.

간자미탕

늦봄, 더워지는 날씨에 잃어버린 입맛과 기력을 되찾는 데는 간자미탕이 제격이다.
생김새나 맛이 홍어와 유사해 요리법도 비슷하며 비싼 홍어와 달리 가격이 싸서
한 접시면 4인 가족이 푸짐하게 먹을 수 있다.

준비물(4인분)

손질된 간자미, 육수, 무, 양념장, 갖은 야채

01
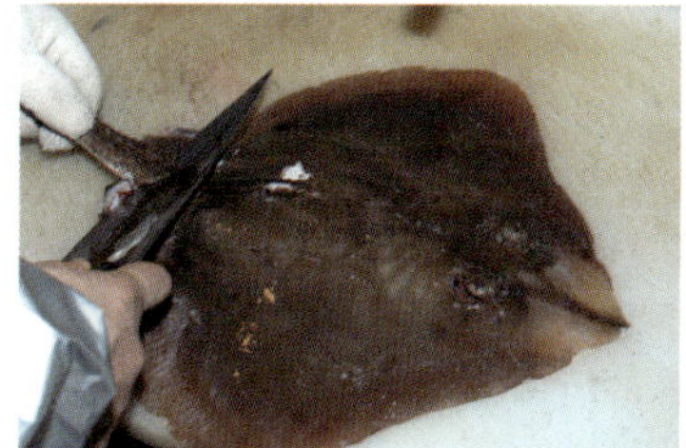

독침이 있는 꼬리를 자른다.

02
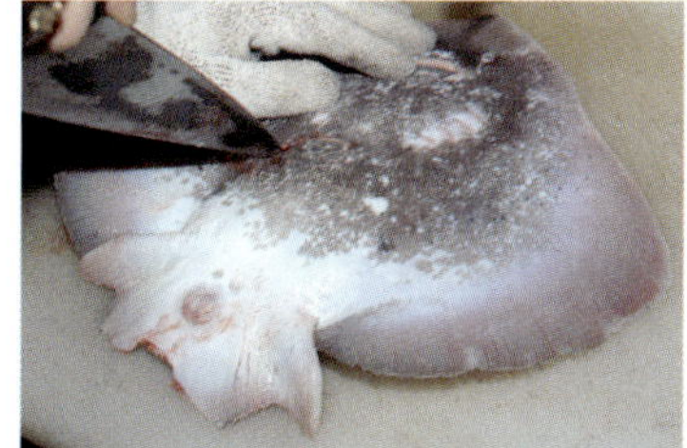

뒤집어 배를 가른다.

03
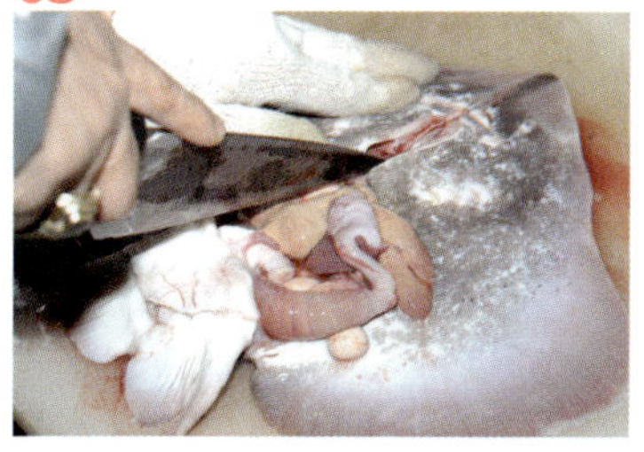

쓸개를 떼어내고 칼을 넣어 가슴까지 가른 다음 물로 세척한다.

04

육수에 무를 잘라 넣고 15~20분 팔팔 끓인 다음

05

손질한 간자미를 넣고, 준비한 양념(다진 마늘과 고춧가루, 고추냉이를 넣어 만든) 을 넣는다.

06

약한 불로 5분 더 끓인 뒤 갖은 야채를 넣고, 약한 불에 2~3분 더 끓이면 간자미탕 완성.

Buying

대도시에서는 간자미 활어를 맛보기 힘들다. 산지에서 거의 냉동 상태로 운송되기 때문이다. 그러나 3~6월에 서해안에 가면 간자미 활어를 맛볼 수 있다. 산지 어시장에서 간자미 활어 가격은 1kg에 1만~1만5천원. 횟집에서 맛보려면 1kg(2~3인분)에 3만5천원 이상 지불해야 한다. 봄~여름 시즌에 맞춰 서해안 바닷가 횟집을 찾으면 다양한 요리를 맛볼 수 있다. 간자미탕(3~4인분), 회무침(2~3인분), 간자미찜(2~3인분) 모두 3만5천~4만원선이다.

Nutrition

간자미 연골에 콜라겐이 많이 함유되어 있어 관절염이나 류마티즘, 신경통 예방에 좋고 단백질, 칼슘 등 영양도 풍부해 피부미용과 노화방지에도 도움이 된다. 생식기에는 뮤신 성분이 많아 스태미나 식품으로 유명하다.

간자미 회

골다공증 예방에 좋은 간자미의 뼈는 물렁하여 뼈째 먹어야 맛있다. 매콤새콤하고, 오도독 오도독 씹히는 맛이 일품이다. 간자미의 껍질을 벗겨내고 적당한 크기로 썰어 낸다.

간자미 회무침

갓 잡아 올린 간자미를 즉석에서 잘게 회를 썰어 미나리, 오이 등과 함께 고추장에 무쳐 놓으면 살과 오돌오돌한 물렁뼈가 새콤달콤한 양념과 어울려 독특한 맛을 느낄 수 있다.

바다낚시인들이 뽑은 최고의 회는?

생선회 랭킹전

누구보다 생선회를 많이 먹는 바다낚시 전문가들에게 최고의 횟감이 무엇인지 물어보았다. 그 결과 상위권에 랭크된 물고기는 일반인이 생각하는 고급 어종들과는 상당한 차이가 있었다. 회맛 감정단은 서울·경기, 경상도, 전라도, 충청도, 강원도, 제주도에 걸쳐 고루 지역을 안배하여 30명을 선정하였고 순위는 물고기와 두족류 두 가지로 나눠 매겼다.

1위 _ 돌돔

'최고의 회'에는 총 30명 중 18명의 표를 얻은 돌돔이 뽑혔다. 돌돔은 횟집에서 다금바리와 함께 가장 비싸게 팔리는 횟감으로 일반인들도 잘 아는 물고기다. 낚시전문가들 역시 첫손에 꼽을 정도로 맛있는 생선임을 재확인하였다.

2위 _ 긴꼬리벵에돔

일반인에겐 이름마저 낯선 긴꼬리벵에돔은 제주도와 울릉도, 남해 먼바다에서 낚이는 난류성 물고기로 일본의 바다낚시를 대표하는 어종이다. 우리나라에선 제주도에서만 볼 수 있는 귀한 물고기였는데 해수온 상승으로 서식지역이 남해와 동해까지 확대되었고 그 개체수도 빠르게 늘고 있다.

3위 _ 붉바리

제주도 사람들이 다금바리보다 윗길로 쳐주는 물고기가 붉바리다. 그러나 제주 외 타 지역에선 보기 힘든 붉바리가 3위에 랭크된 것은 약간 의외다. 일반인들은 아직 잘 모르지만 낚시인들 사이에선 붉바리가 전국구 명성을 얻은 듯하다.

두족류 1위는 무늬오징어

흔히 연체동물로 불리는 두족류 부문선 12명의 표를 얻은 무늬오징어가 1위를 차지했고, 갑오징어와 호래기가 뒤를 이었다. 낙지, 문어는 4, 5위에 올랐다. 호래기는 예상대로 경남낚시인들의 열띤 지지를 받아 무난하게 3위를 차지한 반면 서해에서 많이 즐기는 주꾸미는 익힌 요리는 맛있어도 회 맛은 별로인지 꼴찌를 차지했다.

다금바리는 돔보다 낮은 순위

일반인들 사이에 최고급 횟감으로 인정받는 다금바리는 어떤 순위를 받을까? 많은 사람들이 궁금해 할 것 같아서 30명의 감정단 중 제주도 낚시인 4명에게 물어봤더니 모두 "다금바리는 돌돔, 긴꼬리벵에돔, 붉바리보다 못하고 능성어와 비슷한 맛이다"라는 공통된 평가를 내렸다. 제주낚시인 양성욱씨는 "다금바리는 깔끔한 맛은 있지만 지방이 적고 물컹거려서 깊은 진미나 식감에서 상위에 랭크될 고기는 아니다. 다만 제주 특산종으로 희귀하기 때문에 고평가된 것으로 보인다"고 말했다. 자연산 다금바리는 그 자원이 격감해 사먹기도 어렵고 먹어본 사람도 극소수여서(횟집의 다금바리는 99% 수입산이거나 양식산이다) 이번 랭킹전에 넣지 않았다.

물고기 회맛 순위	두족류 회맛 순위
1 돌돔	1 무늬오징어
2 긴꼬리벵에돔	2 갑오징어
3 붉바리	3 호래기
4 능성어	4 낙지
5 감성돔	5 문어
6 벵에돔	6 한치
7 도다리	7 살오징어
8 볼락	8 주꾸미
9 민어	
10 열기(불볼락)	
11 광어	
12 참가자미	
13 쥐치	
14 부시리(방어)	
15 참돔	
16 농어	
17 전갱이	
18 우럭	
19 쏨뱅이	
20 전어	
21 학공치	
22 삼치	
23 갈치	
24 쥐노래미	
25 숭어	
26 대구	

part 2

여름은 피서를 위해 바다를 가장 많이 찾는 계절이지만
물고기의 맛은 가장 떨어진다. 수온이 높은데다
대부분의 고기들이 산란을 한 직후라서
살이 빠져 있기 때문이다. 그러나 오히려 일 년 중
여름에 가장 맛있는 생선들도 있으니
바로 여기 소개하는 5개 어종이다.

여름고기

6월 문어

7월 농어/성대

8월 민어/보구치

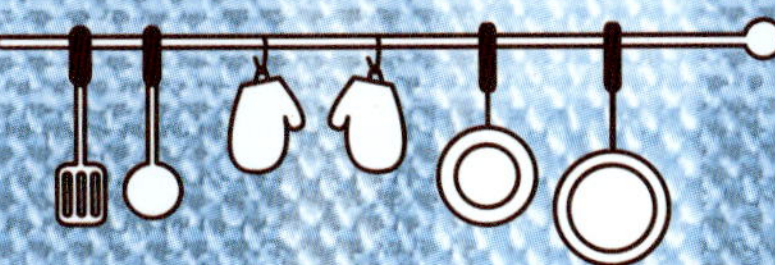

참문어(돌문어)
대문어 새끼

문어

문어는 강원도와 경상도 어촌에서 잔칫상에 꼭 들어가는 필수 음식이다. 첫맛은 담백하고 씹을수록 짭조름한 맛과 단맛이 난다. 〈동의보감〉에는 문어를 팔초어(八稍魚) 또는 팔대어(八帶魚)라 부르고 '맛이 달며 독이 없다'고 하였으며, 〈자산어보〉에는 '맛이 달고 전복과 비슷하여 회에 좋으며 말려 먹어도 맛있다'고 적혀 있다.

문어는 두족류 중에서 지능이 가장 뛰어난 것으로 알려져 있다. 수명은 1년에서 1년 6개월 정도이다. 문어는 날로 먹지 않고 삶아서 먹는데, 오래 삶으면 살이 질겨지고 특유의 향과 맛이 사라지므로 살짝 삶아야 한다. 문어는 지역마다 잡히는 시기가 다르다. 동해안은 봄~여름철, 남해안은 봄부터 겨울까지로 여수나 고흥 내만에서는 5~9월, 경남 진해만, 통영, 남해도에서는 9월부터 12월 사이에 파시를 이룬다.

알쏭달쏭 문어 이름

대문어, 참문어, 돌문어, 피문어

문어는 어류학상 분류와 연구가 아직 미진하여 어류도감마다 이름이 다를 정도다. 우리나라에서 잡히는 문어는 2종류이다. 동해안에서 주로 잡히는 대문어(대왕문어, 물문어)와 우리나라 전역에서 서식하는 참문어(왜문어, 돌문어)다. 대문어는 성어가 3~5m, 50kg까지 자라는 대형종이다. 평소엔 200m의 깊은 바다에서 살며 산란기가 되면 얕은 바다로 나온다. 산란기는 봄과 여름 사이로 늦게 산란하는 문어는 가을까지도 이어진다. 참문어는 동해안에는 개체수가 적고, 남해안의 얕은 바다(5~30m)에 많이 서식한다. 돌에 붙어산다고 해서 돌문어라고도 불린다. 최근에는 서해에서도 참문어 개체수가 늘어나 많이 잡히고 있다.

맛은 대문어보다 참문어가 낫고 같은 크기일 경우 값도 비싸다. 그래서 동해안 어시장에서 대문어 새끼를 참문어라고 속여 팔기도 한다. 대문어는 붉은색과 브라운색이 섞여 있으며 체색이 깨끗한 편이지만 참문어는 붉은색에 녹색 선이 지저분하게 섞여 있다. 문어를 손으로 눌러보면 더 쉽게 알 수 있다. 대문어는 살이 흐물흐물해 쉽게 눌러지는 반면 참문어는 살이 단단해 잘 눌러지지 않는다. 대문어는 작은 것보다 큰 게 맛있다. 한편 피문어는 대문어를 말린 걸 말한다.

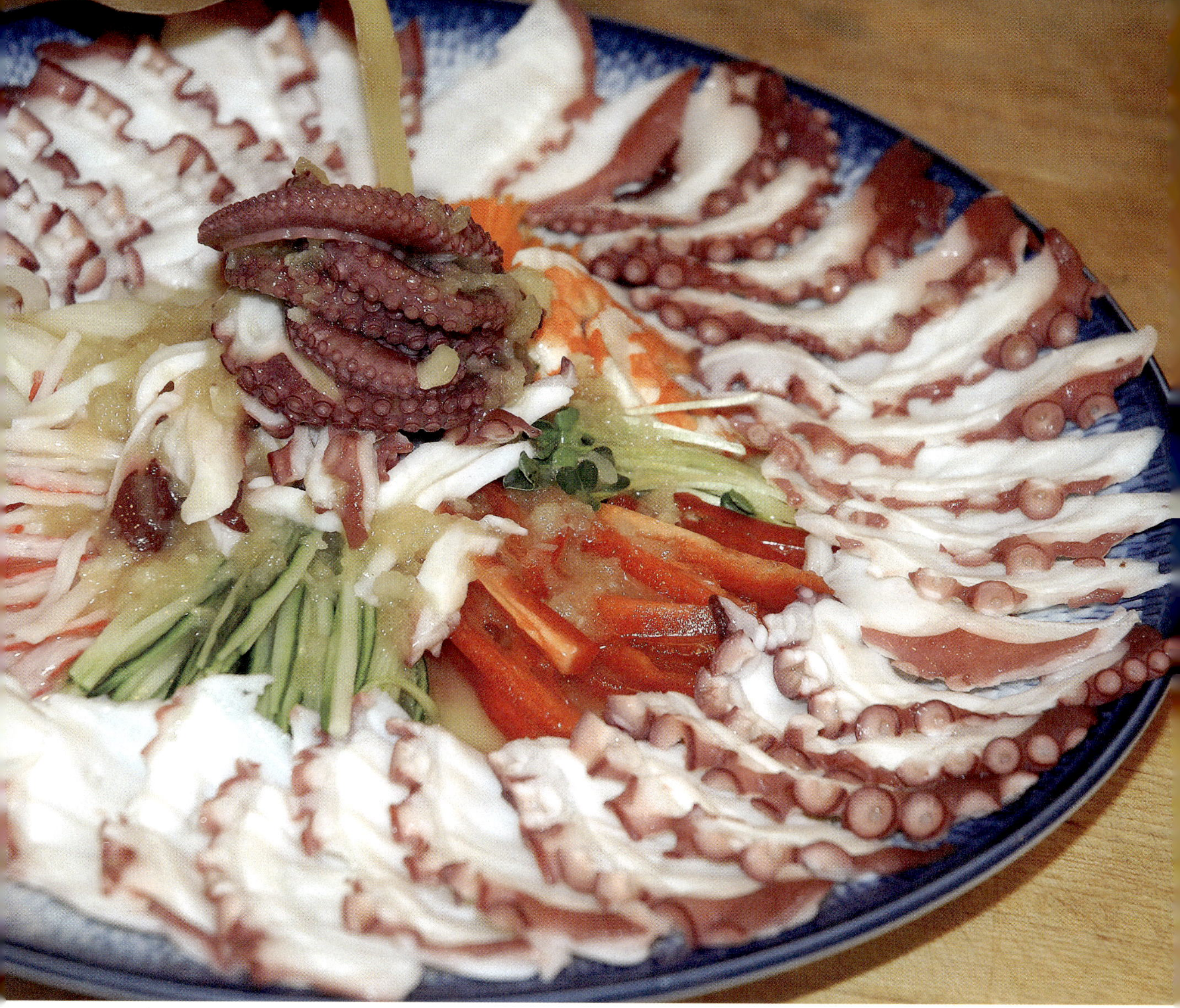

문어숙회 냉채

쫄깃한 문어숙회와 신선한 야채의 아삭한 맛을
시원하게 즐길 수 있는 영양식이다.
참문어와 대문어 모두 재료로 좋다.

준비물

문어, 굵은소금, 오이, 피망, 당근, 새싹 순, 양파,
게맛살, 해파리 냉채 소스

01
산 문어에 굵은 소금을 적당히 뿌려 손으로 박박 문질러 표피의 진액을 뺀다.

02
냄비에 녹차 티백을 넣고 물을 팔팔 끓인다. 녹차 티백은 문어의 잡냄새를 없애고 먹음직스러운 빨간 색이 올라오게 한다. 이때 식초를 두 스푼 넣어주면 문어가 부드럽게 삶아진다.

03
문어를 삶을 때는 다리부터 조금씩 서서히 담가야 좋은 모양으로 삶을 수 있다.

04
큰 문어는 15분, 작은 문어는 10분 정도 삶는다.

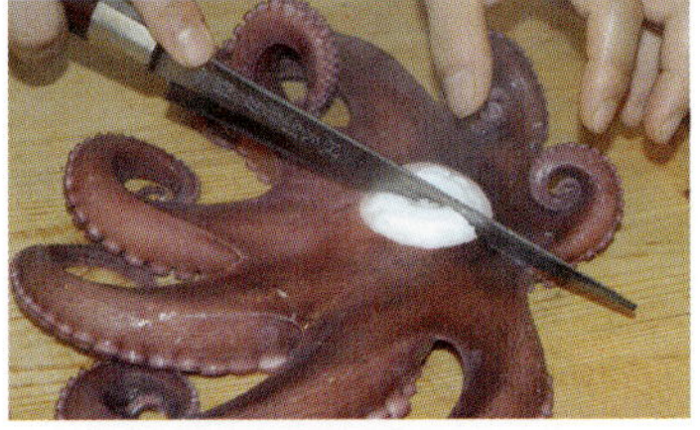

05
다 삶은 문어는 몸통을 자르고 다리 수만큼 8등분해 자른다.

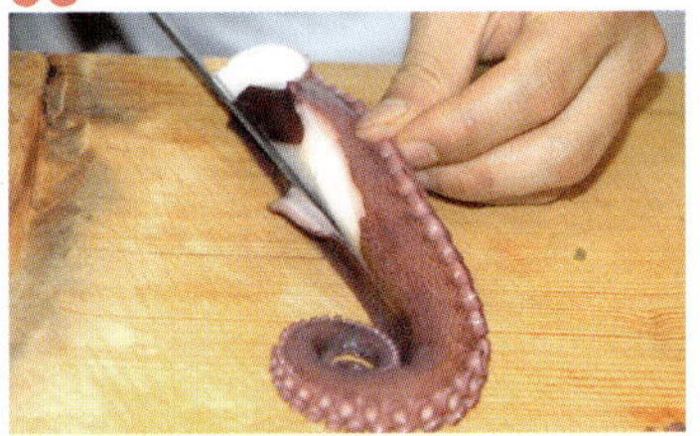

06
다리를 최대한 얇게 납작한 절편 형태로 썬다. 이때 표면이 울퉁불퉁하도록 칼질을 하면 씹히는 맛이 좋다.

07
미리 채 썰어 놓은 야채와 함께 문어를 담고 겨자소스를 곁들인다.

Buying

참문어와 대문어는 시세에 따라 1kg에 2만~4만원에 거래된다. 일반인들이 참문어와 대문어 새끼를 구분하지 못해 비슷한 가격에 판매된다. 대문어는 커야 맛이 좋은데 5kg 이상으로 큰 것은 '물문어'란 이름으로 15만~20만원에 거래된다. 많이 잡히는 봄~가을에는 싸고 귀한 겨울에는 비싸다. 문어는 붉은 기운을 띠고 체색이 선명한 게 싱싱한 것이다. 산지의 수협 중매인조합을 통하면 좀 더 저렴한 가격에 구입할 수 있다.

Fishing

문어가 많이 잡히는 시기는 5월부터 12월까지. 어부들은 숨기를 좋아하는 문어의 습성을 이용해서 문어단지로 잡거나, 문어 통발, 또는 '지가리'라 부르는 문어연승으로 잡는다.

그리고 낚시인들은 진해만과 남해도 일원에서는 게 모양의 루어를 단 줄낚시로 문어를 낚고, 통영과 여수 일원에서는 갑오징어용 에기(스테)를 이용한 루어낚시로 낚는다. 스테에 10호 내외의 봉돌을 덧달아 멀리 던져서 바닥에 내린 다음 살살 끌어주면 묵직한 입질이 온다. 바늘에서 빠지지 않도록 세게 챔질한 뒤 끌어내는 게 요령이다. 챔질 후 빠른 속도로 감아 들여야 문어가 바닥에 달라붙지 않는다.

참문어 데침

대문어보다 참문어를 사용한다. 센 불보다 약한 불에 천천히 삶아야 훨씬 부드러운 육질을 맛볼 수 있다.
그렇다고 너무 오래 데치면 살이 질겨지므로 살짝 데쳐야 한다.

Recipe

문어는 연체동물 중 타우린이 가장 많이 포함되어 있다. 타우린은 콜레스테롤 수치와 혈압을 낮춰주고 시력 회복, 간 기능 개선에 유용하다. 오징어나 문어를 말렸을 때 표면에 하얗게 생기는 가루가 바로 타우린이다. 그밖에 혈관, 두뇌 건강에 좋은 DHA, EPA 등 오메가3지방(불포화지방)을 포함하고 있어 성장기 어린이들이 먹으면 비만을 예방하면서 근육과 뼈의 형성에 도움이 된다.

01

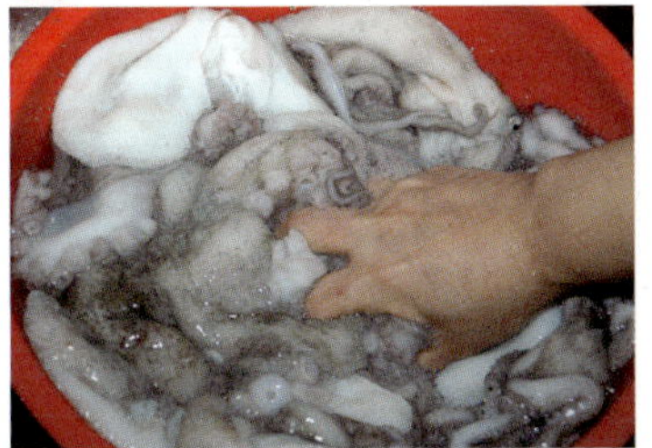

물에 소금 한 주먹을 넣어 문어와 함께 문지른 뒤 흐르는 물에 씻는다.

02

냄비에 물을 적당량 넣고 끓인 다음 문어를 넣는다.

03

식초 한 스푼을 넣고 더 끓인다.

04

몸 색깔이 갈색으로 변하면 문어를 건져낸다.

05

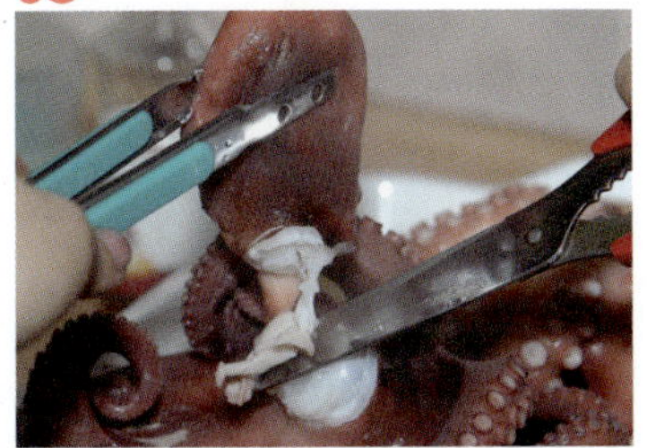

머리는 잘라 다시 넣고 약한 불에 5분 정도 더 끓인다.

06

몸통과 다리를 어슷어슷 썰고, 머리를 건져내어 마저 썬다. 데친 문어는 기름장이나 초고추장에 찍어 먹는다.

농어

농어는 민어, 한치, 보구치 등과 함께 여름을 대표하는 생선이다. '오뉴월(양력 7월) 농어는
바라보기만 해도 약이 된다'고 했다. 담백한 흰살생선으로 살이 달고 쫄깃하다. 50cm 이상의 큰놈들이
맛있다. 그래서 보통 40cm 이상이라야 농어라고 부르며 그보다 작으면 '깔따구(전라도와 충청도)'
또는 '까지메기(경상도)'라 낮춰 부른다. 농어는 매운탕보다 맑은탕이 더 잘 어울리는데 곰탕을 끓이듯
푹 우려내면 여름 보양식으로 그만이다. 일본 사람들은 농어껍질 데침을 즐겨 먹는다.
농어는 지역에 따라 맛이 다르다. 낚시인들은 "암초대의 농어보다 뻘이 많은 해역의 농어가 맛있다. 따라서
남해안이나 동해안보다 서해안 농어가 한결 맛있다"고 한다.

농어 회초밥

회초밥은 식당 초밥과 달리 각 가정에서 쉽게 해먹을 수 있는 요리다. 농어는 선도 유지를 위해 피부터 뺀 다음
바로 먹는 것보다 냉장실에 1~2시간 보관한 후에 먹으면 맛이 더욱 좋다. 농어 회를 썰 때는 칼날을
살결(힘줄)과 수직방향으로 썰어야 씹는 맛이 더 좋고 도미처럼 넓적하게 써는 것보다 길쭉하게 썰어야 맛있다.

01

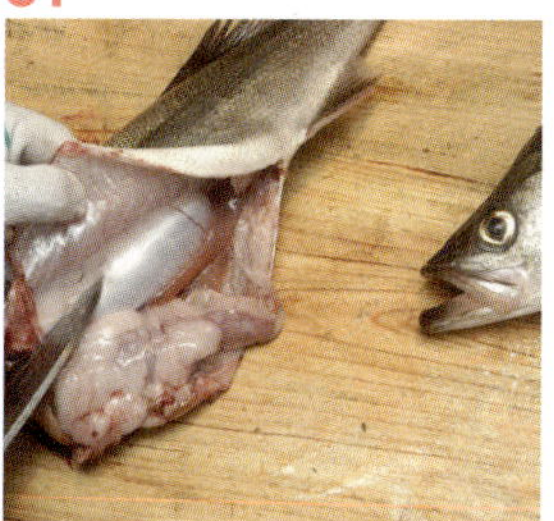

머리를 자르고 배를 갈라 창자를
빼낸다.

02

참돔 회 뜨기와 같은 요령으로
농어 살을 베어 낸다.

03

꼬리 쪽 껍질을 왼손으로 누른
다음 칼을 넣어 포를 뜬다.

04

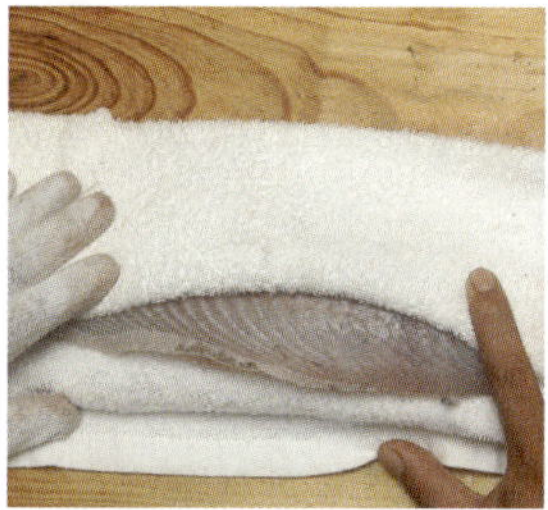

베어낸 살은 수건으로 싸서 물기
를 빼낸다.

05

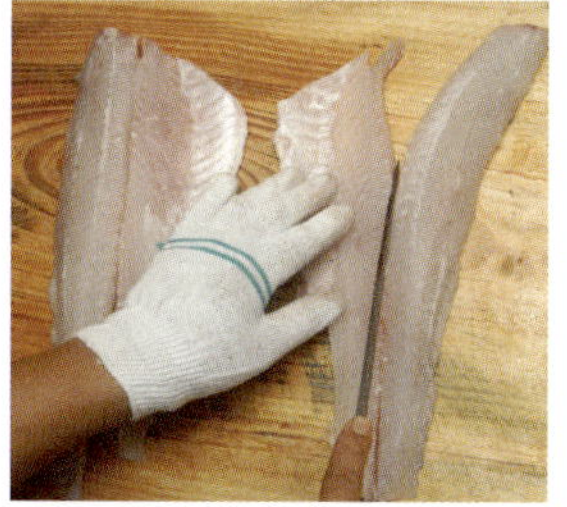

자르기 좋게 살을 이등분하여 잘
라낸 다음

06

결(흰색의 힘줄) 반대방향으로 일
정한 굵기로 썬다.
농어 회 위에 적당한 양의 고추냉
이를 바른 다음 밥을 올려 먹는다.

Buying

농어는 일찍이 양식업이 발달
해 있고, 품질 좋은 사료를 먹
여 키우기 때문에 맛에서 자연
산에 뒤떨어지지 않는다. 따라
서 가격도 자연산과 비슷하거
나 오히려 비싸게 거래되는 경
우가 많다.
자연산의 경우 어시장에서 거
래되는 활어의 가격은 1kg에
1만5천원~2만원이다. 횟집에
서는 1kg(2인)에 5만~6만원
은 지불해야 한다. 자연산과
양식산 농어를 외형상으로 구
별하기는 매우 어렵다. 양식 농
어(점이 많은 점농어가 대부분
이다)의 경우 바닥에 있는 사
료를 주워 먹기 때문에 주둥이
부분에 빨간 상처가 나 있는
게 특징이다. 그에 반해 자연
산은 주둥이가 깨끗하다. 양식
농어의 경우 국내산은 은백색
인 데 반해 중국산은 거무튀튀
한 색을 띤다.
죽은 농어 선어를 고를 땐 눈
이 맑고 비늘이 깨끗하며 지느
러미에 핏기가 없는 걸 고른다.

초밥 만드는 요령

1 밥을 할 때 물을 약간 적게 넣어
된밥을 만든다.
2 식초+설탕+소금을 섞어 적당하게 끓인
초밥 소스를 뜨거운 밥에 부은 다음
차갑게 식힌다. 이렇게 만들어진 초밥은
윤기가 나며 새콤달콤한 맛을 낸다.

농어 소금구이

칼집을 내고 소금을 치고 난 뒤 한 시간 이상 기다렸다가 구워야
짭짤하게 간이 맞다. 소금을 뿌리면 간도 되지만 소금이 물기를 제거하고
고기의 육질을 단단하게 만든다. 농어 구이를 할 때는
반건조시킨 후 구우면 더 고소하고 생선을 싫어하는 아이들도 잘 먹는다.

Recipe

01

비늘을 친 다음 내장을 깨끗하게 제거한다.

02

소금이 살에 골고루 잘 배도록 여러 번 칼집을 낸다.

03

농어의 살을 벌려 소금을 골고루 뿌려준다.

04

1~2시간 정도 기다렸다가 껍질이 타지 않을 정도로 굽는다. 중불로 맞추고 한 면을 8분 정도 구운 뒤, 뒤집어 5분 정도 구우면 적당하다.

Nutrition

농어는 저지방 흰살생선으로 부드럽고 소화흡수가 좋아 환자나 노인들에게 적합한 생선이다. 점막을 튼튼하게 하는 비타민 A, 당질 지방의 대사에 관계하는 비타민 B1, B2, 나이아신, 노화 예방에 효과적인 비타민 E가 적절하게 들어있다.

Fishing

6월이 오면 동해, 남해, 서해에서 농어낚시가 활기를 띠기 시작한다. 농어는 항포구와 백사장, 갯바위, 민물과 바닷물이 만나는 기수 지역 등에서 두루 낚인다. 농어는 어릴 때는 잡식성이지만 성장하면 철저하게 멸치 같은 작은 어류를 선호하는 육식성으로 변하기 때문에 이러한 특성을 이용하여 오래전부터 루어(인조미끼) 낚시가 성행하고 있다. 소형 어류를 닮은 미노우나 웜을 던져서 살살 감아 들이며 유인하여 낚는다. 그러나 밤에는 커다란 찌에 청갯지렁이를 단 생미끼 찌낚시로도 농어를 낚는다.

성대

붉은 체색에 초록빛 지느러미가 아름다운 성대는
일반인에게는 물론 낚시인들에게도 잘 알려지지 않은 생선이다.
최근에 해수온 상승으로 그 개체수가 증가한 물고기이기 때문이다.
동해남부 해안에서 많이 잡힌다. 성대 맛을 모르는 사람들은 잡어로 취급하지만
회를 먹어본 사람들은 깜짝 놀란다. 깊은 수심에 서식하는 성대는 흰살생선으로
맛이 담백하다. 단백질 함유량이 높고 각종 비타민이 많아 성장기의 어린이들에
게 특히 좋다. 선도가 좋을 때 회로 먹으면 육질이나 맛이 광어 못지않다.
소금구이나 찜, 맑은탕으로 끓여도 좋다. 성대는 수심 100~200m의
깊은 바다에 살다가 4~6월 산란기가 되면 얕은 모래바닥으로 모여드는데
7~8월에 제일 많이 잡히고 맛도 좋다. 10월이면 다시 깊은 바다로 빠진다.

성대 회

성대는 육질이 다소 무른 생선이기 때문에 포를 뜨고 난 뒤 키친타월에 싸서
10여분 냉동 보관했다가 회를 썰면 훨씬 쫄깃해지고 맛이 좋다.
그리고 된장이나 고추냉이보다 새콤달콤한 초고추장에 찍어먹는 게 맛있다.

01

비늘을 치고 내장을 제거한 다음
흐르는 물에 깨끗하게 씻어낸다.

02

머리 쪽에 칼을 그어서 등뼈 위쪽의
절반만 잘라놓는다.

03

꼬리 쪽에 칼을 그어서

04

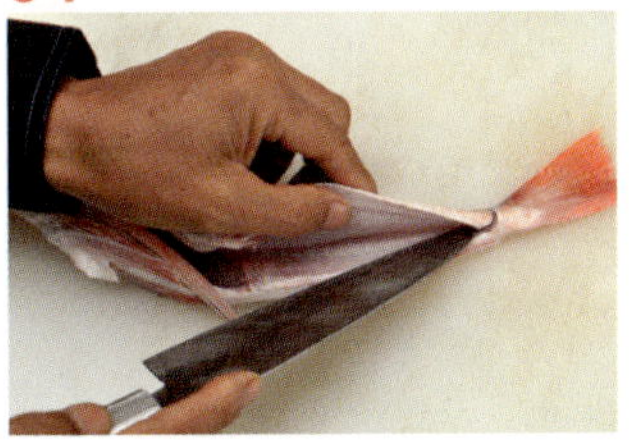

칼날 끝을 머리 쪽으로 당기며 등뼈
가 긁히는 소리가 날 정도로 바짝 붙
여 긁어주면서 포를 뜬다.

05

한 쪽 포를 뜬 다음, 반대편 포는
머리 쪽에서 꼬리 쪽으로 칼을 밀
면서 포를 뜬다.

06

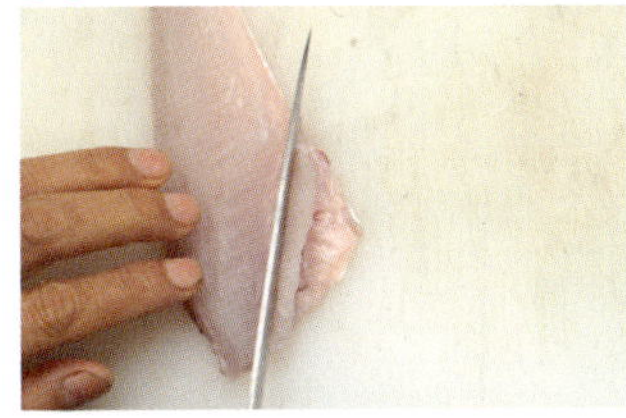

가슴뼈를 제거한 다음

07

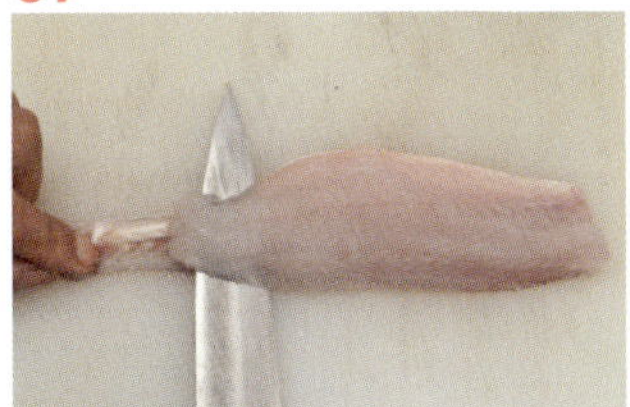

왼손으로 꼬리 쪽 껍질을 꽉 잡고, 칼날을
껍질에 붙여서 밀면 껍질과 살이 분리된다.

08

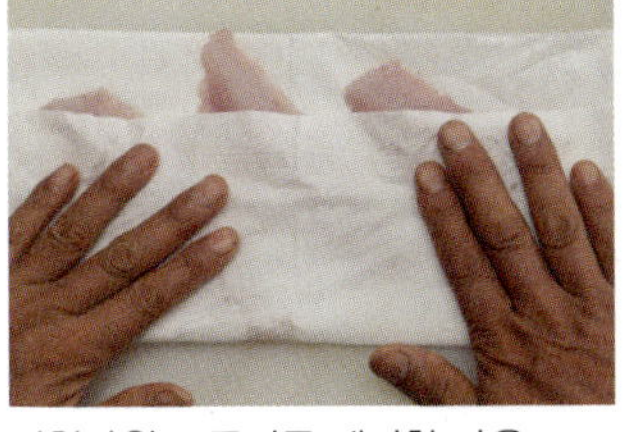

키친타월로 물기를 제거한 다음

09

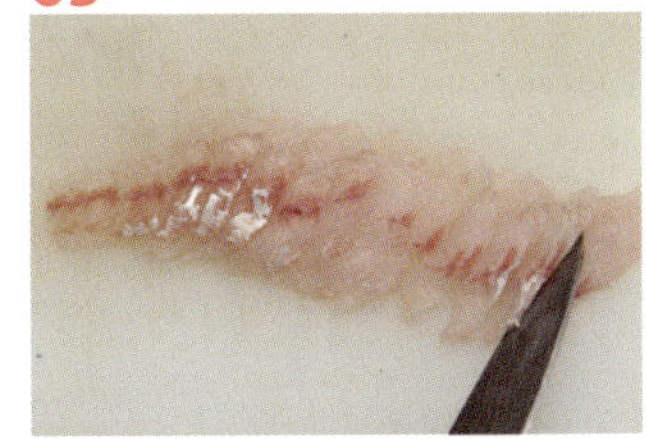

적당히 두툼하게 어슷어슷 썰어내면
완성.

4월 하순이면 포항 앞바다에서 조
업하는 어선의 그물에 성대가 그물
에 걸려드는 것을 확인할 수 있고,
5월 중순이 지나면 낚시에도 잡히
기 시작한다. 성대는 동해남부 어
시장에서 쉽게 볼 수 있고 여름철
엔 남해안 어시장에서도 볼 수 있
다. 잡어로 분류되지만 가격은 광
어나 우럭과 동급이다.
활어 1kg에 1만5천원~2만5천원.
탕이나 구이용인 선어는 두세 마리
에 1만원으로 저렴하다. 붉은 체색
이 선명하고 통통한 걸 고르는 게
요령이다. 바닷가 횟집에서 간혹
성대회를 팔기도 하는데 가격은 2
인 기준 탕 포함 4만~5만원.

성대 고추장 양념꼬치

성대 고추장 양념꼬치는 흰살생선의 단단한 육질을 살리면서 맵싸한 고추장 양념으로
입맛을 돋우는 요리다. 꼬치로 만들어 다양한 야채와 곁들이면 누구나 잘 먹는다.

 **Recipe**

준비물 성대, 새우, 피망, 청경채, 마늘, 은행, 고추장 양념(재료 : 고추장, 고춧가루, 물엿, 맛술, 설탕)

01 성대는 머리와 내장을 제거하고 1~2일 말린 것을 사용하여 기름을 두른 프라이팬에 초벌구이한다.

02 모양이 흐트러지지 않도록 꼬치에 끼운다.

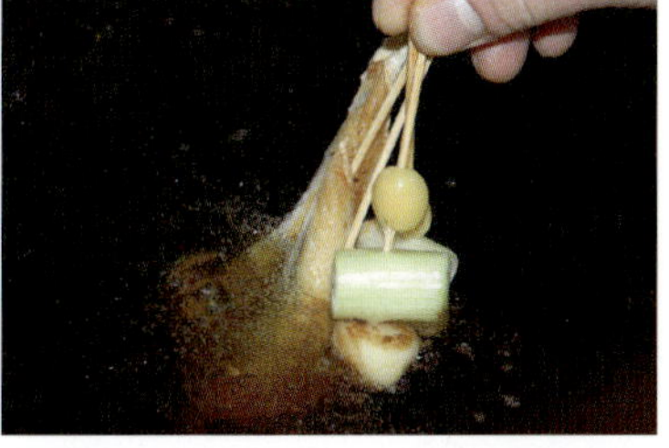

03  잘 달궈진 기름에 야채꼬치와 함께 살짝 튀긴다.

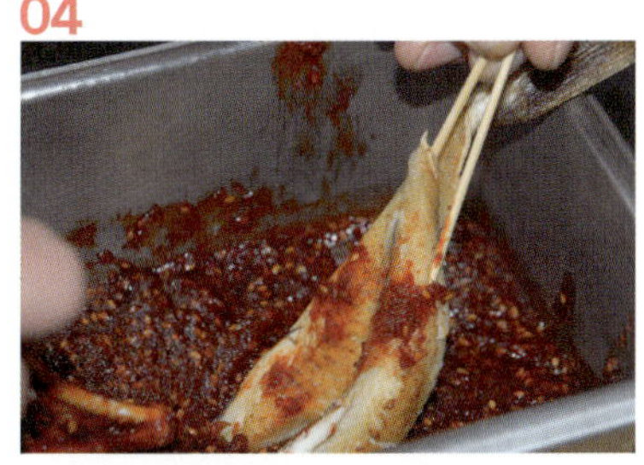

04 고추장 양념을 넉넉하게 발라준다.

05 석쇠에 성대와 야채꼬치를 함께 올려 다시 한 번 고추장 양념을 바른다.

06 완전히 익을 때까지 오븐이나 가스불로 굽는다.

Fishing

동해안이 주 낚시터다. 경주, 포항, 영덕, 울진 등지의 대형 방파제에서 잘 낚이며, 배를 타면 마릿수 조과도 가능하다. 육식성 어류라 생미끼보다 루어에 더 잘 낚인다. 낮에도 돌아다니지만 해질녘에 활성이 높다. 성대는 보리멸처럼 모래바닥에서 잘 낚이는데, 특히 하천과 바다가 만나는 기수역이 특급 포인트로서 민물이 흘러내리는 해수욕장이 아주 좋은 포인트가 된다. 채비는 다운샷 채비나 지그헤드 채비에 웜을 달아 낚는다. 웜 사이즈는 3~5인치가 적합하다. 바닥에서 잘 뜨지 않는 양태, 광어와는 다르게 성대는 종종 중층을 유영하는 경우가 있으므로, 성대의 입질이 잦다면 바닥과 중층을 함께 훑어주는 것이 좋다. 그리고 통영의 진해만, 고성만, 자란만 등 양식장 주변 배낚시에서도 감성돔낚시 도중에 성대가 잘 낚인다.

민어

민어는 조기, 부세, 수조기 등의 민어과 어류 중 1m까지 자라는 대형종이다. 예부터 민어찜은 일품(一品),
도미찜은 이품(二品), 보신탕은 삼품(三品)이라는 말이 있었다. 그처럼 민어는 양반들이 여름철 보양식으로
즐겨 먹었다. 옛날 전남 신안군 임자도 사람들은 한여름 민어 떼 우는 소리에 잠을 설칠 정도라고 했으나
요즘은 어획량이 줄어 부르는 게 값인 고급 생선으로 바뀌었다. 2000년대 중반 민어 양식이 성공하였으나
자연산에 비해 맛이 떨어져 현재는 양식을 하지 않고 있다. 민어는 튀김, 구이보다 탕이나 조림으로 요리해 먹는다.
민어는 산란을 앞두고 두둑하게 살이 오르는 7~8월이 제철이다. 이때는 암컷보다 수컷이 더 맛이 좋은데,
암컷은 영양분이 알에 집중되어 살이 퍽퍽해지기 때문이다. 가을에 제주도 남쪽 바다까지 내려가 월동하고
봄이 되면 서해안을 따라 올라와 여름에 많이 잡힌다. 민어는 내장, 껍질까지 하나도 버릴게 없는 생선이다.

껍질은 데쳐먹고, 내장은 젓갈을 담는다. 알은 말려서 어란이나 찜을 해먹는다.
민어의 뼈로 우려낸 민어탕은 임산부에게 효과가 좋다.

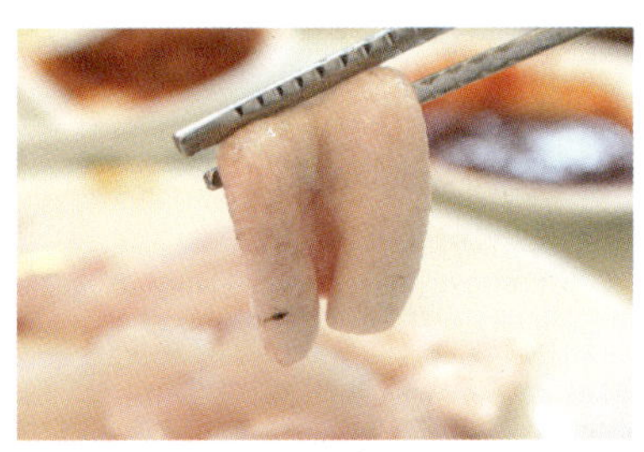

오묘한 민어 부레의 맛

민어는 등살, 꼬리살, 뱃살, 늑간살 등 부위별로 맛이 다르다. 특히 '배진대기'라 불리는 기름진 뱃살은 고소한 맛이 일품이며 쫄 깃쫄깃한 꼬리 살도 특미다. 뭐니 뭐니 해도 민어회의 백미는 부 레인데 소금에 찍어 먹는다. 두께가 얇은 다른 물고기의 부레에 비해 민어의 부레는 유난히 두꺼운 편으로 겉을 감싸고 있는 지 방 덕분에 첫 맛은 부드럽고 감미롭다가 곧이어 부레가 씹히면 서 쫄깃하면서 고소한 맛이 배어 나온다.

민어 회

민어는 즉석 회보다 얼음과 함께 하루 정도 숙성시킨 다음 회를 뜨면 살이 차지고 부드러워 감칠맛이 더 좋아진다.

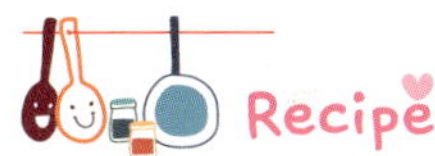

01

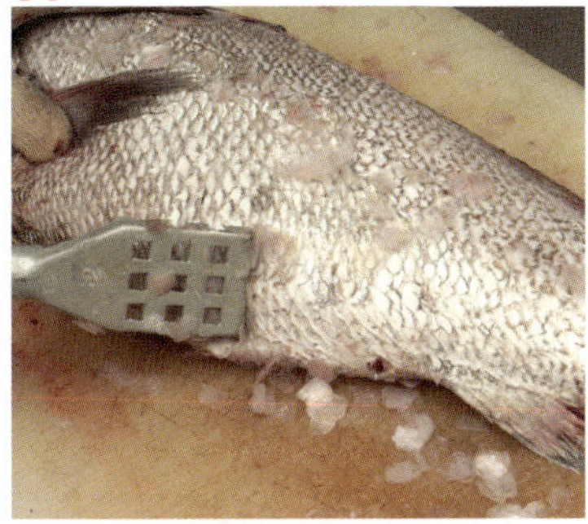

비늘긁개로 비늘을 깔끔히 제거한다.

02

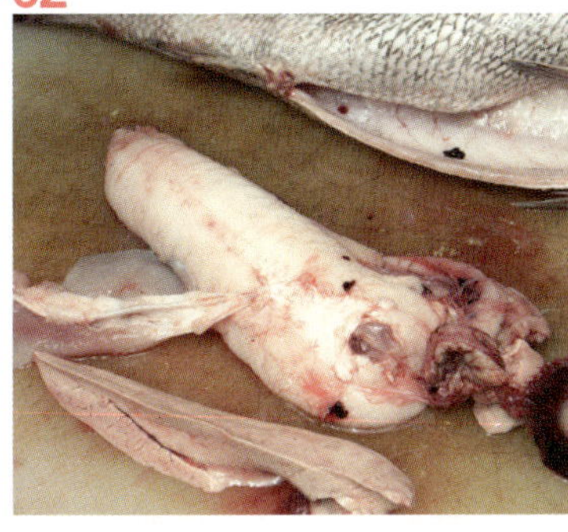

배를 갈라 부레를 꺼내 따로 보관한다.

03

참돔 회 뜨기와 같은 방법으로 포를 떠낸다.

04

뱃살 쪽의 잔가시를 제거한다.

05

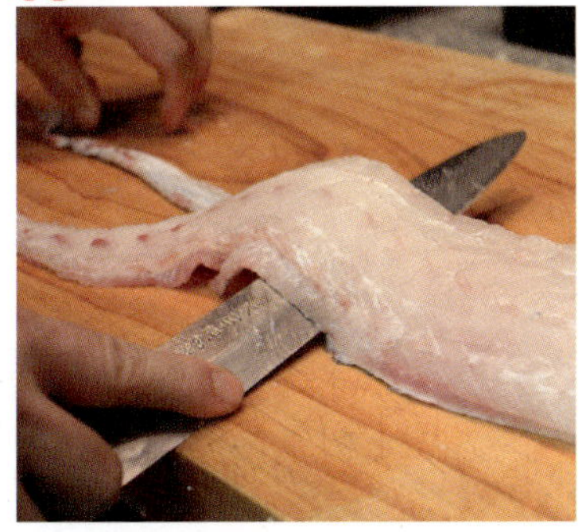

살과 껍질 사이로 칼을 넣어 살점만 떠낸다.

06

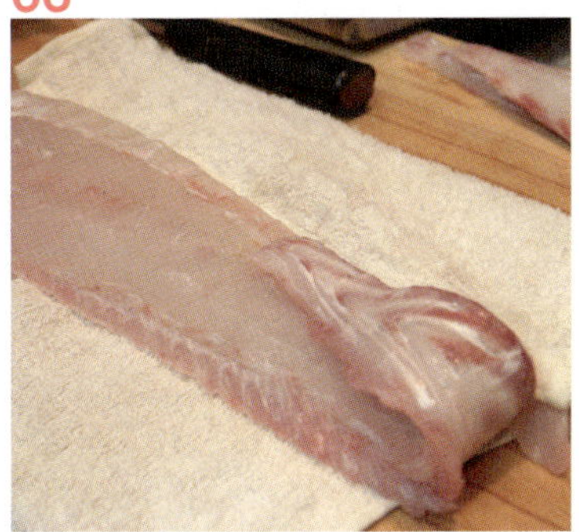

마른 수건으로 싸서 냉장고에 보관했다가
회를 쳐낸다.

활어는 대부분 횟집으로 바로 유통되고 어시장에는 주로 선어로 판매한다. 선어는 활어보다 1만원가량 싸다. 즉 죽은 민어라고 해서 값이 크게 떨어지지 않는 것이다.

민어는 활어보다 얼음과 함께 하루 정도 숙성시킨 선어회가 더 맛있다고 하는 사람이 많다. 활어회보다 쫄깃함은 덜하지만 살이 부드러워지고 맛이 더 달기 때문이다. 민어 횟감 숙성은 냉장실에 넣지 않고 비닐로 완벽하게 감싼 뒤 얼음 속에 파묻어 숙성시킨다.

민어를 고를 때는 살이 단단하고 체색이 진하며 투명한 게 좋다. 민어는 클수록 육질이 좋고, 암놈보다 수놈이 맛이 좋아 가격도 비싸게 거래된다. 어시장에서 살 수 있는 민어의 가격은 1kg에 4만원에서 최고 8만원 사이이며 초복 때 제일 비싸다. 시세 차이가 큰 이유는 민어의 저장성이 좋지 않기 때문이다. 민어는 클수록 맛이 좋아 가격이 더 올라간다. 즉 5kg이 넘는 민어는 1만~2만원씩 더 붙는다. 작은 민어는 '통치'라고 불리며 가격이 저렴하다.

민어의 주산지인 전라도 해안가에는 민어회 전문점이 많다. 민어회는 접시 단위로 판매한다. 2명 정도 먹기에 좋은 작은 소(小)짜는 4~5만원, 3~4명 먹기에 좋은 중(中)짜는 6~7만원가량 한다. 회에는 부레 서너 점, 데친 민어껍질 서너 점, 뱃살 서너 점이 함께 나온다.

민어 껍질데침

민어는 내장, 껍질까지 하나도 버릴 게 없는 생선이다.
껍질을 끓는 물에 살짝 데쳐 소금장에 찍어 먹으면 쫄깃한 맛이 일품이다.

01

벗겨낸 껍질을
뜨거운 물에 2초
정도 담갔다 바
로 꺼낸다.

02

미리 준비한 얼음
물에 넣고 서너 번
정도 넣었다 뺐다
반복하면 껍질이
탱탱해진다.

03

먹기 좋은 크기
로 자른다. 데친
껍질은 초절임
양념장과 야채를
곁들여 먹으면
좋다.

민어는 4월부터 10월까지 배낚시에 낚인다. 격포, 영광, 목포 앞바다 그리고 전남 진도와 해남 앞바다가 최대 산지이다. 주로 15~30분 거리의 근해에서 낚시를 한다.

해남, 진도, 목포 앞바다에선 양식장에 배를 묶어놓고 던질낚시로 민어를 낚는다. 1.8~2m 길이의 연질 배낚싯대에 구멍봉돌채비를 사용하고 미끼는 참갯지렁이나 집갯지렁이(집거시)를 사용한다. 조류 흐름이 적은 만조나 간조 물돌이 무렵, 그리고 동이 튼 후 1~2시간 사이에 가장 입질이 활발하다. 뱃삯은 한 척 전세에 15만원.

한편 영광과 격포 앞바다의 경우 10~20m 수심대에서 배를 묶지 않고 조류 따라 흘러가며 낚시를 하는데, 살아 있는 새우를 바닥에 내려 고패질을 하며 입질을 기다린다. 뱃삯은 1인당 12만원선이다.

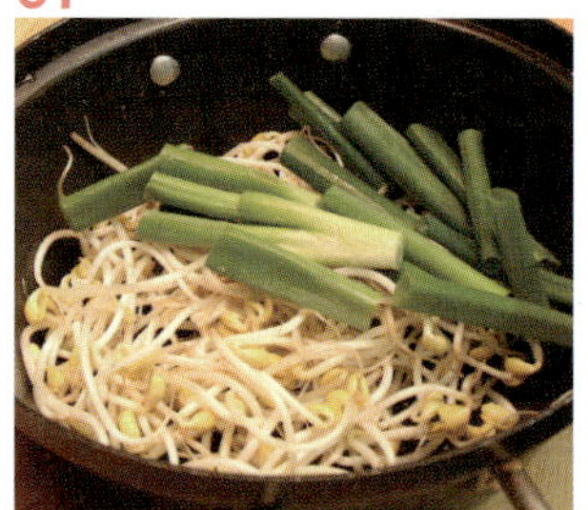

민어 맑은탕

민어는 매운탕도 좋지만 맑은탕(지리)을 끓이면
특유의 담백한 맛이 살아난다. 여기에 미역을
약간 넣고 푹 끓이면 걸쭉한 국물이 우러난다.

준비물 손질된 민어, 무, 콩나물, 파, 약간의 소금

Nutrition

민어는 소화흡수가 빨라 노인 및 큰 병을 치른 환자의 건
강 회복에 좋다. 특히 민어의 부레는 젤라틴이 주성분이고
콘드로이틴도 들어 있는데 이 성분들은 노화를 예방하고
피부에 탄력을 준다.

01

냄비 바닥에 무, 콩나물, 파 같은
야채를 미리 깔아 놓는다.

02

회를 뜨고 남은 뼈와 머리를 깨끗이
씻어 냄비에 담는다.

03
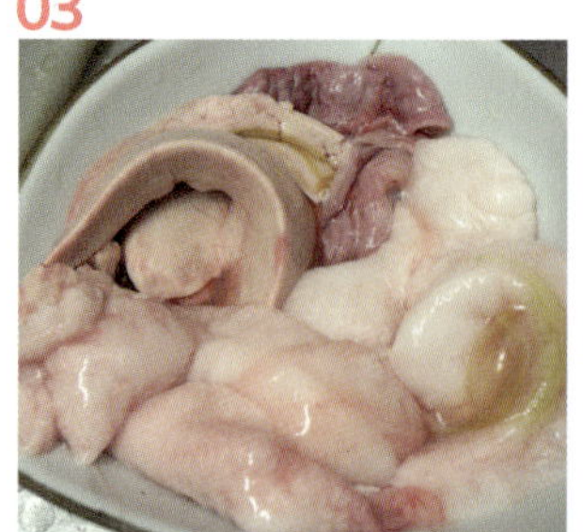

간과 내장도 깨끗이 씻어 함께
넣는다.

04

뿌연 국물이 우러날 때까지 푹
끓인다. 간은 소금으로 맞춘다.

회와 소스에도 궁합이 있다

우리나라에만 있는 초장
비린내 완벽히 잡아 모든 회와 잘 어울려

고추장에 식초를 버무린 초장은 한국에만 있는 양념장이다. 고추장과 식초의 강한 맛으로 생선의 비린내를 없애주므로 회에 익숙하지 않은 사람들도 쉽게 회를 즐길 수 있도록 해준다. 특히 멍게나 해삼처럼 향이 너무(?) 강한 횟감들을 먹을 때 초장이 어울린다. 그러나 초장을 너무 많이 찍으면 생선 고유의 맛을 느끼기 어려우므로 조금만 찍어서 먹는 것이 좋다.

회 전용 간장

주로 일본제품인 회 전용 간장은 일반 간장과 맛이 다르다. 약간 걸쭉하고 달짝지근한 맛이 나는데 간장에 캐러멜, 소금, 포도 원액, 다시마 엑기스와 같은 감미료를 섞어 만들기 때문이다. 가장 널리 알려진 제품이 일본의 '기꼬망'과 '니비시' 등인데, 포장지나 용기에 사시미(さしみ)라는 표기가 있으면 회 전용 간장이라고 보면 된다.

회 위에 레몬즙 뿌리지 마세요!

회를 주문하면 레몬 조각이 장식돼 나오는 경우가 있다. 그러나 레몬즙을 회 위에 뿌리는 것은 좋지 않다. 산성이 강한 레몬즙이 회에 닿으면 살이 금방 물러지기 때문이다. 원래 레몬즙은 비린 맛을 싫어하는 유럽인들이 생선 비린내를 줄이기 위해 사용한 것으로 동양식 회에는 어울리지 않는다. 다만 고추냉이를 섞은 간장에 레몬즙을 뿌려주면 회의 비린 맛이 덜해지는 장점은 있다.

뼈회엔 양념된장
살이 단단한 흰살생선과 궁합 잘 맞아

된장에 다진 마늘, 고추, 양파, 당근 등을 섞고 참기름을 부어 만든 양념된장은 광어, 가자미, 노래미, 볼락, 열기, 전어, 쥐치 같은 흰살생선과 궁합이 잘 맞는다. 흰살생선류는 쫄깃한 식감이 뛰어나고 회맛이 담백한 반면 고소한 맛이 적은데, 양념된장과 함께 먹으면 고소한 맛이 더 진해지는 효과가 있다. 특히 뼈회(세코시)에 양념된장이 잘 어울리는데 뼈에서 우러나는 고소함과 양념된장이 어울리면 고소한 맛이 배가되기 때문이다.

붉은살생선엔 간장+고추냉이
고급 생선 고유의 맛 즐길 수 있어

부시리, 방어, 참치, 고등어 등 붉은살생선 회엔 일본식 간장 소스가 어울린다. 또 흰살생선이지만 참돔, 감성돔, 벵에돔 등 돔 회도 간장 소스에 찍어 먹는 것이 가장 맛있다. 특히 오징어류는 다른 어떤 양념소스보다 간장을 찍어먹을 때 제 맛을 느낄 수 있다. 쉽게 말해 고급 횟감일수록 양념소스의 강한 맛에 회 맛이 묻혀버리는 초장이나 된장보다 간장이 더 낫다고 볼 수 있다.

한편 간장을 찍어먹을 때 곁들이는 고추냉이는 간장에 풀지 말고 간장을 찍은 회 위에 고추냉이를 따로 얹어 먹어야 각각의 독특한 맛을 따로 느낄 수 있어 좋다.

고추냉이는 분말 제품보다 입자가 굵은 생고추냉이가 맛이 좋다. 떡밥처럼 반죽해서 먹는 분말 고추냉이는 장기 보관이 쉽고 싸지만 신선도나 알싸한 맛이 생고추냉이만 못하다. 생고추냉이는 갈아낸 그 상태로 진공 포장해 튜브에 담아 팔고 있는데 대부분 일본산 제품이라 값이 비싸다.

보구치

'백조기'로 불리는 보구치는 살이 연해 회는 큰 맛이 없지만 구이나 찜, 매운탕으로 요리하면

밥도둑이 따로 없다. 값비싼 참조기 맛에 미치진 못하지만 그래도 조기 혈통이라 냉동된 일반 시장 생선에

비할 바는 아니다. 여름철 서해와 남해 배낚시에서 쉽게 낚을 수 있고 한 번 떼를 만나면

푸짐하게 낚을 수 있는 게 장점이다. 충남 서천, 보령 앞바다에서 7~9월경에 보구치 어장이 형성되며

격포 앞바다나 영광 가마미 일원, 여수, 거제도에도 비슷한 시기에 어장이 형성된다. 보구치는 소금간을 해서

그늘에 말렸다가 굴비처럼 두고두고 먹는다. 갓 낚은 보구치는 프라이팬에 튀기거나 매운탕을 끓인다.

보구치 매운탕은 국물이 얼큰하고 살점이 입안에서 사르르 녹기 때문에 해장용으로 일품이다.

매운탕감은 염장을 하지 말고 냉장해야 생고기 특유의 진국이 우러난다.

혼동하기 쉬운 조기류 구분

보구치
아가미 뚜껑 위에
커다란 흑색 점을 갖고 있으며,
등은 회백색, 배는 은백색을 띤다.

수조기
등은 연한 회갈색이며, 배는 황금색.
등에 검은 점이 줄지어 있어
보구치와 구분이 된다.

참조기
보구치와 유사하게 생겼지만
등은 황갈색이며 배는 진한 황금색.
이마에 다이아몬드 모양의
돌기가 있어 쉽게 구별할 수 있다.

부세
참조기나 보구치보다 꼬리자루가 가늘고
길며 배는 황금색을 띠며 입술은 붉다.
조기류 중 대형종으로
75cm까지 자란다.

보구치 매운탕

20~30cm급 보구치를 내장을 빼지 않고 그대로 끓이며, 비늘이 작으므로
깔끔히 제거하지 않아도 무방하다. 살이 무른 까닭에 칼집도 내지 않는다.

Recipe

준비물
손질된 보구치, 된장, 고사리, 고추, 양파, 당근,
팽이버섯, 다진 마늘, 고춧가루 등

01

끓는 물에 고사리를 넣고 국물을 우려
낸 뒤 된장을 한 숟갈 풀어 넣는다.

02

된장이 풀어지면 이번엔 고추장을
한 숟갈 풀어 넣는다.

03

잘 우러난 국물에 보구치를 넣고 끓인다.

04

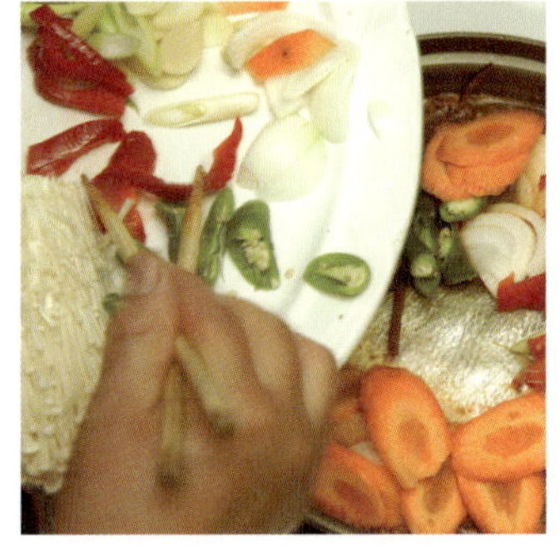

고추·양파·마늘 등 갖은 야채를 넣는다.

05

고춧가루를 적당히 넣고 10~15분
더 끓인다.

06

마지막으로 팽이버섯을 얹어주면 완성.

Buying

보구치는 금세 죽어서 활어는 보
기 힘들고 선어로 판매한다. 여름
이면 그물에 걸려든 보구치가 수
협 위판장에서 매일 거래되는데,
근래엔 어획량이 많지 않아 대부
분을 중국에서 수입하고 있다. 중
국산과 국내산 보구치는 외형상
으로는 구분하기 힘들다. 하지만
국내산을 구입하려면 여름 시즌
보령과 대천 등 수협에서 운영하
는 위판장을 찾으면 된다. 이곳에
서는 당일 그물에 걸려든 보구치
를 경매하기 때문에 국내산이라
고 보면 틀림없다. 그에 비해 일반
어시장에서 파는 보구치는 중국
산이 대부분이다. 국내산 보구치
거래 가격은 1상자(50~60마리)
에 4~6만원, 중국산은 이보다
10~20% 싸게 유통되고 있다.

보구치 회무침

보구치는 살이 물러서
횟감으로는 인기가 없지만
낚싯배에서 먹는 회무침은
아주 맛이 좋다.
살이 무르지만 초장 및 채소와
버무려 먹으면 맛이 달고
살살 녹는다. 보구치 회무침은
서해 낚싯배의 선장이나
사무장이 즉석에서 만들어
주기 때문에 낚시인이 아니면
맛보기 어렵다.

 Recipe

01

보구치의 비늘을 치고 머리와 내장을 제거한다.

02

포를 떠서 부드러운 살점만 쓰기도 하지만
사진과 같은 뼈회를 많이 쓴다.

03

오이, 깻잎, 양배추를 썰어서 초고추장을 부어
회무침용 장을 만든다.

04

보구치 회 위에 회무침 장을 부어서 잘 섞는다.

Fishing

조기류 중 낚시대상어로 인기가 높은 보구치는 주로 10~30m 수심의 사니질 바닥에서 잘 낚인다. 여성들이나 아이들도 쉽게 낚을 수 있다. 보구치낚시 채비는 우럭낚시와 마찬가지로 가지편대채비를 사용한다. 장비 또한 우럭낚시용 장비와 차이가 없다. 낚싯대가 없어도 배에 비치된 자새로 충분히 낚시를 즐길 수 있다.

보구치 배낚시는 서천 홍원항, 보령 무창포항, 오천항 등지에서 출항하며 뱃삯은 중식 포함 1인당 7만원, 경남 진해와 거제도의 경우 1인당 5만원선이다.

보구치 찜

굵은 소금을 흩뿌려 이틀간 꾸덕꾸덕하게 말린 보구치로 찜을 하면 입맛 없는 아이들 반찬으로 최고다.
살점이 물러 잘 부서지므로 충분히 익히거나 쪄야 되며, 뒤집을 때도 주의하도록 한다.

※ 촬영용 재료에 보구치보다 구하기 쉬운 부세를 사용했다.

Recipe

01

손질된 조기에 간이 잘 배도록 3줄 정도 칼집을 낸다.

02

칼집을 낸 자리에 굵은 소금을 넣는다.

03

이번에는 칼집을 낸 자리에 양념장을 골고루 넣는다.

04

찜통에 넣고 먼저 센 불로 7~8분 익힌 뒤 중불로 5분 정도 더 익히면 맛있는 조기 찜이 완성된다.

Nutrition

보구치에는 비타민 A, D 가 풍부해 야맹증과 피로 회복, 전립선 강화에 좋다. 요도 결석 배출에도 탁월한 효과가 있다.

part 3

가을은 모든 바닷고기가 맛있어지는 계절이다.
여름 내내 산고와 태풍에 시달리던 물고기들이
가을바람 속에서 안정을 되찾고 월동에 대비해
왕성한 먹이활동을 하며 살을 찌우기 때문이다.
그만큼 낚시나 그물에 물고기가 잘 잡히는
풍요의 계절이기도 하다.

가을고기

9월 우럭/쥐치

10월 광어/전어/돌돔/붉바리/갈치/무늬오징어/쥐노래미

11월 삼치/망둥어/호래기

우럭

우럭은 서해바다를 대표하는 생선이다. 서해에서 가장 맛있는 물고기 중 하나로서 일찌감치 양식이 발달해
싼 값에 머을 수 있는 '국민생선'으로 발전했다. 우럭은 흰살생선으로 역시 회가 으뜸이며
매운탕 맛도 타의 추종을 불허한다. 우럭은 찬물고기라서 수온이 낮은 서해산이 가장 맛있고
서해에서도 연평도 덕적도 등 북쪽바다에서 잡힌 것이 더 맛있다. 충남 태안과 서산지방에서는 우럭을 말린
우럭포를 제사상에 올렸다. 쌀뜨물을 끓여 우럭포를 넣고 새우젓으로 간을 해 맑게 끓이는 우럭젓국도
유명하다. 우럭은 탕, 구이, 찜, 조림 등 어떤 요리를 해놓아도 맛있다. 다만 자연산을 구하기 힘든 것이 흠인데,
회는 양식산도 자연산과 큰 차이가 없으나 탕은 자연산이 월등하다. 양식 우럭은 기름이 너무 많아
국물이 느끼하다. 우럭은 사철 맛있는 생선이지만 가을과 겨울에 가장 맛이 좋다.

개우럭과 띠볼락

우럭은 볼락과 중 대형종으로서 최대 70~80cm까지 자란다. 차가운 물을 좋아하
고 탁수에서도 잘 살기 때문에 서해바다에 가장 많은 양이 서식하며 남해의 깊은
바다에서도 많이 잡힌다. 얕은 연안에선 20~30cm 안팎의 작은 것이 낚이지만
50~100m 수심의 깊은 암초대나 침선(가라앉은 폐선)에서는 40~50cm가 흔히
잡히는데 낚시인들은 50cm 이상의 대형 우럭을 '개우럭'이라고 부른다. 심해에서
낚인 개우럭의 맛은 천해에서 낚인 일반 우럭의 맛보다 월등히 뛰어나다.
한편 동해와 남해 먼바다의 암초대에선 일명 '참우럭'이라 불리는 우럭 사촌, 띠볼락
이 간간이 낚이는데 이 물고기는 돌돔에 필적할 정도로 맛이 좋아 50cm급 한 마리
가 횟집에서 20만원을 호가할 정도로 귀한 대접을 받는다.

띠볼락

우럭 회

우럭은 언제 먹어도 담백한 회맛을 자랑하는데 너무 두껍지도 얇지도 않게 적당하게
썰어내면 우럭 특유의 쫄깃한 식감을 즐길 수 있다. 소스는 초고추장이나 고추냉이를 푼 간장에 찍어 먹는다.

01

피를 뺀 우럭을 도마에 올린 뒤 배를 가르고 내장을 꺼낸다.

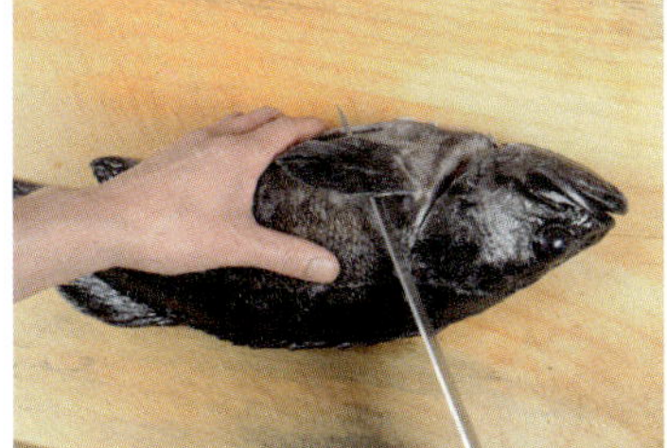

02

머리 쪽 절반을 칼로 자른 다음

03

칼끝으로 등을 따라 잘라 나간다. 그리고 꼬리 쪽에서 다시 칼을 넣어 배까지 이어서 자른다.

04

이번에는 칼을 깊이 넣어 칼끝으로 뼈를 긁으면서 살을 분리해나간다.

05

가슴의 갈비뼈를 제거한다.

06

왼쪽으로 꼬리 쪽 껍질을 잡고 칼날을 껍질에 밀착시킨 채 밀어서 껍질을 분리한다.

07

씨알이 작은 우럭은 통째로 썰지만, 큰 우럭은 포 중간을 잘라 이등분한다.

08

우럭은 돔보다는 약간 두툼하게 썰어야 맛있다.

Buying

어시장에는 양식 우럭이 대부분이라 자연산 우럭을 만나기란 쉽지 않다. 자연산 우럭은 1kg에 2만~3만5천원, 양식 우럭은 2만~2만5천원으로 자연산과 양식산의 가격차가 크지 않다. 자연산 우럭은 회색빛이 돌고 양식은 대체로 검정색을 띤다. 특히 눈알 전체가 검다. 하지만 자연산 우럭도 횟집 수족관에 오래 보관하면 검정색으로 변한다. 가장 쉬운 것은 크기로 판별하는 것이다. 양식산 우럭은 대개 30~35cm 크기일 때 출하하므로 그보다 작거나 훨씬 큰 우럭이라면 자연산일 확률이 높다. 횟집에서 파는 우럭회 가격은 매운탕 포함 2인분 4만~5만원이다.

Nutrition

우럭은 메티오닌, 시스틴과 같은 함황아미노산 함량이 다른 어류보다 아주 높아 간 기능 향상과 피로 해소, 뇌신경 진정과 시력 회복, 당뇨병 예방 등에 효과가 있다.

우럭 매운탕

우럭을 가장 맛있게 먹을 수 있는 요리는 매운탕이다.
물 대신 가다랭이포(가스오 부시) 국물을 사용하면
시원한 맛을 낼 수 있고 따로 소금을 넣지 않아도 간이 맞다.
가다랭이포나 '가스오 국물'은 백화점이나 마트에서 판다.

준비물(2인분)

회를 뜨고 남은 우럭, 가스오 국물, 무, 양파 큰 것(2/3), 청양고추(3~4개),
대파(한 뿌리), 쑥갓(5쪽), 깻잎(5장), 미나리(5쪽), 매운 고춧가루(3큰술),
다진 마늘(반 큰술), 쇠미역(곰피) 100~200g, 후추(티스푼 약간)

01

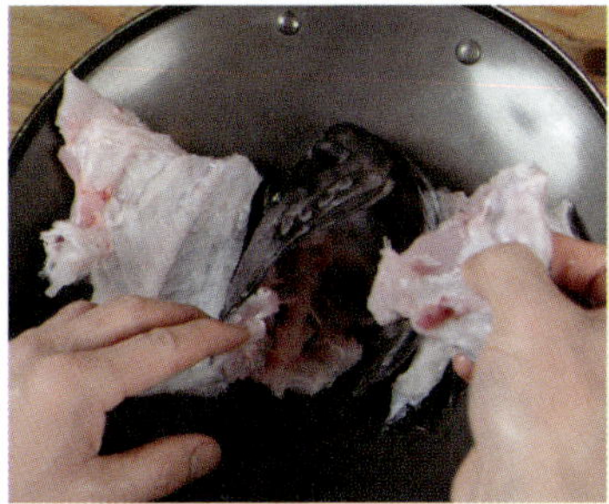

가스불을 붙인 뒤 손질한 우럭을 먼저 전
골냄비에 넣고

02

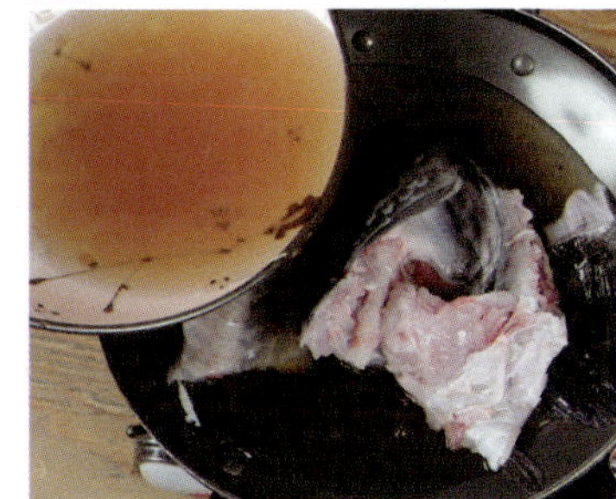

가스오 국물을 적당량 붓는다.

03

무를 먼저 넣고 끓인다.

04

물이 끓기 시작하면 쇠미역과 다진 마늘과
미리 썰어놓은 양파와 청양고추, 대파 등
을 차례로 넣고 센 불에 2~3분 더 끓인다.

05

팔팔 끓으면 비린내 제거를 위해 쑥갓과
깻잎, 미나리 등을 차례로 넣고, 다시 약한
불에 끓이다 고춧가루를 넣은 다음

06

적당량의 후춧가루로 마무리하면 칼칼한
우럭 매운탕 완성.

우럭 커틀릿

우럭으로 만들 수 있는 간단하고 맛있는 요리가 우럭 커틀릿이다. 우럭은 살이 단단해서 냉동된 것을 해동해서
써도 튀김 재료로 손색이 없다. 물론 싱싱한 선어를 쓰면 더 좋다. 우럭으로 만든 커틀릿의 맛을 일반 '생선까스'와
동일하게 상상하면 곤란하다. 요리의 이름을 '우럭까스'라고 적지 않고 '우럭 커틀릿'이라고 적은 이유도 그 때문이다.

Recipe **준비물** 우럭, 양상추, 토마토, 햄버거빵, 빵가루, 계란, 후추, 소금, 치즈,
소스(머스터드 소스 혹은 토마토 케첩)

01

먼저 우럭 포를 뜬 후 다음

02

살과 껍질을 분리한다.

03

소금과 후추로 밑간을 하고 냉장
실에 30분 정도 보관한다.

04

전분가루나 밀가루를 입힌 후
계란을 바르고

05

빵가루에 골고루 묻도록 꾹꾹
눌러준다.

06

튀김 팬에 넣고 겉이 노릇하게 익
을 때까지 튀긴다. 생선살은 금방
익으므로 2~3분이면 충분하다.
적당한 크기로 잘라내면 완성.

Fishing

우럭은 겨울에는 멀리 심해로
이동하여 월동하고, 여름에는
연안으로 접근하여 가을에 가
장 잘 낚인다. 서해안 배낚시는
대부분 우럭낚시라고 해도 과
언이 아니다. 옛날에 비해 자원
이 감소했다고는 하지만 아직
까지 갯바위나 방파제에서 흔
하게 만날 수 있는 게 우럭이다.
연안에서는 지그헤드에 2~3
인치 그럽웜을 단 루어낚시를
주로 한다. 배에서는 깊은 침선
이나 어초 주변을 노리는 외줄
낚시를 한다. 미끼는 미꾸라지
와 오징어살을 제일 많이 사용
하고 요즘은 루어인 웜도 많이
쓴다. 새벽에 항구를 출발, 오후
2~3시경에 돌아오는데 뱃삯
은 서해안의 경우 5만~7만원.
남해 먼바다는 10만원, 동해
먼바다 공해상은 15만원선이
다.

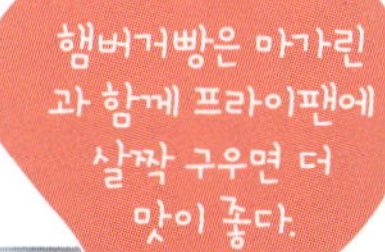

우럭 피시버거

햄버거빵 위에 양상추를 깔고
소스를 뿌린 다음 우럭 커틀
릿 한 조각과 치즈, 토마토 등
을 얹으면 맛있는 피시버거가
된다.

말쥐치

쥐치

쥐포의 원료인 쥐치는 회맛이 담백하고 비린내가 나지 않아 회를 싫어하는 사람도
맛있게 먹는 물고기다. 옛날에 쥐치가 흔할 때는 무색, 무취, 무맛이라며 인기가
없었으나 자원이 격감한 최근에는 횟집에서 돔과 비슷한 가격에 팔리고 복어 회와
견줄 정도의 귀한 어종이 되었다. 급기야 2014년 쥐치 양식이 성공하면서 횟집에서
팔리는 쥐치는 대부분 양식종으로 바뀌었다. 우리 바다에서 볼 수 있는 쥐치류는
쥐치, 말쥐치, 객주리가 있는데 덩치가 큰 말쥐치나 객주리보다 소형종인 쥐치가
더 맛있는 고급 어종이다. 특히 쥐치의 고소한 간은 아귀 간과 홍어 간(홍어애)과
함께 '바다의 푸아그라'라고 불린다. 해파리를 즐겨 먹는 것으로도 유명한 쥐치는
외해의 30~40m 이상 깊은 수심에 떼를 지어 머물다 5~8월 산란기가 되면서
얕은 곳으로 이동하는데 이때부터 어부들은 통발로 잡기 시작하며
산란 후 먹성이 최고조에 달하는 9~10월에 가장 맛이 좋고 어획량도 제일 많다.

쥐치류 구분하기
쥐치, 말쥐치, 객주리

쥐치 : 15~20cm가 흔하고 커봐야 30cm를 넘지 않는 소형종이다. 몸은 통통한 마름모꼴이며
전체적으로 노란빛을 띠며 회흑색 반점이 산재한다. 쥐치류 중 가장 맛있다.
말쥐치 : 쥐포의 원료로 쓰이던 말쥐치는 30cm가 흔하고 최고 40cm까지 자란다. 체형은 쥐치에 비해 길쭉한 타원형이다.
객주리 : 말쥐치와 비슷한 체형을 가지고 있으며 연한 회색 바탕에 암갈색의 작은 반점들이 흩어져 있다.
70cm까지 자라는 대형종이다.

쥐치 회

쥐치는 회를 뜨기 쉬운 생선에 속한다. 질긴 껍질이 쫙쫙 잘 벗겨져 요령만 익히면
누구나 쉽게 뜰 수 있다. 쥐치는 살이 단단하므로 복어 회처럼 얇게 썰어야 먹는 식감이 좋다.

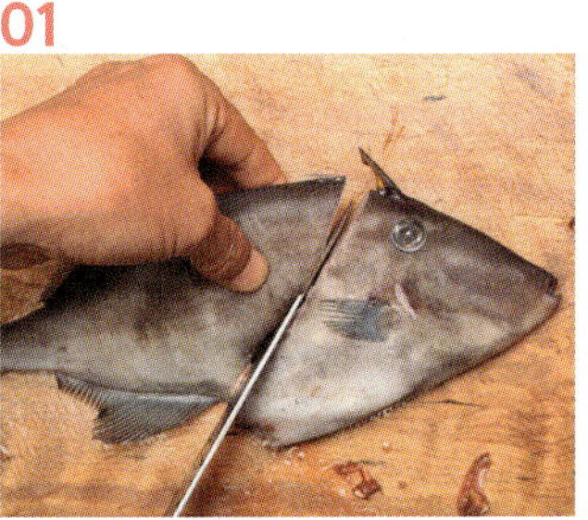

01

칼로 머리를 잘라낸다.

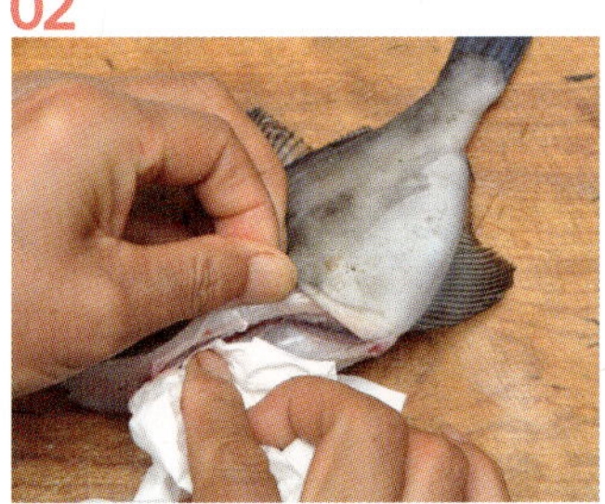

02

내장을 긁어내고 키친타월로 깨끗이 닦아낸다.

03

등 쪽 끝부분의 껍질을 살살 벗겨낸 다음

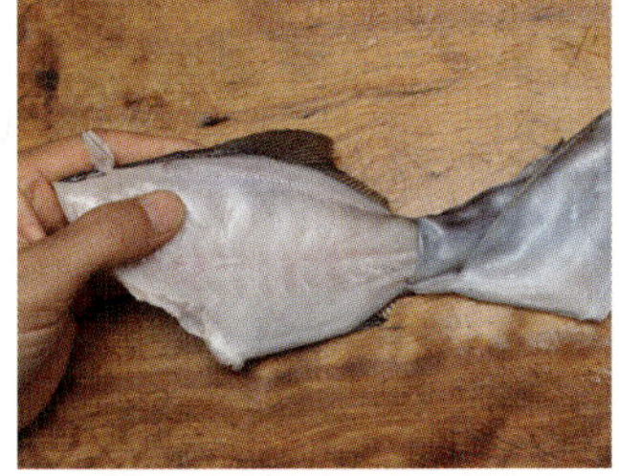

04

손으로 잡고 힘껏 당기면 쉽게 벗겨진다. 반대쪽도 같은 방법으로 벗겨낸다.

05

휴지로 물기를 제거한 뒤 등지느러미와 가슴지느러미를 차례로 잘라낸다.

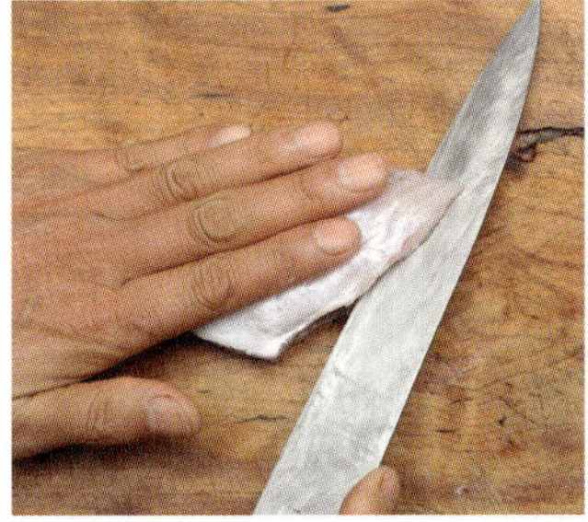

06

등 쪽 끝에 칼날을 넣어 꼬리 쪽으로 뼈를 따라가며 살을 분리한다.

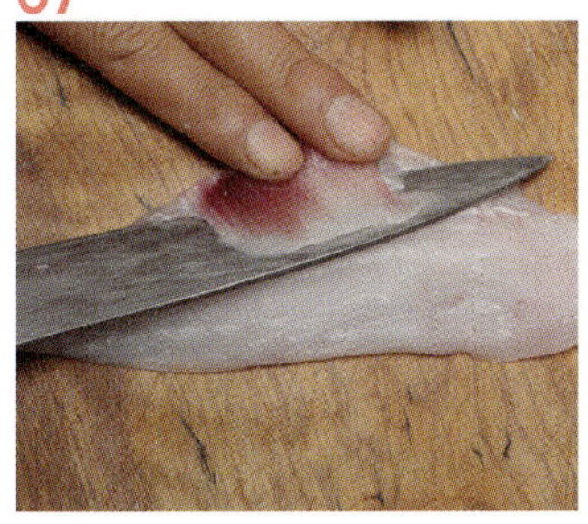

07

갈비뼈도 제거.

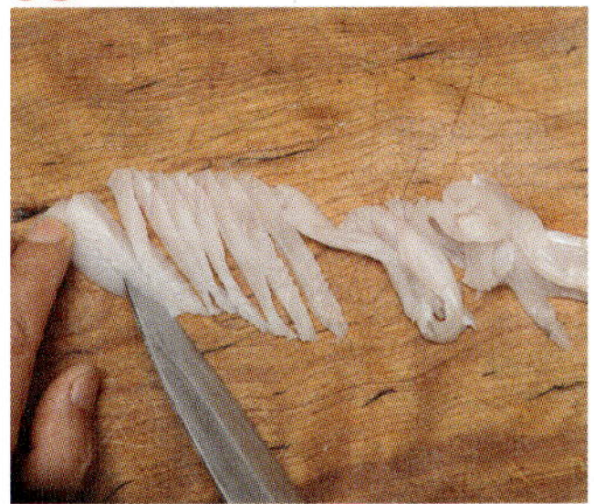

08

45도 각도로 어슷하게 회를 뜬다. 쥐치는 최대한 얇게 썰어야 식감이 좋다.

쥐치는 따뜻한 물을 좋아해 남해와 동해, 제주도의 어시장에서 쉽게 만날 수 있고 서해안에선 귀하다. 활어 거래 가격은 1kg에 2만5천~3만원. 수놈이 맛있는 다른 어종과 달리 쥐치는 암놈이 맛이 좋아 5천원가량 더 비싸게 팔린다. 활어를 구입할 때는 광택이 있고 통통하게 살이 오른 것을 고르는 게 요령이다. 횟집에서는 탕을 포함해 3~4인 기준 7만~9만원선인데, 쥐치 회를 선호하는 경남지방에서는 10만~13만원으로 비싼 편이다. 쥐치는 자연산과 양식산이 어시장에 섞여서 나온다. 맛의 차이는 큰데 가격은 비슷하다. 자연산은 육질이 쫄깃하고 단단하며 고소한 뒷맛이 남는 데 비해 양식산은 육질이 무르고 고소한 맛이 적다. 자연산 쥐치는 연녹색이 선명하고 꼬리 끝을 보면 푸른빛이 강하게 돈다. 그에 반해 양식산은 체색이 전반적으로 거무스름하고 꼬리에도 푸른빛이 덜 난다. 자연산과 양식산을 같이 놓고 보면 확연하게 알 수 있는데 하나만 놓고 식별하라면 힘들 수 있다.

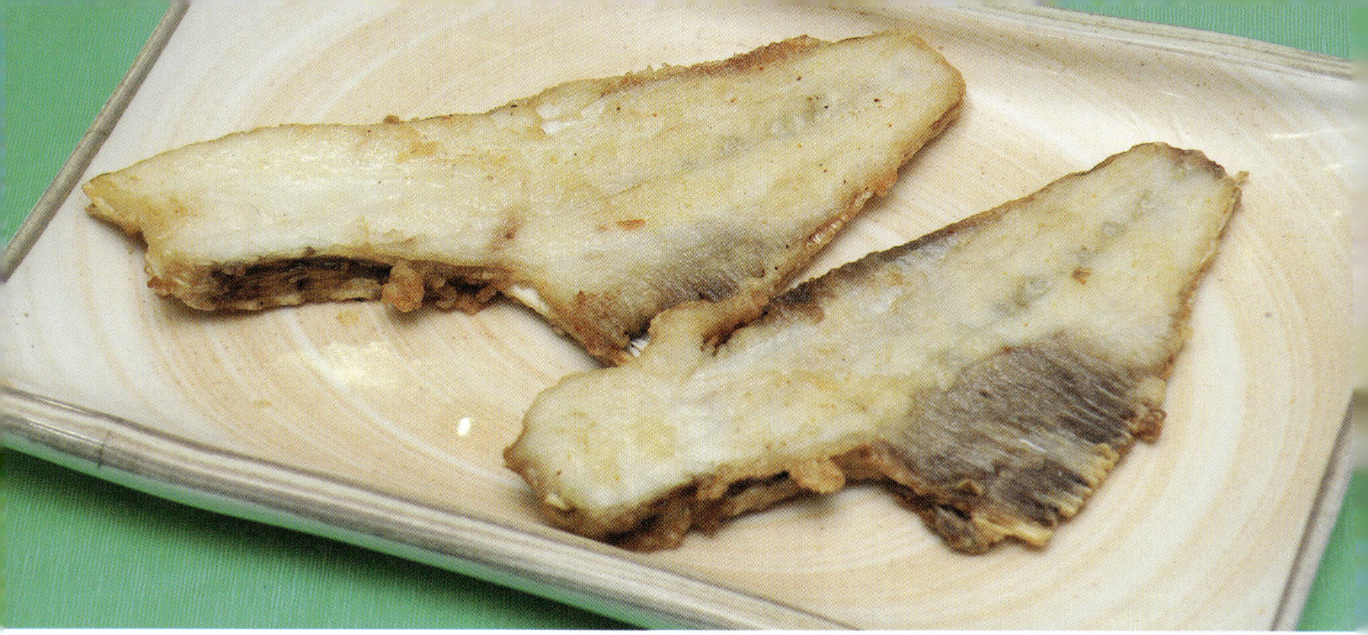

쥐치 튀김

회를 썰고 남은 쥐치의 등뼈 부위로는 튀김을 한다. 튀긴 뼈는 키친타월이나
기름종이에 올려주면 금방 기름기가 빠지며 식기 전에 먹어야 바삭한 맛이 살아있다.

Recipe

준비물(2인분)
손질된 쥐치, 튀김가루, 식용유, 프라이팬

01

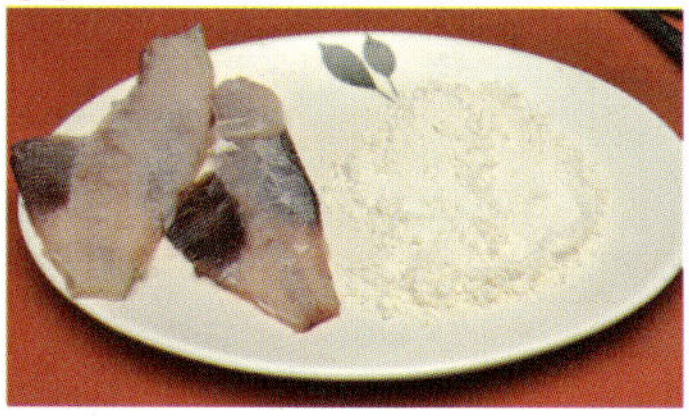

회를 썰고 남은 쥐치를
준비한다.

02

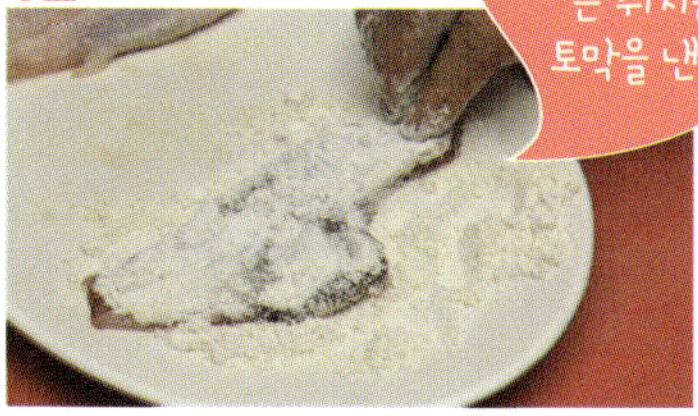

뼈를 튀김가루에 골고루 묻혀준다.

03

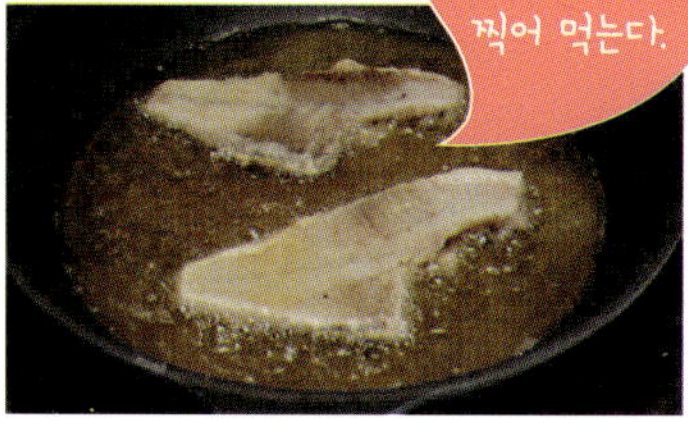

식용유가 끓으면 튀김가루를 묻힌
뼈를 프라이팬에 넣고 노릇노릇
바삭바삭할 정도로 튀겨준다.

Fishing

쥐치류는 소형종에 힘이 약하고
입질이 간사하여 낚시대상어종으
로 인기는 없다. 낚시인들 사이에
서 쥐치는 바늘에 잘 걸려들지 않
는 미끼도둑으로 대접받고 있다.
그러나 일본에서는 쥐치 배낚시
가 인기가 있다. 일본식 쥐치 배낚
시는 작은 바늘의 섬세한 채비에
조갯살(주로 바지락)을 미끼로 낚
는다. 우리나라에선 남해안 갯바
위와 동해안 방파제에서 릴찌낚
시로 쥐치를 낚는데 입이 작은 쥐
치에 맞춰 망상어바늘 3~4호의
작은 바늘을 사용하며 바늘이 10
개 달린 카드채비로도 낚는다. 미
끼는 청갯지렁이가 좋고, 오징어
살이나 조갯살도 사용한다. 미끼
는 바늘만 살짝 감출 정도로 작게
달아야 한다.

소금간과 물간

소금간 하는 법

소금간은 소량의 물고기를 염장할 때 편리한 방법이다. 굵은 소금은 조금 넉넉히, 가는 소금은 조금 적게 뿌려야 한다. 너무 많은 소금을 뿌렸다고 해서 간이 배고 있는 중간에 물로 씻어내는 것은 좋지 않다. 손으로 소금 알갱이만 툭툭 털어내고 그대로 건조시킨 뒤 요리 직전에 쌀뜨물에 2~3시간 우려내면 짠 맛이 많이 빠지고 고기 맛도 그대로 유지된다.

간이 잘 밸 수 있도록 칼로 머리를 쪼개서 등따기를 한다.

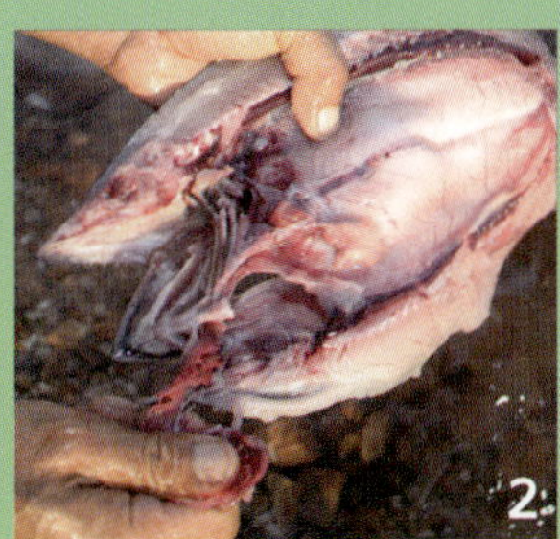

내장과 아가미를 제거하고 점막에 붙어있는 핏대까지 깔끔히 제거한다.

소금을 고루 뿌린다.

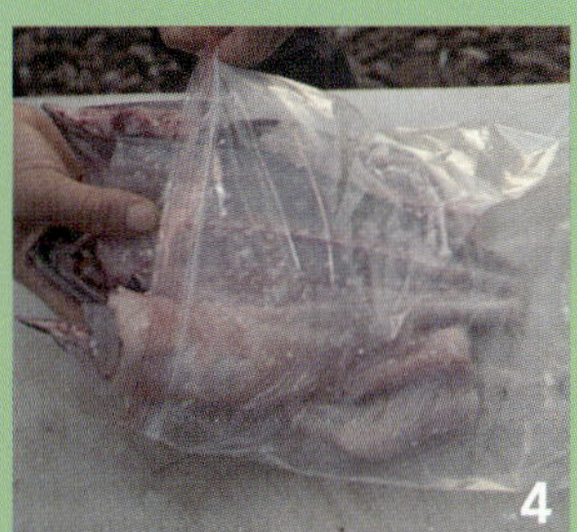

먹기 좋은 크기로 잘라서 비닐지퍼백에 밀봉한 다음 냉장고에 넣는다.

물간 하는 법

물간은 많은 양의 물고기를 한꺼번에 염장하기에 편리한 방법이다. 물고기의 살 속까지 고루 간이 배게 할 수 있어서 큰 고기를 염장하기에도 좋다. 먼저 물통에 물을 붓고 천일염을 타서 소금물을 만든다. 소금의 양은 물의 양에 맞춰 경험으로 조절할 수밖에 없다. 물 5리터에 천일염 두 주먹 정도가 적당한 양이다. 처음 물간을 해본다면 '약간 짜지 않을까' 싶을 만큼 소금을 넉넉히 부어주면 대개 적당하다.

물간은 시간 조절이 중요하다. 물간을 하는 시간이 길수록 간은 짜게 배고, 그 반대일 경우 싱겁게 밴다. 30cm 이하의 작은 물고기는 물간 시간이 30분 정도 필요하며 40cm급의 큰 물고기라면 1시간 이상 걸린다.

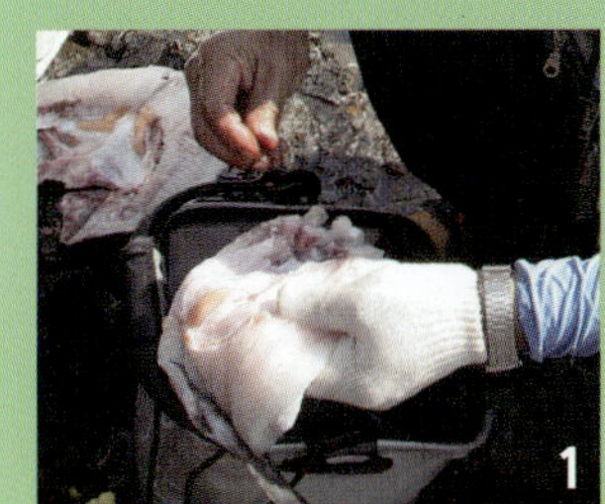

물고기는 등따기를 해서 깨끗이 씻는다.

아이스박스나 물통에 물을 붓는다. 물의 양은 물간을 할 고기들이 다 살짝 잠길 정도면 된다.

천일염을 부어 녹인다. 5리터 물에 천일염 두 주먹 정도면 알맞다.

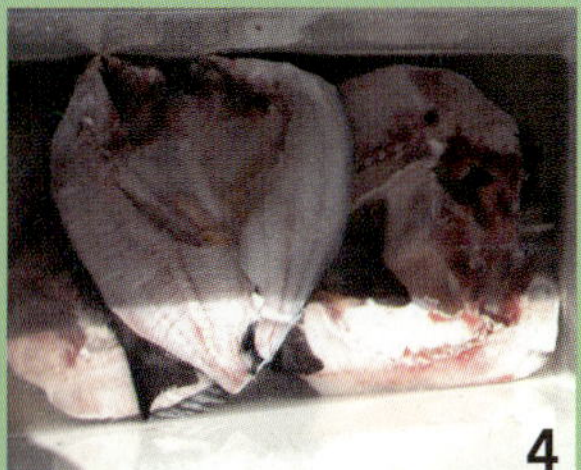

소금물에 손질한 생선을 담그고 간이 배기를 기다린다. 보통 1시간 안팎이면 충분히 간이 밴다.

광어

광어(넙치)는 우럭과 함께 우리나라 국민이 가장 즐겨먹는 횟감이자
중요 양식대상종이다. 고급 사료로 키우는 국산 양식 광어의 품질은 일본,
미국에서도 높게 인정받고 있다.
'봄 광어는 스펀지, 가을 광어는 찰광어'라는 말이 있듯 산란을 마친
봄과 여름의 광어는 맛이 없는데 이때는 양식광어의 맛이 오히려 낫다.
자연산 광어의 산지는 서해가 첫손에 꼽히지만 최근에는 동해에서도
많이 잡히고 있다. 광어는 클수록 맛있다. 육식성 어류인 광어는 1m까지
성장한다. 우럭이 머리가 크고 살이 적은 데 반해 광어는 살이 많아 회가
푸짐하게 나오는 게 장점이다. 회맛이 깔끔하고 한국사람이 가장 좋아하는
쫄깃한 식감을 가지고 있다. 살짝 말려서 구이나 조림을 해도 일미다.

광어 회

광어 회를 썰 때는 칼을 수직으로 대지 말고 칼날을 눕혀 비스듬하게 썰어야 더 맛있다.
회를 썰기 전 포를 냉장고에 넣어 한 시간 동안 숙성시키면 육질이 부드러워지고 단맛이 더 난다.

01

먼저 내장을 긁어내고 물로 깨끗이 씻은 다음 사진처럼 등 쪽부터 칼집을 넣어 꼬리까지 가르고, 이어서 배 가장자리를 따라 양쪽 모두 가른다.

02

이번에는 등 중앙을 따라 가른 다음 양쪽으로 포를 떠낸다.

03

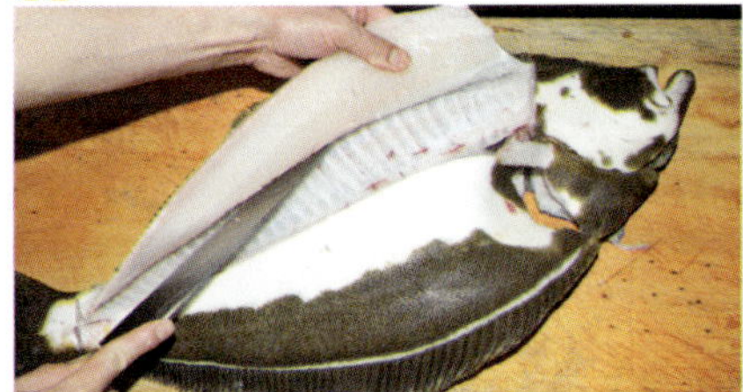

다음으로 배 쪽을 가르는데 등을 가르는 방법과 같은 방법으로 칼을 넣어 가른 다음 포를 떠낸다.

04

꼬리 쪽에 칼을 넣어 왼손으로는 껍질을 꽉 잡고 사진처럼 칼을 밀듯이 포와 껍질을 분리해 나간다. 나머지 세 쪽도 같은 방법으로 분리한다.

05

회를 뜨기 쉽게 포 중간을 잘라 낸 다음

06

흰 무늬결을 따라 회를 떠낸다.

광어 지느러미살(엔삐라)

미식가들이 좋아하는 '엔삐라'는 광어 포의 양쪽 가장자리에서 나오는 지느러미살을 말한다. 오독오독 씹히는 맛이 대단히 매력적이다.

광어 매운탕

광어 요리에서 빼놓을 수 없는 게 매운탕이다. 회를 썰고 난 뼈를
가위나 칼로 냄비에 넣기 좋게 자른 다음 갖은 양념을 넣고 기호에 따라
쑥갓이나 깻잎, 미나리를 넣고 끓이면 얼큰한 매운탕이 완성된다.

준비물 회 뜨고 남은 광어 뼈, 멸치 육수,
무, 양파, 고춧가루 3큰술, 다진 마늘 반큰술, 생강 약간,
양파 반쪽, 대파 1뿌리, 국간장 반큰술, 쑥갓, 깻잎 등

01

회를 썰고 난 대가리와 몸통뼈를 냄비에 넣기 좋게 잘라낸다.

02

무와 함께 뼈를 냄비에 담고 여기에 멸치를 우려낸 육수를 붓는다.

03

센 불에 5분 이상 팔팔 끓인다. 어느 정도 끓고 나면 국물이
뿌옇게 일어나는데, 이때 준비해 놓은 고춧가루와 양파, 대파,
생강, 다진 마늘을 차례로 넣는다. 중불로 줄인 다음 무가 완
전히 익을 때까지 더 끓인다. 무가 익으면 국간장을 넣고, 기
호에 따라 쑥갓이나 깻잎 등을 얹어주면 광어 매운탕 완성.

Buying

광어는 산란철인 5~6월에
많이 잡히지만 이때는 살이
물러 1kg에 1만원 안팎으로
싸게 거래된다. 7월부터 제
값을 받게 되는데, 여름과
가을엔 1kg에 우럭과 비슷
한 2만5천원~3만5천원 정
도에 구입할 수 있다. 양식
광어 가격은 자연산과 비슷
하거나 5천원가량 싸다. 횟
집에서는 양식, 자연산 모두
7만~8만원(3~4인 기준)이
다.
자연산과 양식산 광어의 구
별은, 먼저 크기를 보면 알
수 있다. 자연산은 60cm를
넘는 것들이 많지만 양식산
은 커봐야 40~50cm다. 그
리고 광어를 뒤집어 보면 더
확실히 알 수 있다. 배 전체
가 흰 것은 자연산, 황갈색
의 반점이 얼룩덜룩 나 있으
면 양식산이다. 그러나 이
방법은 옛날에는 들어맞았
으나 최근에는 양식산도 배
전체가 하얀색인 것들이 많
아서 혼란을 주고 있다.

광어 굴말이

굴은 그 특유의 향을 좋아하는 이들도 있지만 비위가 약해 못 먹는 사람도 있다. 광어 굴말이는 굴 특유의 냄새를
없애고 다양한 소스를 이용해 누구나 쉽게 먹을 수 있는 요리다. 굴과 광어, 자양강장에 좋은 장어를 넣은 보양식이다.

Recipe

준비물

굴, 광어포, 양념 장어, 청경채, 깻잎, 가지, 새우, 간장 소스, 후추, 소금, 버터.

Nutrition

광어는 비타민 B1, B2가 많아 비만 예방이나 빈혈 예방에 효과가 좋다. 특히 광어의 지느러미 언저리살(엔삐라)은 맛이 좋을 뿐 아니라 콜라겐이 풍부하다. 콜라겐은 기미, 주근깨를 예방하는 등 피부미용에 탁월한 성분이다. 그리고 광어에 풍부한 아연은 남성의 정액에 다량 존재하는 성분으로 성호르몬 활성화에 매우 중요한 역할을 한다.

01

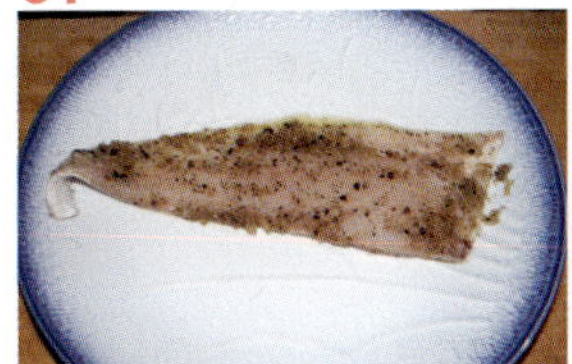

후추와 소금으로 양념한 광어. 함께 넣을 새우는 반으로 납작하게 자르고 마트에서 구입할 수 있는 양념 장어는 한입에 먹기 좋도록 길게 자른다.

02

광어 살을 김발 위에 펼치고 그 위에 깻잎을 깐 다음 굴과 장어, 새우를 넣고 김을 말듯 단단하게 만다.

03

다 말아진 재료가 퍼지지 않게 이쑤시개를 이용해 단단하게 고정한 뒤 달군 프라이팬에 버터를 녹인 다음 말아진 재료와 청경채, 가지를 넣고 골고루 익힌다.

04

다 익은 재료를 한입 크기로 썰어 접시에 담은 후 간장 소스와 머스터드소스를 끼얹는다.

광어 보양탕

광어는 간의 피로를 풀어주는 효능이 있는 생선이다. 지방질과 칼로리가 적으면서
상대적으로 단백질의 함량이 높아 보양식의 재료로 좋다. 보통 육류로 보양탕을 끓이면
많은 양을 한 번에 끓여야 하는데 광어 보양탕은 먹을 만큼만 그때그때 끓여낼 수 있다.

Recipe

준비물
광어, 송이버섯, 모시조개(또는 바지락),
대파, 대추, 마늘, 후추

Fishing

광어는 서해가 주산지다. 원래 우럭 배낚시에서 손님고기로 드물게 낚였는데 2000년대 후반부터 갑자기 많이 낚이기 시작했다. 그 이유는 낚시방법이 생미끼낚시에서 루어낚시로 바뀌었기 때문이다. 육식성인 광어는 움직이는 루어를 더 쉽게 공격하는 습성이 있다. 연안에서는 '지그헤드'라고 불리는 결합바늘에 2~3인치 웜(지렁이를 닮은 인조미끼)을 달아서 멀리 던진 뒤 바닥을 살살 끌어오며 광어를 낚는다. 배에서는 3~4인치짜리 섀드웜(물고기를 닮은 웜)을 단 다운샷 채비를 바닥까지 내려서 살살 흔들어주며 낚는다.
서해의 광어낚싯배는 대개 동틀 무렵 출조해 오후 2~3시경 철수하는데 뱃삯은 1인 5만~7만원이다. 동해안은 아직까지 광어 전문 낚싯배가 없고, 개인 보트를 이용한 낚시가 이뤄지고 있다.

01

광어는 되도록 큰 것을 준비해 비늘을 치고 3등분한다. 마늘, 대추와 함께 넣고 물을 붓고 끓인다.

02

물이 끓어 국물이 우러나기 시작하면 부유물이 뜨는데 그것을 계속 걷어낸다. 부유물이 더 이상 뜨지 않으면 버섯과 해감을 시킨 조개를 넣는다.

03

광어 뼈 국물이 충분히 우러나도록 20~30분 더 끓인 후 마지막에 잘게 썬 대파를 넣는다.

04

후추와 소금으로 간을 한다.

전어

전어는 고등어, 갈치와 함께 가을을 대표하는 생선이다. '가을 전어 굽는 냄새에 집나간 며느리가 돌아온다' '가을 전어 머리에는 깨가 서 말' 등의 속담은 전어의 제철이 가을임을 말해준다.

요즘 전어 회는 누구나 쉽게 먹을 수 있게끔 등뼈를 빼고 길게 썰곤 하는데, 그렇게 썰면 전어 회는 맛이 없다. 뼈째 썬 뼈회(세코시)라야 전어 특유의 고소한 맛이 우러난다. 전어 뼈회는 참기름을 살짝 떨어뜨린 양념된장에 찍어 먹는 게 맛있고 상추보다는 깻잎이 어울린다.

경남 사천에서는 '통마리'라고 하여 머리와 내장을 제거하고 통째로 된장에 찍어 베어 먹었고 남해안 어촌에서는 내장으로 젓갈을 담든 '전어 밤젓'을 먹었다. 횟감으로는 작은 전어가 좋고, 큰 전어는 구이용으로 쓴다. 전어 어획량이 점점 줄면서 지금은 양식 전어가 더 많이 유통되고 있다.

돈고기, 전어(錢魚)

옛날부터 전어는 어부와 유통업자들에게 큰 이문을 남기는 품목이었다. 가을 두 달 전어잡이로 겨울을 난다고 해 '돈벼락 전어'란 말도 생겼다. 전어는 15cm 내외가 주종으로 태어난 지 3년이면 20~25cm까지 자란다. 큰 것을 새갈치, 대전어, 작은 것은 전어사리로 불리기도 한다. 삼천포에선 큰 전어를 떡전어라 부른다. 전어가 가장 맛있는 9월 중순부터 10월 초 사이에는 부산 명지, 경남 삼천포, 마산, 전라도 광양, 장흥, 충남 서천 홍원항, 무창포 등지에서 매년 전어축제가 열리고 있다.

전어 회

전어 회는 뼈가 억세지 않아 껍질을 벗기지 않고 비늘만 친 뒤 뼈째 썬다.
그러나 20cm 이상으로 큰 전어는 뼈를 제거해주면 한층 먹기 쉽다.

뼈째 썬 전어 회

01

칼등으로 전어의 비늘을 깨끗하게 제거한다.

02

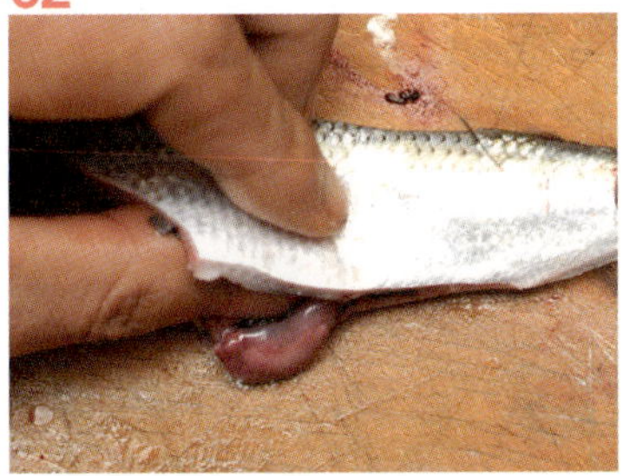

아가미를 자른 뒤 배를 가르고 손가락을 배 쪽으로 넣어 내장을 밀어내듯 빼낸다. 그리고 배 쪽의 까만 부분을 잘 긁어낸다.

03

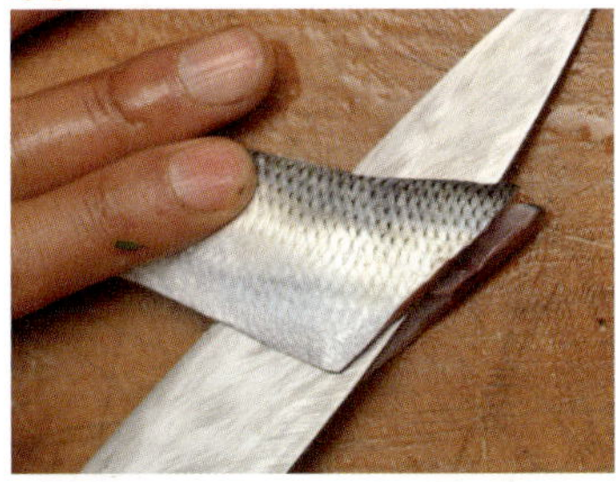

작은 놈은 뼈째 썰되 큰 놈은 머리에서 꼬리 쪽으로 칼날을 넣어 포를 뜬다.

04

또 한 장의 포를 떠서 살 중간에 있는 뼈를 제거한다.

05

갈비뼈를 잘라낸 뒤

06

포를 세로로 길게 썬다.

Buying

전어는 쉽게 죽는 탓에 활어로 유통하기가 어렵고 그래서 가을철에 며칠 조업이 이뤄지지 않으면 금 값이 되기도 한다. 그때는 양식산이 그 자리를 대신한다. 도심에서 팔고 있는 전어는 대부분 양식산이며 가격도 비싼 편이다. 대개 1kg당 1만5천원~2만원선이며 비쌀 때는 3만5천원까지 오른다. 자연산 전어는 산지 어시장에 가야 활어를 구입할 수 있다.

전어는 양식과 자연산의 판매가격이 같다. 소비자들이 다 자연산인 줄 알기 때문이다. 양식산은 자연산보다 맛에서 뒤지지만 형태로 봐서는 구별하기 힘들다. 다만 수족관 속 전어의 크기가 거의 동일하고 대부분 팔팔하게 살아 있다면 양식산일 확률이 높다. 양식산은 수족관 적응력이 높아 자연산보다 오래 살기 때문이다. 그에 반해 자연산 전어는 크기가 제각각이고, 간간이 배를 뒤집은 채 유영하거나 죽은 녀석들이 보인다. 구이용은 굳이 활어를 살 필요가 없다. 오히려 죽은 선어를 사는 것이 자연산을 싸게 사는 비결이다. 비늘에 윤기가 있고 배 부분이 은백색, 등 부분의 녹색이 선명한 것이면 신선한 전어다.

전어 스즈께 초밥

선어(鮮魚) 문화가 발달한 일본에서는 전어나 전갱이, 고등어 같은 등푸른생선의 풍미를
더하기 위해 초절임을 한다. 제대로 전어 맛을 살리기 위해서는 살아 있을 때 재빨리
피를 빼고 얼음에 재워 놓아야 한다. 초절임을 이용하여 전어 본래의 맛을
살리고 누구나 쉽게 먹을 수 있는 전어 스즈께(す－づけ) 초밥을 소개한다.

01

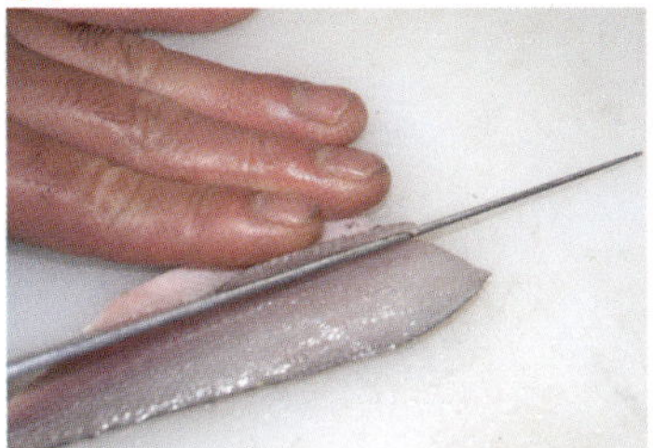

전어의 비늘을 치고 지느러미와 꼬리를
잘라낸다. 내장을 빼내고 흐르는 물에 씻
은 다음 뱃살 쪽에 있는 갈비뼈를 제거한
뒤 포를 뜬다.

02

접시에 소금을 깔고 전어 살을 올린 다음
소금으로 덮는다. 15~20분 정도 재워놓
는다.

03

물로 소금을 씻어낸 다음 깨끗한 마른
천으로 물기를 제거한다.

04

사과식초나 감식초에 전어 살을
3~5분 담가둔다.

05

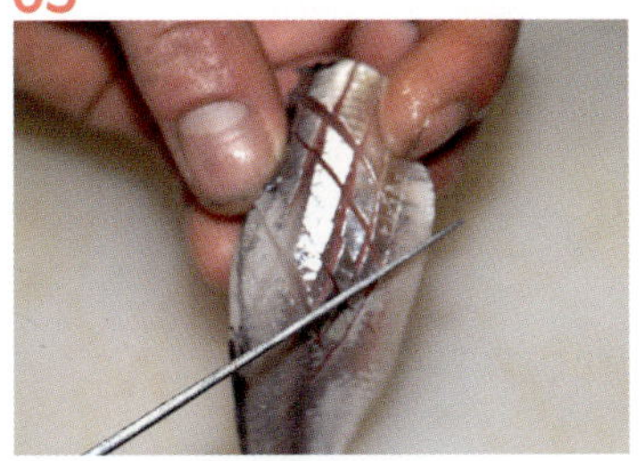

식초에서 전어를 건져 닦은 다음 전어 껍
질을 벗긴다. 얇은 막으로 되어 있어 잘 벗
겨진다. 그리고 여러 가지 모양으로 칼집
을 낸다. 칼집을 내면 먹기도 편하고 나중
에 소스에 찍어 먹을 때 소스가 잘 밴다.

06

초밥용 밥은 식초, 설탕, 소금을 약간씩
넣어 고슬고슬하게 짓는다. 밥은 한입 크
기로 뭉치고 고추냉이를 약간 넣고 전어
살을 올린다.

Fishing

전어는 수면부터 바닥까지 전층을 유영
하는 물고기로 당일 활성도에 따라 깊이
물기도 하고 떠서 물기도 한다. 이런 습성
을 이용해 바늘이 7~8개 달린 카드채비
를 찌 밑에 달아 길게 늘어뜨려서 낚는다.
카드채비의 바늘은 어피바늘이어서 미끼
를 달지 않아도 전어가 낚인다. 다만 어군
을 붙들어놓을 수 있도록 밑밥을 준비하
는 게 유리하다. 밑밥은 냉동크릴 한두 장
에 분말집어제를 반죽해서 쓴다.

Nutrition

전어는 열량이 낮아 다이어트에 좋고, 혈
액을 맑게 해주어서 골다공증과 성인병
예방에 탁월하다. 단백질과 비타민, 미네
랄이 풍부한 전어는 배설 기능을 돕고 위
를 보호하며 장을 깨끗하게 하는 효과가
있다. 특히 몸이 붓는 부종을 앓고 있거나
소화력이 떨어지는 노년층에 좋다.

돌돔

낚시인이 선호하는 횟감 투표에서 1위를 차지한 돌돔은 맛에서나
파이팅에서나 최고의 가치를 인정받는 낚시대상어종이다.
낚시인들은 횟집에서 최고급으로 취급되는 다금바리보다 돌돔을
훨씬 맛있는 생선으로 판정한다. 돌돔은 전복, 소라, 오분자기, 성게 등
값비싼 패류만을 골라 먹는 육식어류인데 그래서일까? 연분홍 살색이
아름답고 잡맛이 없어 기품이 있다. 돌돔은 내장부터
껍질까지 버릴 게 없다. 돌돔의 두툼한 창자는 깨끗이 씻어서 살짝 삶아
소금에 찍어먹는다. 회를 뜬 껍질은 끓는 물에 데쳤다가 얼음물에 식혀서
썰어낸다. 둘이 먹다 하나가 죽어도 모른다는 돌돔 껍질데침이다.
돌돔 쓸개는 간에 좋아 '바다의 웅담'이라 불린다.
돌돔은 6~7월의 산란기와 9~10월의 가을에 잘 잡히는데
가을 돌돔이 더 맛있다. 그러나 돌돔은 유통되는 활어의 90%가
양식산이라 자연산 돌돔을 횟집에서 사먹기는 극히 어렵다.
돌돔을 직접 낚는 소수의 낚시인들만이 환상적인 돌돔 회를 맛보는
호사를 누리고 있다.

돌돔 회

돌돔은 육질이 단단하여 죽어도 쉽게 살이 물러지지 않는다. 오히려 활어를 바로 잡아서 회로 뜨는 것보다
죽여서 얼음에 5~7시간 냉장숙성한 뒤 회를 뜨면 더 맛있다. 다만 살아 있을 때 피를 제대로 뽑고 내장을 제거하여
선도 유지에 신경을 써야 한다. 돌돔은 살이 단단한 어종이므로 가능한 한 회를 얇게 떠야 맛있다.

01

칼등으로 비늘을 깨끗하게 제거한다.

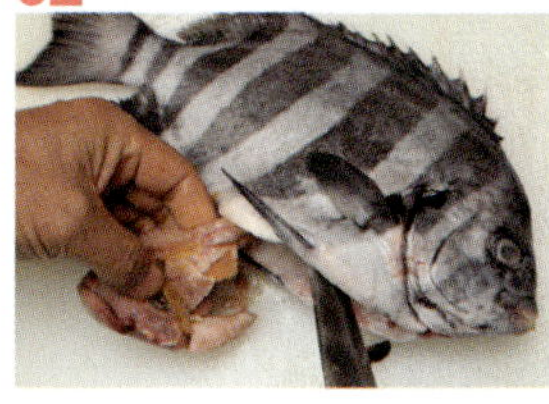

02

배를 갈라 내장을 제거한 뒤 깨끗하게 씻어주고 수건이나 키친타월 등으로 물기를 제거한다.

03

먼저 머리 쪽을 절반만 자른 후

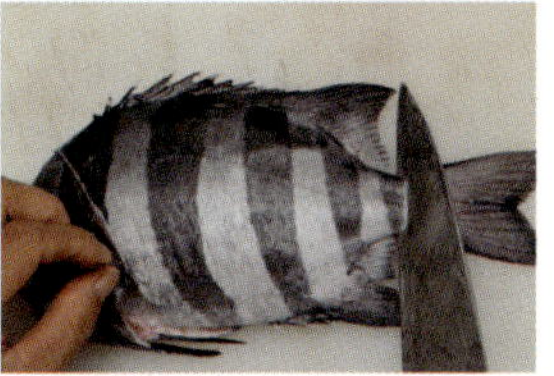

04

꼬리 쪽에도 칼집을 넣어둔다.

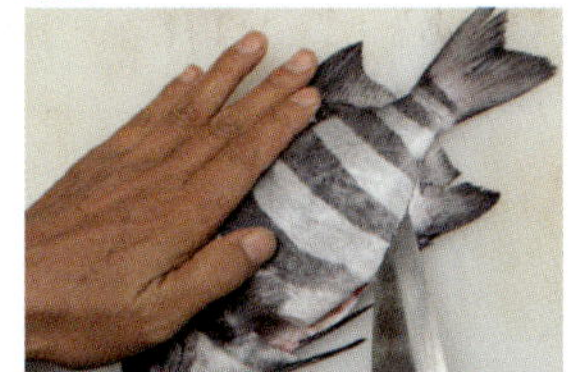

05

배부터 꼬리 쪽으로 칼 끝이 뼈를 스친다는 기분으로 긁으면서 포를 떠낸다.

06

이번에는 꼬리 쪽에서 등을 따라 칼집을 넣어

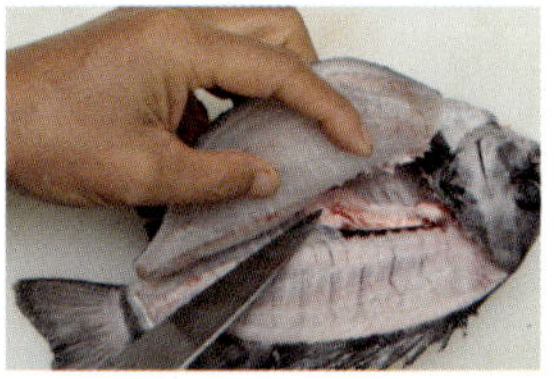

07

뼈에서 살을 분리한다. 반대쪽 면도 3~6번과 같이 포를 떠낸다.

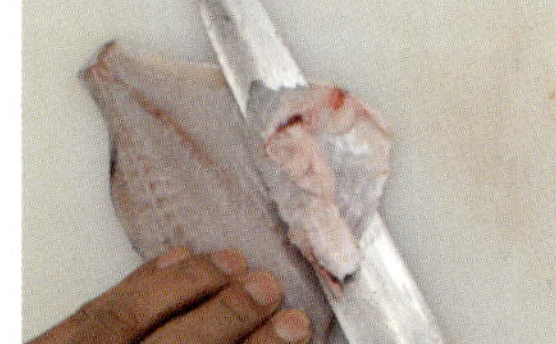

08

가슴뼈를 제거한다.

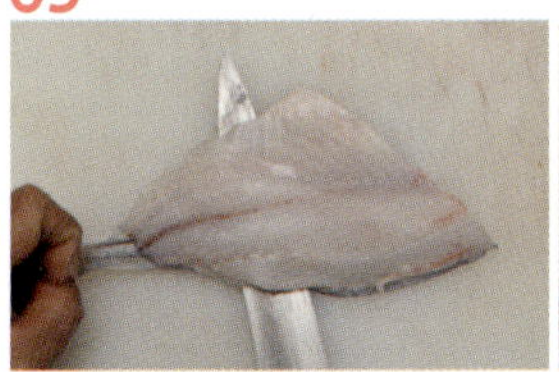

09

꼬리 쪽에 칼집을 넣고 왼손으로 꼬리 껍질을 잡고 머리 쪽으로 칼날을 밀어 살을 분리한다.

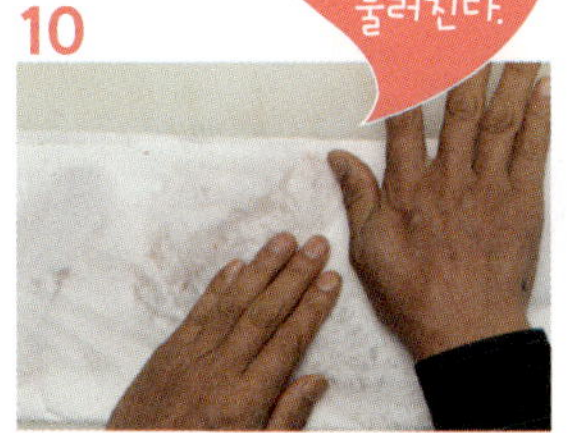

10

뼈와 분리된 포를 키친타월에 넣고 다시 한 번 물기를 없앤다.

11

포 중간에 있는 뼈를 제거한다.

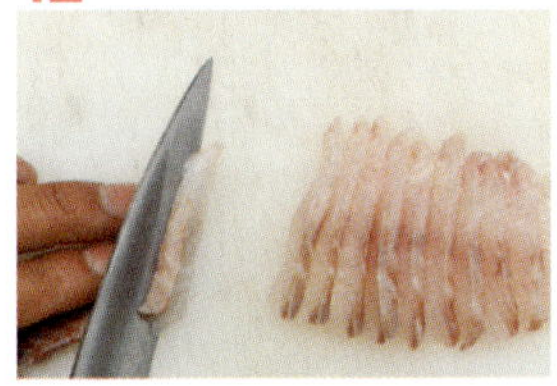

12

결을 따라 어슷하게 회를 떠내면 완성.

Buying

돌돔은 양식업이 발달해 어시장에서 흔하게 볼 수 있지만, 자연산은 귀한 편이다. 횟집 수족관의 돌돔의 90%가 양식이라고 보면 틀림없다. 일본산 양식 돌돔은 40cm급으로 크고 국내 양식 돌돔은 30cm급 전후로 잘다. 돌돔이 많이 잡히는 7월부터 9월 사이에는 자연산 돌돔도 어시장에 많이 들어오고, 횟집에서도 맛볼 수 있다. 자연산 돌돔은 1kg(약 40cm 크기)에 8만~10만원선으로 다금바리와 비슷한 가격대이다. 50cm급이 넘어가면 더 비싸게 거래된다. 양식산은 그보다 2만~3만원 저렴한 5만~7만원에 거래된다.

그러나 돌돔은 전문가도 자연산과 양식산을 외형상으로 구분하기 힘들다. 30cm급 또는 40cm급의 균일한 크기의 돌돔들이 수족관에 들어 있다면 양식산일 가능성이 크고, 크고 작은 돌돔이 섞여 있거나 50cm급 돌돔이 있다면 자연산일 가능성이 높다. 또 지느러미가 깨끗하면 자연산, 지느러미가 헐어 있거나 닳았다면 양식일 확률이 높다. 회를 떠놓으면 양식 돌돔은 흰색, 자연산 돌돔은 약간 노란색을 띤다. 무엇보다 탕을 끓이면 양식산 돌돔은 기름이 많이 떠서 확연히 구분할 수 있다.

횟집에서는 자연산, 양식산을 가리지 않고 판매하고 있는데, 양식산도 자연산이라고 속여서 파는 경우가 많다. 1kg(2~3인용)에 탕 포함해서 평균 18만~23만원에 맛볼 수 있다. 돌돔이 귀한 겨울철에는 가격이 더 올라간다.

돌돔 맑은탕

회를 뜨고 남은 머리와 뼈를 재료로 사용한다. 아가미엔 각종 노폐물이 많기 때문에 뜯어서 버리고 뼈와 뼈 사이에 있는
피를 흐르는 수돗물에 말끔하게 씻는다. 특히 머리나 아가미살 부분의 비늘을 깨끗하게 제거한다. 맑은탕은 시간을
넉넉하게 가지고 오래 끓일수록 깊은 맛이 우러난다. 맑은탕 대신 고춧가루를 넣어 매운탕으로 먹어도 좋다.

준비물

회를 뜨고 난 돌돔 뼈와 머리,
굵은 소금, 다진 마늘, 무,
매운 고추 등

01

냄비에 물을 넣고 센 불에 끓인다. 물이
끓기 시작하면 무를 먼저 넣는다.

02

2~3분 뒤 팔팔 끓게 되면
손질된 돌돔 뼈를 넣는다.

03

뿌옇게 국물이 우러나면 다진 마늘과 소금으로 간을 맞춘다.

04

계속 생기는 거품은 숟가락으로 떠낸다.
기호에 따라 대파와 고추 등을 넣으면 돌돔
맑은탕 완성.

Nutrition

돌돔은 저지방 고단백 식품으로
회복기의 환자나 노인들이 먹기
에 적합하다. 그리고 대사를 촉
진해 피로해소나 기타 순환기 계
통, 동맥경화, 뇌졸중 등 각종 성
인병 예방에도 효과가 있다.

Fishing

돌돔은 따뜻한 물을 좋아하는
난류성 어종으로 우리나라 전 해
역에서 서식한다. 그러나 낚시는
제주도와 거문도, 추자도, 여서
도처럼 쿠로시오난류의 영향을
받는 남쪽 먼바다에서 주로 하여
낚시터가 매우 한정적이다.
돌돔은 6~7월에 산란을 하기 위
해 갯바위에 바짝 붙으므로 그때
가장 쉽게 낚을 수 있다. 이때는
10~11m 길이의 민장대로도 낚
을 수 있으나 산란이 끝난 뒤에
는 돌돔들이 점차 깊은 수심으
로 들어가므로 릴대를 사용한 원
투낚시에 낚인다. 미끼는 산란기
에는 참갯지렁이 같은 부드러운
미끼를 사용하고, 산란이 끝난
뒤에는 돌돔이 왕성한 먹성을 보
이기 시작하므로 딱딱한 성게나
게고둥, 소라, 전복을 미끼로 사
용한다. 한편 여름과 가을에는
거문도나 추자도 같은 남해 먼바
다 섬에서 찌낚시에도 돌돔이 곧
잘 낚이는데, 찌낚시에는 원투낚
시에 올라오는 40~50cm급보
다 작은 25~35cm급이 낚인다.

돌돔 껍질데침

돌돔 껍질은 돼지껍질처럼 두껍고 독특한 맛을 자랑한다.
끓는 물에 살짝 데쳐 소금에 찍어 먹으면 쫄깃하고
고소한 맛이 일품이다.
끓는 물에 데쳤다가 얼음물에 다시 담가주는 이유는
껍질이 더욱 쫄깃쫄깃해지기 때문이다. 비늘긁개로
잔 비늘을 깨끗이 제거한 뒤 데치는 게 좋지만,
일단 비늘째 데친 다음 익어서 까끌까끌하게 일어난
잔 비늘을 목장갑으로 비벼서 털어내기도 한다.

준비물
포를 떠낸 돌돔 껍질, 키친타월, 얼음물

01

02

냄비에 물을 붓고 센 불로 끓인다.
100℃ 이상으로 팔팔 끓은 후에
돌돔 껍질을 넣는다.

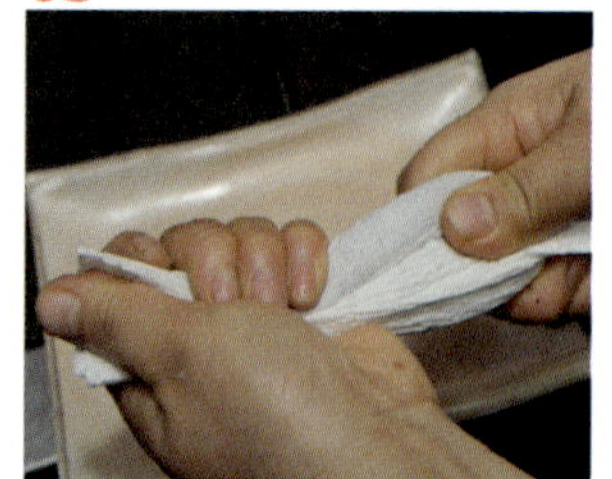

03

3~4초 지나면 돌돔 껍질이 도르
르 말린다. 대략 5~6초 익히면
충분하다. 끓는 물에 오래 데치면
껍질이 물러진다. 데친 돌돔 껍질
은 꺼내자마자 얼음물에 넣는다.

키친타월로 물기를 제거한 뒤 냉동실에 넣고 약 5분 냉기를 쐰 후 먹기
좋은 크기로 잘라낸다. 돌돔 껍질은 소금장에 찍어 먹는 게 좋다.

배따기와 등따기

생선의 배를 갈라서 내장을 제거하는 방법에는 배따기와 등따기가 있다. 찜용과 구이용은 등따기, 조림용과 매운탕용은 배따기가 좋다. 생선 손질을 할 때는 짧은 데바칼(날 길이 130~150mm)이 적합한데, 특히 등따기를 할 때는 생선의 대가리를 쪼개야 하므로 칼등이 두껍고 묵직한 중대형 데바칼이 있으면 좋다. 볼락이나 열기처럼 작은 물고기는 가위를 사용하여 대가리를 쪼개주면 등따기를 하기 편하다.

배따기

가장 흔히 쉽게 하는 손질법이다. 말 그대로 고기의 배 부분을 갈라 내장만 빼내는 것을 말한다. 손질은 간단하지만 고기가 완전히 펼쳐지지 않아서 두꺼운 살점까지 염장하기는 어렵다. 그래서 배따기는 염장을 하지 않는 조림이나 매운탕감을 손질할 때 좋은 방법이다. 염장을 하려면 몸통 양쪽에 두세 개씩의 칼집을 내고 소금을 뿌려준다.

등따기를 할 것인지, 배따기를 할 것인지는 어떤 방식으로 요리를 할 것인지를 먼저 결정하는 게 순서다. 즉 염장을 하거나 전체적으로 꾸덕꾸덕 건조시켜서 구이로 먹을 생각이라면 등따기를 하는 게 좋고, 매운탕, 조림처럼 고기 형체가 온전한 상태로 별도 양념을 해서 요리해 먹을 생각이라면 배따기가 오히려 나을 수 있다.

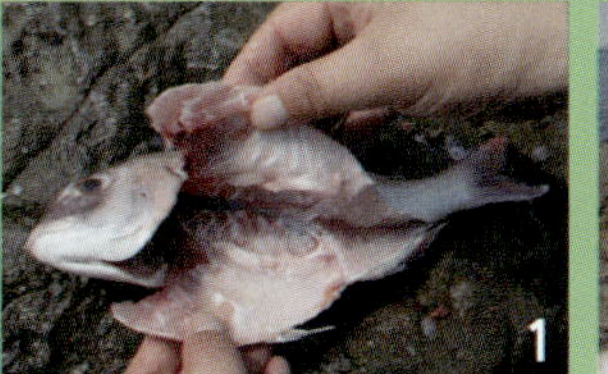

칼로 배를 갈라 내장을 꺼내고 깨끗이 씻는다.

나무젓가락으로 배를 벌려주면 염장이나 건조가 한결 잘된다.

등따기

등 쪽에서 칼을 집어넣어 고기를 완벽하게 반으로 쪼개는 걸 말한다. 등따기는 배따기보다 어렵지만 더 추천할 만한 손질법이다. 등따기의 장점은 가시가 많고 억센 등부분이 분리되고 부드러운 뱃살 부위만 붙어있으므로 쉽게 펼쳐져 말리기 좋고, 소금을 뿌렸을 때 구석구석까지 염장할 수 있다는 것이다. 또 고기를 벌렸을 때 내장이 고스란히 노출되기 때문에 내장 제거도 수월하다. 등따기의 또 다른 장점은 배 쪽에 칼을 대지 않기 때문에 기름지고 맛있는 뱃살이 온전하게 유지된다는 점이다.

이런 등따기는 잘 드는 칼이 필요하며 어느 정도 숙련이 요구된다. 등따기를 위해선 딱딱한 머리 부분을 쪼개줘야 하는데 이때 칼날이 두꺼워서 묵직한 데바칼이 필요하다. 만약 칼이 작거나 무뎌서 머리를 쪼개기 어렵다면 그냥 머리를 통째로 잘라서 버리고 몸통만 등따기를 하는 방법도 있다.

비늘을 긁어낸 다음 칼을 꼬리 쪽부터 넣어서

대가리 쪽으로 썰면서 절개한다.

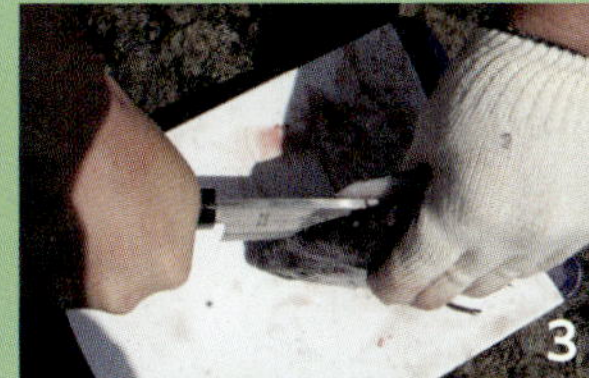

고기를 세워서 칼날의 무게로 머리를 쪼갠다. 이때 칼등을 손으로 때려주면 더 쉽게 쪼개진다.

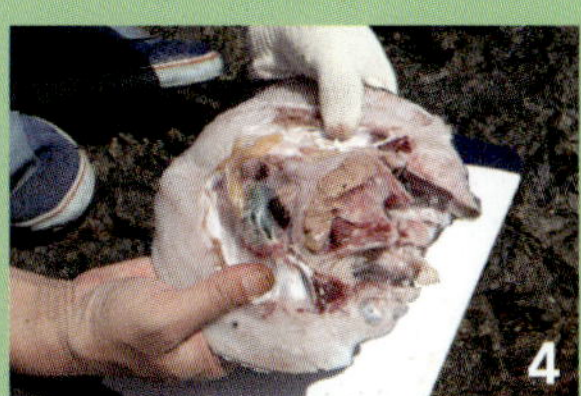

등따기를 한 모습. 배따기보다 내장을 깨끗이 긁어내기 편하다.

붉바리

'제주에 삼바리가 있으니 붉바리, 다금바리, 비바리다'라는 말이 있다. 제주 사람들이 다금바리보다
더 높이 평가하는 생선이 붉바리다. 체형은 능성어와 유사하나 적갈색 몸체에 붉은 반점이 있고
등지느러미에 검은 반점이 있는 게 특징이다. 양식산이 90%인 다금바리와 달리 모두 자연산이니
남들 눈에 띄기 전에 얼른 사먹어야 하는 생선이다. 여름에 잘 잡히지만 그때는 살이 좀 빠져 있고
가을이 되어야 제 맛을 보인다. 붉바리는 회를 최고로 친다. 돌돔처럼 단단한 맛은 없지만
적당히 쫄깃하여 씹는 맛이 은근하고 뒷맛이 상쾌하다.
예전 제주도에선 산후조리용으로 붉바리를 고아 주었다고 하지만 지금은 붉바리가 귀해져
그런 풍습마저 없어졌다. 회로 먹기엔 약간 시간이 지난 선어는 맑은탕이 최고다.
오래 끓이지 않아도 국물이 뽀얗게 우러나는데 숙취 해소에 더할 수 없이 좋다.
붉바리를 푹 고아서 찹쌀을 넣고 끓인 죽은 최고의 영양식이다.

붉바리와 닮은 바리과 어류들

다금바리 – 자갈색 바탕에 불규칙한 흑갈색 무늬를 갖고 있다. 1m 이상으로 자라는 대형종으로 제주도 연안 암초지대에서 서식한다. 이빨이 대단히 날카롭다. 정식명칭은 '자바리'다.

능성어 – 타원형 몸체에 7줄의 폭 넓은 자갈색 가로띠가 있는 게 특징이다. 우리나라 남해와 제주도에서 낚이며 40~50cm가 흔하고 최고 1m까지 자란다. 횟집에서 다금바리로 팔기도 한다.

다금바리(자바리)

능성어

붉바리 회

큰 놈일수록 살이 단단해 곧바로 회를 떠도 되지만 잔씨알의 붉바리는 살이 물러 포를 떠 랩에
싼 뒤 냉동실에 10분 정도 보관했다가 회를 뜨면 살이 수축되어 훨씬 쫄깃한 맛을 느낄 수 있다.

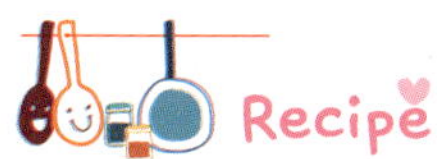 Recipe

01

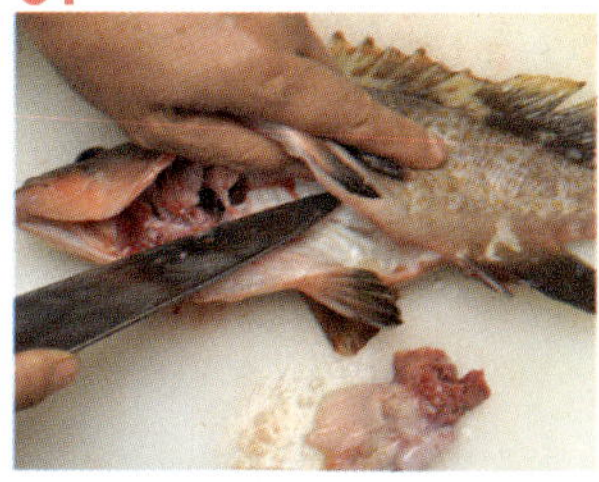

비늘을 치고 배를 갈라 내장을 긁어
내고 흐르는 물로 깨끗이 씻어낸다.

02

키친타월이나 휴지로 물기를 제거
한 뒤 머리 쪽 절반을 자른다.

03

먼저 배에서 꼬리 쪽으로 칼끝으로
긁듯이 살을 베어나간다.

04

이번에는 꼬리에서 머리 쪽으로
등을 따라 칼집을 넣고

05

포를 떠낸다.

06

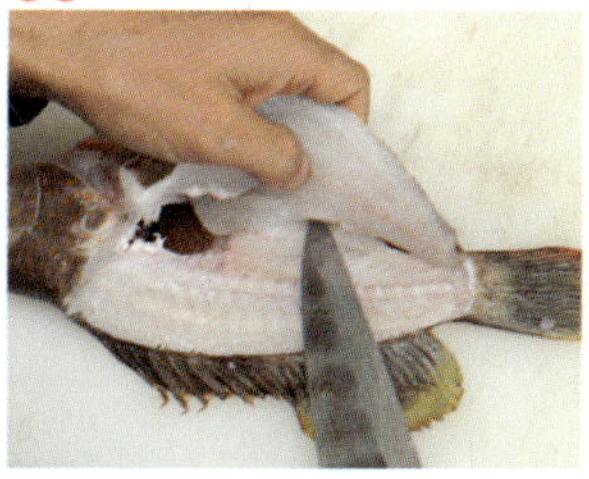

같은 방법으로 반대쪽 면도 포를
떠낸다.

07

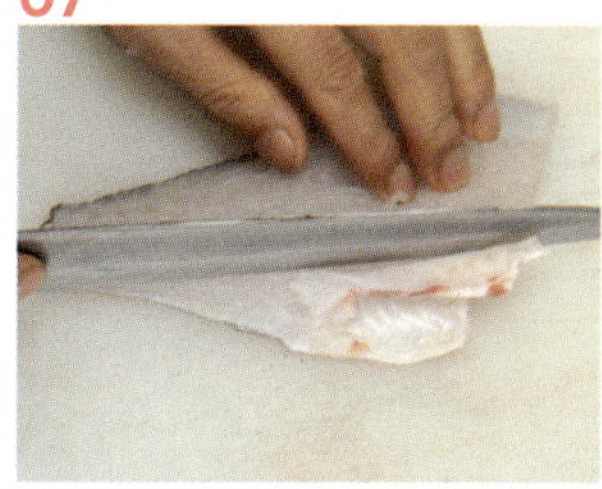

가슴뼈를 제거한다.

08

껍질을 잡기 편하게 꼬리쪽 칼집을
넣은 다음 왼손 검지와 엄지로 꼬리
껍질을 잡고 살과 껍질을 분리한다.
분리한 살은 키친타월로 싸서 물기
를 제거한다.

09

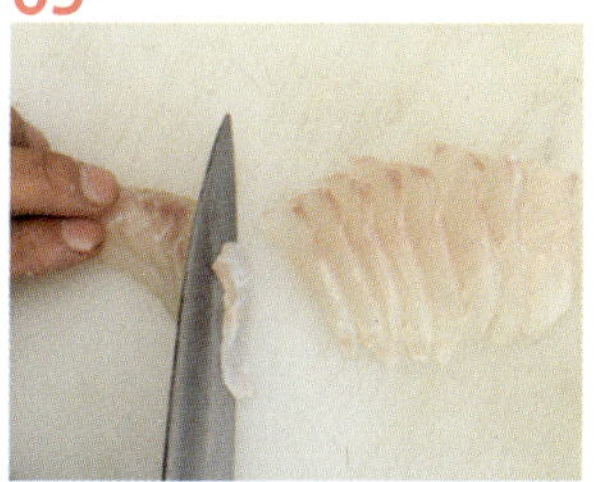

중간 뼈를 잘라 낸 다음 45도 각
도로 어슷하게 회를 자른다.

붉바리 어죽

회 뜨고 남은 뼈를 푹 끓인 다음 믹서기에 갈아 찹쌀을 넣고 끓인 붉바리 어죽은 산모나 몸이 쇠약한 사람,
혹은 갓 퇴원한 환자에게 아주 좋은 영양식이다.

준비물

손질된 붉바리, 불린 쌀(찹쌀과 멥쌀 반반으로 약 반 공기),
소금, 다진 마늘, 후춧가루, 믹서기, 고운 채반.

최대 1m까지 자라는 다금바리에 비해 붉바리는 35~40㎝가 주종으로 작지만 1kg당 값은 좀 더 비싸다. 붉바리는 양식이 되지 않고 개체수도 매우 귀하기 때문이다. 제주도 어시장에서 붉바리는 능성어, 다금바리, 돌돔과 비슷한 가격에 거래되고 있다. 1kg에 8만~9만원이며 횟집에서 먹으려면 1kg에 18만~25만원은 지불해야 한다. 특히 제주도 횟집에서는 붉바리가 다금바리나 돌돔보다 비싸다. 다금바리 회나 돌돔 회는 2~3인분에 21만~23만원, 붉바리 회는 23~25만원을 받는다.

01

물이 어느 정도 끓으면 손질된 붉바리를 토막내어 넣어준다.

02

센 불에 뼈가 흐물흐물할 정도로 30분 이상 끓여준다.

03

뼈가 흐물흐물할 정도로 끓여졌다면 고기를 건져내어 믹서에 넣고 갈아준다.

Fishing

붉바리를 낚으려면 제주도로 가야 한다. 제주도 남쪽 바다에서 배를 타고 인치쿠나 타이라바와 같은 루어를 사용하여 배낚시를 하면 쏨뱅이, 능성어, 다금바리와 함께 간혹 붉바리가 낚인다. 그밖에 열기 볼락 선상낚시, 돌돔 원투낚시에서도 어쩌다 손님고기로 걸려든다. 제주도에서도 운이 따라야만 낚을 수 있는 귀한 물고기다.

04

갈아진 고기를 채반에 올려 국물만 걸러준다.

05

걸러진 붉바리 진국에 불린 쌀을 넣고 저어가며 중불로 낮춘 뒤 죽이 될 때까지 끓여준다.

06

죽이 되면 소금과 다진 마늘을 넣고 간을 맞춰가며 약 5분 정도 더 끓인다.

갈치

갈치는 온 국민이 좋아하는 '국민생선'으로 오래전부터 밥반찬으로 즐겨 먹었다.
과거엔 고등어와 함께 서민적 생선이었으나 어자원이 급감하면서 비싼 생선이 되었다.
유통되는 갈치는 제주도에서 채낚기로 잡아 비늘이 온전한 '은갈치'와 목포나 통영에서
그물로 잡아 은비늘이 벗겨진 '먹갈치'로 나누어 부른다. 은갈치의 선도가 더 높아서
비싼 값에 팔린다. 갈치는 주로 구이나 조림으로 먹지만 낚시인들은 회로 즐겨 먹는다.
갈치는 물 밖으로 나오면 바로 죽기 때문에 활어로 유통할 수 없고 그래서
주산지(제주도나 여수)가 아니면 갈치회를 먹기 힘들지만 낚시인들은 살아 있는 갈치를
재료로 가장 싱싱한 회를 즐길 수 있다. 특히 갈치는 잔 씨알의 갈치를 뼈째 썰어먹는
뼈회가 아주 맛있다. 갈치 뼈회의 고소한 맛은 중독성이 강하여 큰 갈치가 많이 나는
10~12월보다 '풀치'라고 불리는 작은 갈치가 나는 7~9월에 갈치낚시를 즐기는 인구가
더 많을 정도다. 갈치는 냉동을 하면 맛이 급격히 떨어지며 냉동하지 않은 생갈치로
요리를 하면 소금구이, 고추장조림, 매운탕 등 어떻게 요리를 해도 맛있다.
서해안에서는 여름에, 남해안에서는 9월부터 12월까지 갈치잡이가 피크를 이룬다.

갈치의 크기를 나타내는 단위

갈치의 크기는 길이보다 두께로 표시하는데, 손바닥을 펼쳤을 때 손가락을 합친 숫자로 부른다. 갈치의 체폭이
손가락 2개 넓이, 즉 2지 이하이면 '풀치'라 부르고, 3지부터는 갈치라 부르는데
5지 이상이면 대형, 7지 이상이면 특대형으로 통한다.

갈치 회

갈치를 회로 먹을 땐 갈치 몸속에 들어 있는 하얀 힘줄을 제거해야 배탈이 나지 않는다. 작은 갈치는 내장을
빼낼 때 힘줄이 함께 딸려 나오지만, 큰 갈치는 그렇지 않기 때문에 포를 뜬 후 힘줄을 별도로 제거해야 한다.
그리고 은비늘도 배탈을 일으킬 수 있다. 갈치의 은비늘은 구아닌(guanine)이란 색소로, 갓 낚은 싱싱한 갈치의
비늘은 먹어도 아무 탈이 없지만 선도가 약간만 떨어져도 배탈이 날 수 있기 때문에 벗겨내고 회를 뜨는 것이
안전하다. 2지 이하의 작은 갈치는 뼈째 썰며, 3지 이상의 큰 갈치는 포를 뜬 후에 살만 썬다.

▼ 경상도에서 갈치 회보다 더 인기 있는 갈치 뼈회.

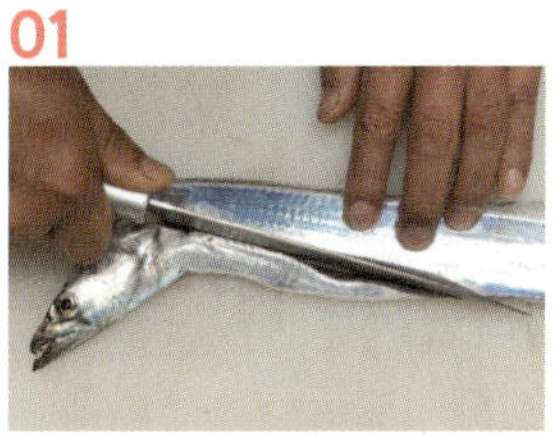

01

갈치를 깨끗하게 씻은 뒤 등 쪽에서 내장 쪽으로 비스듬하게 자른다.

02

내장에 있는 이물질을 제거하고 흐르는 물에 핏기를 깨끗하게 씻어낸다.

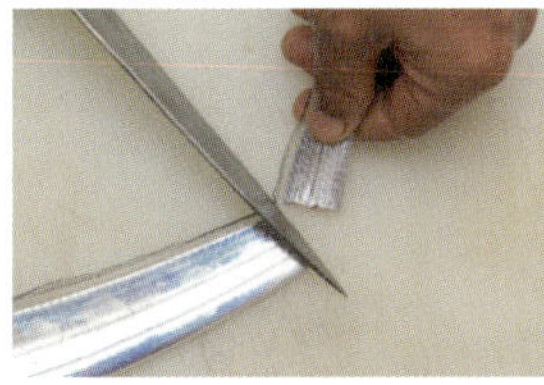

03

꼬리를 자르고 등과 배에 있는 지느러미를 잘라낸 뒤 키친타월로 갈치의 물기를 제거한다.

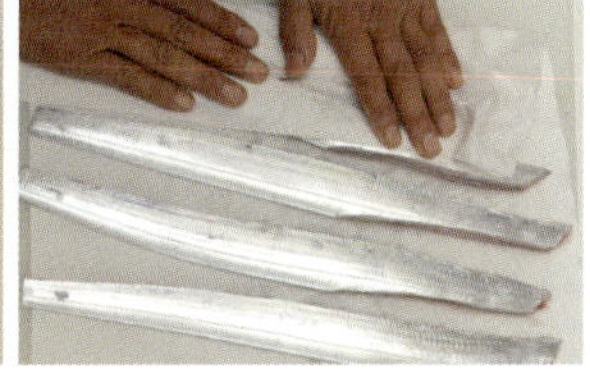

04

갈치 중간에 세로로 칼날을 넣어

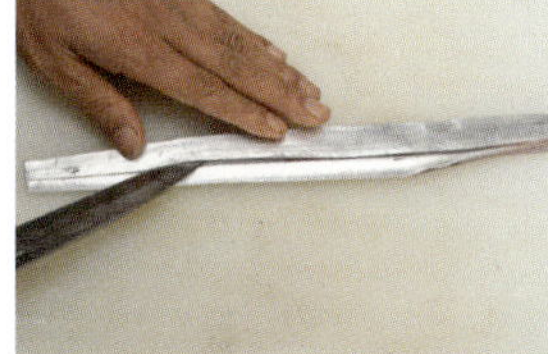

05

비스듬하게 잘라내면 뼈와 살이 분리된다.

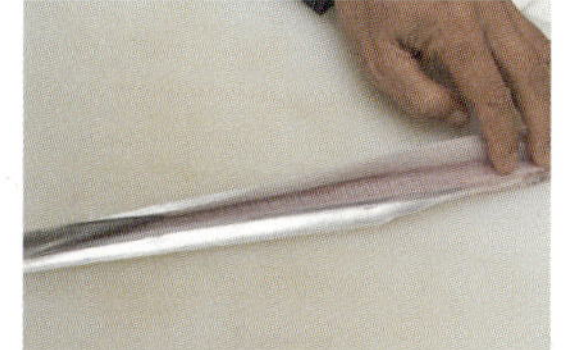

06

중간에 있는 뼈 아래에 칼을 넣어 도려낸다.

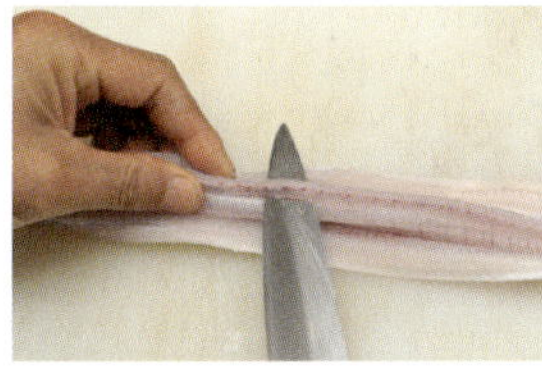

07

살에 붙어 있는 하얀 힘줄을 제거한다.

갈치 숙회 만들기

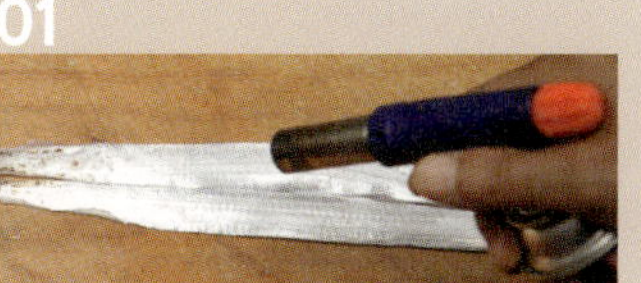

01

토치로 껍질을 익혀서 썰면 더 고소하며 부드러운 식감을 자랑한다. 다만 갈치는 껍질이 얇으므로 약한 불로 순식간에 지나가며 익혀야 한다.

02

재빨리 얼음가루(얼음물도 관계없음)에 담가 식히면 조직이 단단해져 식감이 좋아진다.

08

먹기 좋게 잘라내면 완성.

갈치 튀김

갈치 튀김은 아이들의 간식으로 좋다. 갈치 회를 뜬 후 뼈만 튀기거나
통째로 튀긴다. 통째로 튀길 땐 비늘은 벗길 필요가 없다.

준비물 손질한 갈치, 튀김가루, 식용유, 프라이팬

01

튀기기 좋도록 포를 3등분으로 자른 뒤

02

튀김가루를 골고루 묻힌다.

03

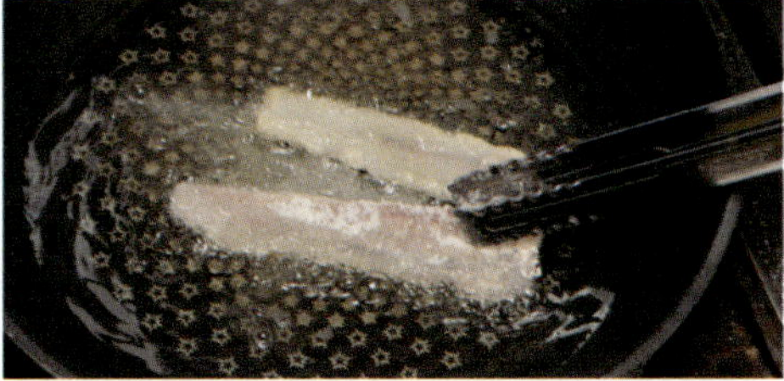

식용유가 적당한 온도로 끓게 되면(튀김가루를 뿌려보면 알 수 있다.) 튀김가루를 묻힌 갈치를 넣어준다.

04

갈치가 노릇노릇해지면 뒤집어준다. 너무 오래 튀기지 않도록 주의. 완성된 튀김은 수건이나 키친타월에 올려놓아 기름이 빠지게 한다.

Buying

한창 시즌인 9~11월 제주도 위판장에서 채낚기로 낚은 은갈치 경매가가 1박스(21~25마리)당 25만~35만원 사이다. 개인이 구입하면 한 마리당 2만~3만원가량 된다. 채낚기로 낚은 은갈치는 매일 아침 냉동하지 않은 상태로 출하한다. 그에 비해 주낙으로 낚은 은갈치는 냉동하여 며칠 간격으로 출하하는데 가격은 채낚기에 비해 1마리당 5천원가량 싼 편이다. 한편 남해에서 나는 먹갈치는 선도에 따라 가격이 천차만별이다. 수도권에서 횟감으로 먹을 수 있는 싱싱한 은갈치를 구입하려면 제주도 각 수협 위판장이나 지인을 통해 낚은 당일 배송으로 공항에서 받는 방법을 이용하면 된다. 꼭 당일 채낚기로 낚은 갈치를 보내달라고 해야 한다. 어시장에서 갈치를 구입할 때는 은빛이 선명하고 윤기 있는 걸 골라야 한다.

갈치 회무침

갖가지 채소에 갈치회와 새콤달콤한 초고추장을 넣고 버무리면 된다. 무, 당근, 오이 같은 딱딱한 채소를
아주 잘게 썰어 아삭하게 씹히는 맛을 살리는 것이 키포인트다. 무와 양파는 반드시 넣어야 회무침의 맛을
살릴 수 있다. 초고추장은 시중에 파는 것을 쓰되 새콤달콤한 맛을 더하려면 식초와 올리고당(설탕)을
더 넣으면 된다. 회무침에 얼음물을 부으면 갈치물회가 되는데, 물이 들어가는 만큼 양념을 더 넣어야 한다.

Recipe

01

무, 당근, 오이, 양파, 깻잎, 파프리카, 고추를 잘게 썬다.

02

갈치회와 초고추장을 넣고 버무린다.

03

완성한 갈치 회무침.

Fishing

갈치는 야행성이어서 밤에 낚아야 한다. 배 위나 갯바위에 집어등을 환하게 켜놓고 낚시를 하는데 갈치는 이 불빛을 보고 모여든다. 갈치낚시는 배낚시가 주류를 이루지만 7~9월에는 남해안 방파제와 갯바위에서도 풀치들을 마릿수로 낚을 수 있다. 목포 영암방조제와 진해만 일대, 통영 근해가 내만 갈치낚시터로 유명하다. 내만에서는 2~3지 굵기가 많이 낚이고, 거문도 바깥이나 제주도 인근의 먼 바다로 나가면 4~5지에서 7지까지 낚을 수 있다.

갈치는 생미끼낚시와 루어낚시에 모두 낚인다. 생미끼낚시는 야광전지찌를 달고 꽁치살이나 빙어살을 미끼로 수심층을 오르내리며 갈치를 낚는다. 루어낚시는 스푼, 웜, 소형 메탈지그를 던져서 감아 들이며 갈치를 유혹한다.

배낚시에서는 한 번 채비를 내릴 때 여러 마리를 낚을 수 있도록 바늘이 여러 개 달린 다단채비를 사용한다.

내만 갈치배낚시는 수심이 얕아서 경량급 장비로 누구나 쉽게 갈치를 낚을 수 있지만, 먼바다 갈치배낚시는 수심이 100m 전후로 깊고 조류가 세기 때문에 전동릴과 전용 낚싯대를 사용해야 하는 전문가들의 낚시에 속한다. 내만 갈치배낚시 요금은 1인당 5만원선이며, 먼바다 갈치배낚시는 운항 거리에 따라 1인당 17만~23만원선이다.

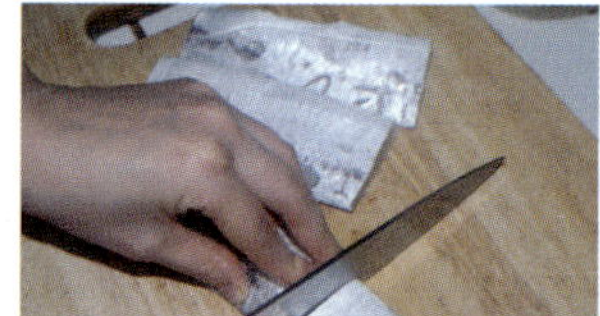

갈치
간장조림

갈치를 튀긴 후 간장에 조린 요리이다.
구이나 조림에 식상했다면 꼭 먹어보기 바란다.
전분을 입힌 갈치를 기름에 한 번 튀긴 후
조려준다.

준비물 진간장, 설탕, 물엿, 무, 당근, 전분

01
깨끗이 씻은 갈치를 먹기 좋은 크기
로 자른다.

02
전분을 묻힌다. 전분은 갈치 살을
단단하게 하며 잡냄새를 없앤다.

03
프라이팬에 기름을 두르고 중불로
노릇노릇해질 때까지 갈치를 튀긴다.

04
소스는 간장 7, 물 3의 비율로 물엿
과 설탕을 한 숟가락씩 넣어 만든다.

05
무와 당근을 먼저 넣고 소스가
끓기 시작하면 갈치를 넣는다.

06
약한 불로 조리며 가끔 소스를 끼
얹어 준다. 소스가 졸아들 때까지
두면 된다.

갈치 매운탕

칼칼한 국물이 일품인 매운탕은 흔한 조림과 달리 갈치를 색다르게 즐기는 요리법이다.
특히 쌀쌀한 겨울엔 조림보다 매운탕이 더 어울린다.

준비물 갈치 6~7토막, 양파, 대파, 무, 청양고추,
고춧가루, 다진 마늘, 간장 1큰술, 소금

양파와 대파, 무, 청양고추를 미리 썰어놓고 멸치육수를 넣은 물을 끓인다. 물이 끓으면
무와 양파, 청양고추를 넣고 갈치를 넣는다. 국물의 양은 갈치가 조금 잠길 정도가 적당
하다. 고춧가루 1큰술을 넣은 뒤 소금으로 간을 맞춘 다음, 조금 더 끓기 시작하면 마늘
과 대파를 넣고 마지막으로 소금으로 한 번 더 간을 맞춘다.

Nutrition

갈치는 영양소가 풍부한 생선으로 단백질이
16~25%, 지방(불포화지방)이 10%나 된다.
성장과 소화를 돕는 성분인 라이신(lysine)의
함량이 높아 아이들의 성장발육과 노인들의
기력 회복에도 좋다. 탄수화물인 글리코겐·로
이신(leucine) 등의 필수아미노산과 각종 무기
질 그리고 비타민 A·D도 풍부하게 들어 있다.

무늬오징어

정식명칭이 흰꼴뚜기인 무늬오징어는 한치와 더불어 오징어류 중에서 가장 뛰어난 맛을 지녀
'뼈 없는 돌돔'이라고 불린다. 일반 오징어(살오징어)보다 부드러운 식감과 특유의 달짝지근한 맛이
매력적이다. 제주특산 한치와 맛의 우열을 논하면 사람마다 판정이 갈리지만 서해안에서
맛있기로 이름난 갑오징어보다는 확실히 맛있다는 게 중평이다.
오징어를 즐겨 먹는 일본인들이 회로 먹는 오징어는 이 무늬오징어(아오리이카)와 야리이카(한치를 닮
은 일본 큐슈 특산 오징어)뿐이다.

그런데 무늬오징어가 우리바다에서 많이 잡히기 시작한 지는 오래되지 않았고 아직도 소수만이
무늬오징어의 존재와 맛을 알고 있다. 회로 먹을 때는 몸통만 먹고, 다리는 튀김이나 구이로 먹는다.
양념을 해서 숯불구이를 해도 맛있고, 찜, 볶음, 국 등 오징어로 만들 수 있는 모든 요리에서
고급스런 맛을 선사한다. 무늬오징어는 단년생으로 5~6월에 태어나 7월부터 이듬해 봄까지
초스피드로 몸집을 키우는데 보통 1kg이 넘게 자라며 2~3kg짜리도 종종 잡힌다.
가을과 겨울 사이(9~11월)에 많이 낚이고, 맛과 영양도 이때 최고조에 달한다.

무늬오징어 회

오징어는 뼈나 잔가시가 없기 때문에 물고기보다 쉽게 회를 장만할 수 있다. 오징어를 회로 먹을 땐
살아 있을 때 장만해서 바로 먹는 것이 가장 맛있다. 물고기처럼 냉장숙성을 거치면 상쾌한 식감이 사라진다.

01

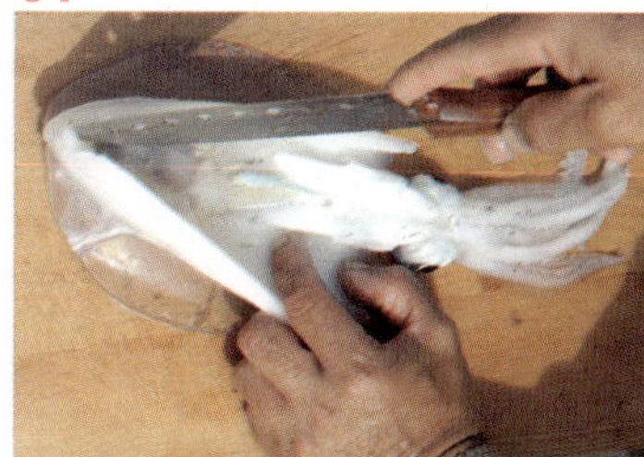

오징어를 깨끗이 씻은 다음 배를 가른다.

02

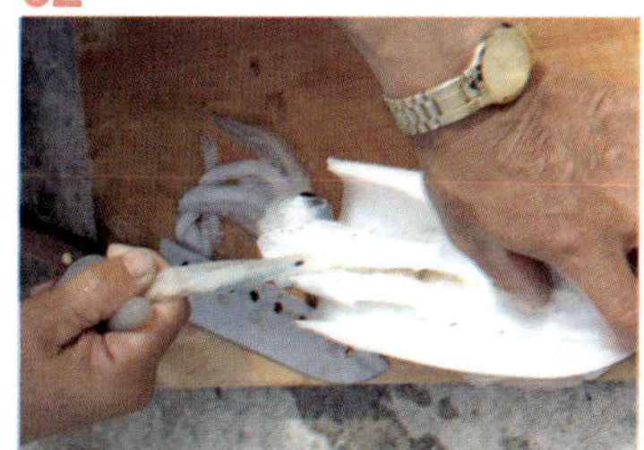

내장을 칼로 떼어낸 후 다리를 제거한다. 내장 뒤편에 있는 거무스름한 동전 크기의 내장이 먹물 주머니인데 제거하지 않으면 먹물이 터질 수 있다.

03

배 속에 남아 있는 등뼈(투명한 연골)를 떼어낸 다음

04

껍질을 벗긴다. 식초를 푼 물에 오징어를 잠깐 담그면 더 잘 벗겨진다. 껍질을 제거하지 않으면 질겨서 먹기 힘들다.

05

껍질을 벗긴 오징어 몸체 중간을 잘라낸 뒤 얇게 썬다. 반드시 세로 방향(오징어를 찢을 때 잘 찢어지는 가로 방향과 수직이 되는 방향)으로 썰어야 쫄깃쫄깃한 식감을 살릴 수 있다.

찬 물에 많이 사는 살오징어와 달리 무늬오징어는 따뜻한 수온을 좋아하는 남방계 오징어로서 제주도에 가장 많이 서식하며 남해와 동해에도 상당량 분포한다. 수온이 낮은 서해안에서는 먼 바다에서 일부 개체가 확인되었다. 따라서 무늬오징어를 사먹고 싶다면 제주도로 가야 하고 남해안에선 거제도나 통영에서 제철인 가을에 간혹 구입할 수 있다.

무늬오징어는 야간에 어부들이 연안 가까이 배를 붙여 끄심바리(오징어 전용 루어인 '에기'를 상층에 내려 배가 천천히 끌면서 입질을 유도하는 낚시법)로 낚는다. 여름과 가을에 제주도와 거제도, 통영의 수산시장에 가면 활어를 더러 구입할 수 있다. 무늬오징어는 다른 오징어에 비해 먹물이 많이 나와 일반 횟집 수족관에는 잘 넣어두지 않는다. 가격은 1kg에 3만~4만원이며, 그에 비해 갑오징어는 1kg에 1만5천원 내외, 동해에서 흔히 잡히는 화살오징어는 3~4마리에 1만원을 호가한다.

무늬오징어 호박전

호박의 속을 파내고 그 속을 잘게 다진 오징어로 채워서 기름에 지지면 부드럽고 달콤한
호박의 맛과 오징어의 쫄깃한 맛이 조화된 호박전이 된다.

준비물(4인분)

손질된 무늬오징어, 호박 1개, 당근 1개, 양파 1개,
두부, 계란, 밀가루, 소금과 후추

01

호박은 끝을 자르고 긴 칼을 이용해 속을
파낸다.

02

당근, 양파와 각종 야채를 잘게 다진다.

03

손질된 무늬오징어를 세로로 얇게 자른
뒤

04

얇게 자른 오징어를 이번에는 가로로 채
썬다.

05

오징어 다진 것과 각종 야채 다진 것 그리
고 두부를 잘 섞은 다음 소금과 후추로
살짝 밑간을 해준다.

06

속을 파낸 호박에 속재료를 채운다.

07

잘 익을 수 있는 크기로 썬다.

08

물기를 없애고 계란 옷이 잘 스며들도록
밀가루를 묻힌다.

09

팬에 기름을 두르고 계란 옷을 입힌 호박
을 올린 다음 약한 불에 5~7분 정도 완
전히 익힌다.

무늬오징어 딤섬과 순대

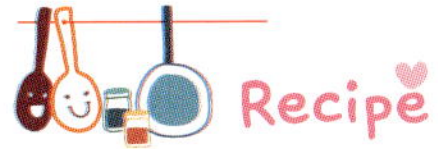

준비물(4인분)

무늬오징어, 잔파, 당근, 양파, 두부,
시금치, 숙주, 새우, 소금, 후추

무늬오징어는 2000년대 들어 '에
깅'이라는 오징어 루어낚시 붐이 일
기 시작하면서 낚시대상종으로 떠
올랐다. 제트엔진처럼 물을 분사하
여 강한 추진력을 얻는 무늬오징어
는 손맛이 좋고 맛이 좋아서 많은
낚시인들의 사랑을 받고 있다. 무늬
오징어는 루어낚싯대에 '에기'라고
불리는 새우를 닮은 인조미끼를 달
아 낚는다. 이 에기를 멀리 던져서
물속에 가라앉힌 다음 강하게 채
올리면 마치 새우가 살아 움직이는
것 같은 액션을 연출하여 무늬오징
어가 달려든다. 에기는 3천원짜리
중국산부터 1만원이 넘는 일본산
까지 다양하다.
여름과 가을에는 800g짜리 이하
가 주종으로 잡히며 4~6월에는
1~2kg의 큰 녀석들이 잡힌다.
낚싯대는 8feet 길이의 에깅 전용
루어대를 사용하며 낚싯줄은 0.8
호 굵기의 가는 합사(PE라인)를 쓰
는 등 나름 전문 장비가 필요하다.
한편 살아있는 전갱이를 미끼로 써
서 무늬오징어를 낚는 '야엥'이란
낚시법도 있다.

01

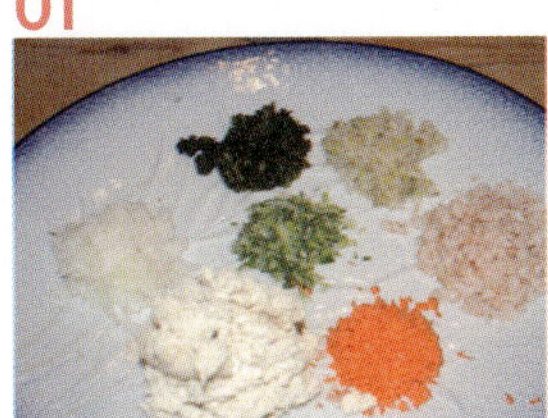

준비한 야채와 새우는 잘게 다
져 놓는다.

02

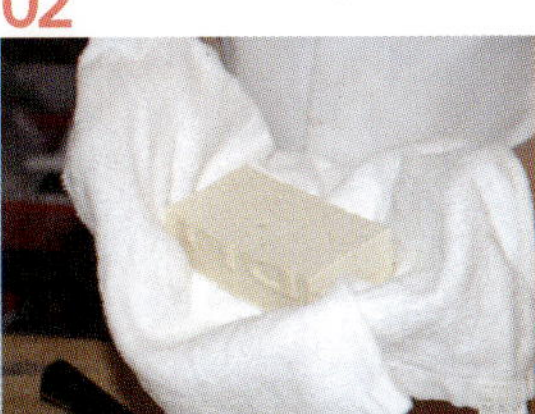

두부는 물기를 완전히 빼야 하므
로 거즈를 이용해 물기를 짜낸다.

03

다진 야채와 두부, 다진 새우를
한데 넣고 섞으며 소금과 후추로
간을 해 '소'를 만든다.

04

오징어포에 소를 넣고

05

잔파로 단단하게 묶어 딤섬을 만
든다.

06

오징어순대는 내장을 제거한 몸
통 속에 전분을 넣어야 속 재료
와 오징어가 잘 붙는다.

07

오징어 몸통에 속 재료를 꽉 채
워 놓고 이쑤시개나 꼬치를 이용
해 입구를 꿰어둔다.

08

딤섬과 오징어순대를 찜통에 놓
고 10분 정도 찐다.

09

딤섬은 통째로 먹고 오징어순대
는 먹기 좋은 크기로 썰어먹는다.

무늬오징어 샐러드

무늬오징어는 회도 맛있지만 상큼한 샐러드로 만들어 먹으면 그야말로 별미다. 무늬오징어를 살짝
구운 후 상큼한 과일 드레싱을 넣고 만든 샐러드는 무늬오징어의 담백한 맛이 잘 살아난다.

준비물

손질된 무늬오징어, 휴대용 토치, 깻잎, 무순, 치커리, 다진마늘, 소금, 후추, 파슬리 가루, 키위 드레싱.

01

무늬오징어의 몸통과 지느러미에 빗살 모양으로 칼집을 넣어 준다.

02

소금, 후추, 파슬리 가루로 밑간을 해준다.

03

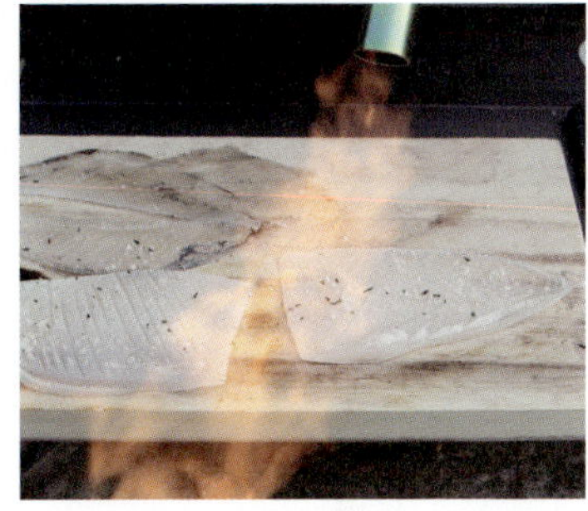

휴대용 토치로 손질한 무늬오징어를 살짝 굽는다. 토치가 없으면 가스레인지를 이용해도 된다.

04

살짝 구운 무늬오징어.

05

구운 살은 먹기 좋은 크기로 자른다. 가로 1cm, 세로 3cm면 적당하다.

06

깻잎, 무순, 치커리 등 샐러드에 넣을 야채를 잘게 썰어 준비하고, 잘게 다진 마늘을 넣은 다음 미리 준비한 키위 드레싱을 뿌리면 완성.

키위 드레싱 만드는 법

키위 2개에 소금, 포도씨유 1큰술, 매실엑기스 1/2큰술, 올리고당 1큰술을 넣고 믹서에 갈아 만든다.

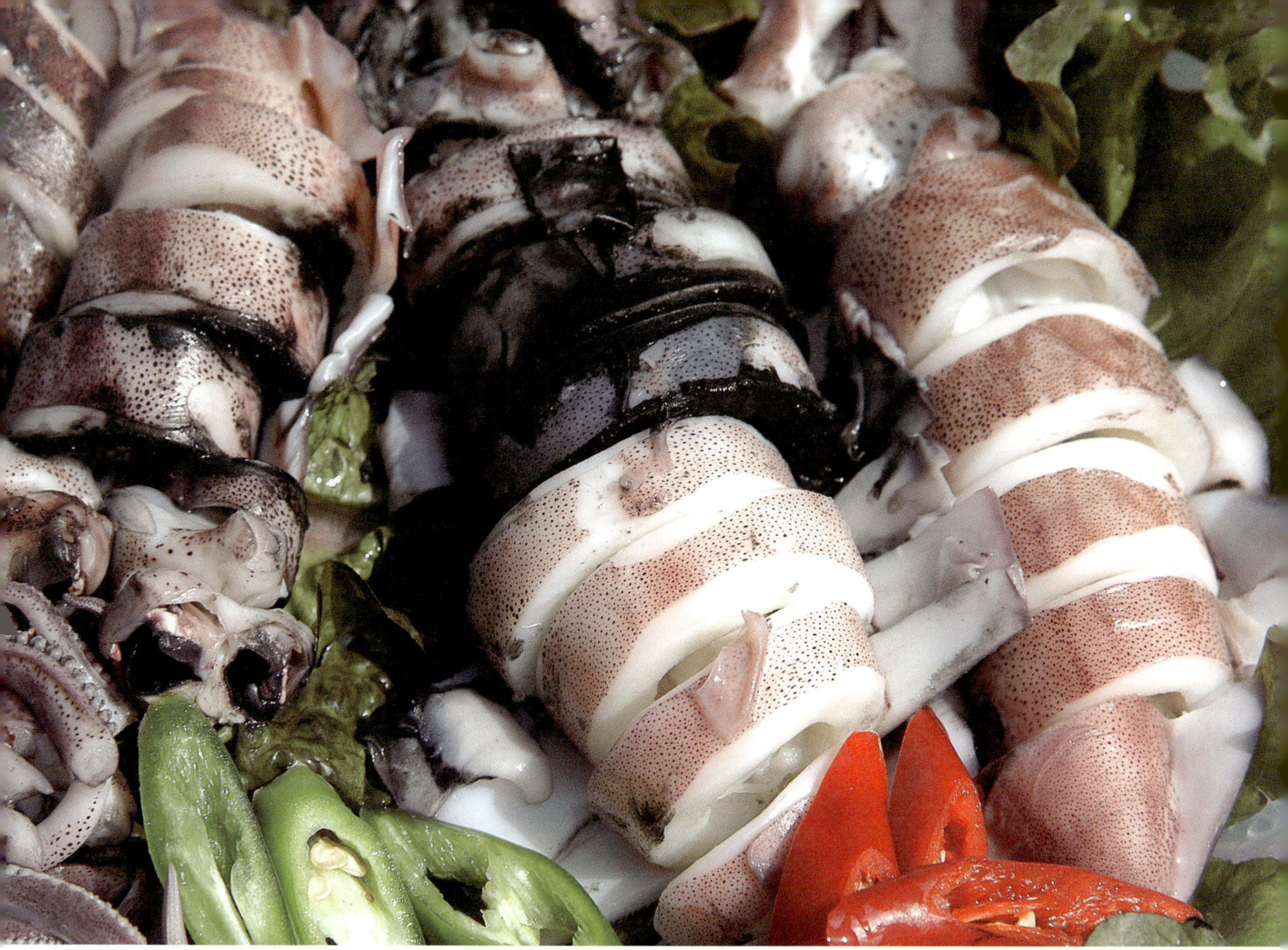

무늬오징어 데침

회를 치기에 작은 무늬오징어는
간단하게 통째로 데쳐서 먹으면 좋다.

데침용 무늬오징어는 따로 손질할 필요 없이 통째로 넣는다.

01

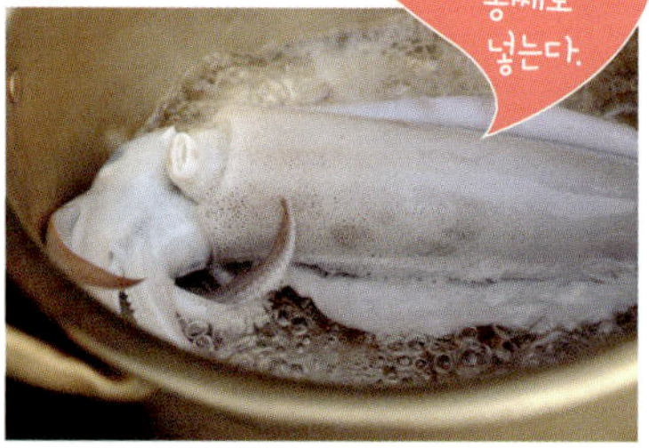

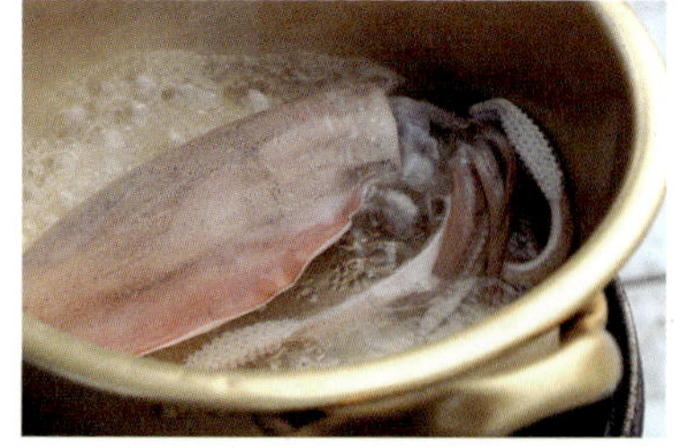

물을 끓인 다음 잘 씻은 무늬오징어를 통째로 넣는다.

02

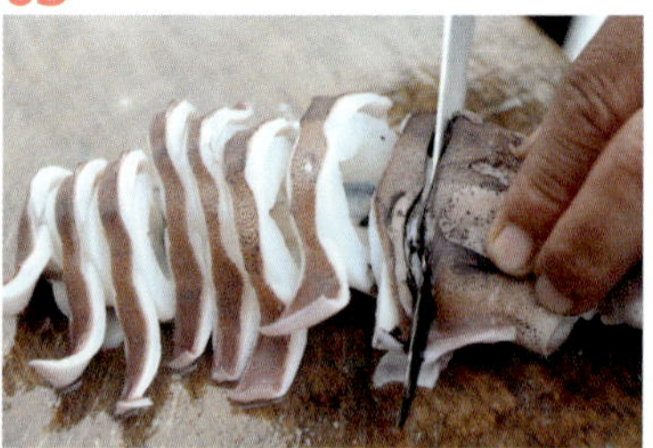

익으면서 체색이 붉은색으로 변하기 시작한다. 센 불에 30~40초 데치면 적당하다. 너무 오래 데치면 살이 질겨진다.

03

도마 위에 올려 놓고 먹기 좋게 썰어낸다. 회를 썰 때와 달리 가로 방향으로 썰어야 맛있다.

위험한 물고기들

물고기 중에는 체내에 독(毒)이 있는 물고기와 체외의 지느러미나
꼬리 등에 맹독을 품고 있는 물고기가 있다.
이런 물고기들을 잘 알지 못하고 함부로 먹거나 맨손으로 잡다 가시에 찔리면
큰 고통과 함께 온 몸이 붓고 열이 나거나 호흡곤란 같은 증세가 따른다.

복어

복어에는 치명적인 신경독, 데트로독신이 있다. 복어 중에서도 복섬, 졸복, 흰점복, 밀복, 검복, 자주복 등이 독성이 강하다. 복어의 눈알, 피, 난소, 정소, 위, 장 등에 맹독이 있으며 산란기인 봄철에 독성이 가장 강해진다. 복어 독이 퍼지면 졸음이 오고 온몸이 마비되거나 목숨을 잃는다. 복어 요리는 반드시 자격증을 갖춘 요리사가 만든 것을 먹어야 안전하다.

미역치

손가락 길이만 할 정도로 작지만 맹독을 가진 미역치는 우리바다 전역에서 흔히 볼 수 있다. 바다낚시인들이 종종 미역치의 독침에 찔려 고통스러워하는데 병원에 실려가는 사람도 있다. 주황색 바탕에 흑갈색 무늬가 흩어져 있으며 등지느러미에 크고 날카로운 가시가 있다.

쑤기미

미역치와 같은 양볼락과인 쑤기미는 미역치보다 훨씬 큰 20~30cm 크기에 독성도 훨씬 강하다. 어민들도 무서워할 정도로 지느러미 가시에 맹독을 가지고 있다.

쏠종개

제주도와 남해바다에 많은 쏠종개는 군집성이 강하며 간혹 밤낚시에 낚인다. 20~30cm 크기로 녹색을 띠며 노란색 세로줄이 있다. 낮에는 굴속에 숨어 있다가 밤이면 얕은 연안으로 나와 먹이 활동을

하는데, 등과 가슴지느러미 가시에 독이 있어 쏘이면 통증이 심하다.

쏠배감펭

제주도와 남해바다에서 드물게 구경할 수 있는 물고기다. 분홍색을 띤 바탕에 많은 갈색띠를 갖고 있으며 생김새가 화려해 자칫 만질 수도 있지만 등지느러미 끝에 치명적인 맹독을 가지고 있다.

독가시치

제주도에서 쉽게 볼 수 있는 독가시치는 이름 그대로 등지느러미부터 배지느러미까지 날카로운 독가시를 두르고 있다. 익히면 맛있지만 회 맛은 그다지 없어 과거엔 인기가 없는 물고기였는데 요즘은 독가시치도 귀해지면서 횟감으로 꽤 비싼 값에 팔리고 있다.

농어

농어는 독가시는 없지만 아가미 뚜껑의 끝이 창날처럼 날카로워 농어가 뛸 때 아가미를 건드리면 큰 상처를 입게 된다. 살아 있는 농어는 본능적으로 아가미 뚜껑을 쫙 펼치고 대가리를 흔들며 공격하므로 조심할 필요가 있다.

▶ 모든 물고기들은 아가미뚜껑 끝이 면도날처럼 예리하다. 그 이유는 적이 아가미 안쪽 동맥을 건드리지 못하게끔 나름의 보호 장치를 마련해놓은 것이다. 그러므로 살아 있는 물고기를 만질 때는 반드시 장갑을 끼고 대가리를 흔들지 못하도록 눌러준 상태에서 손질을 해야 한다.

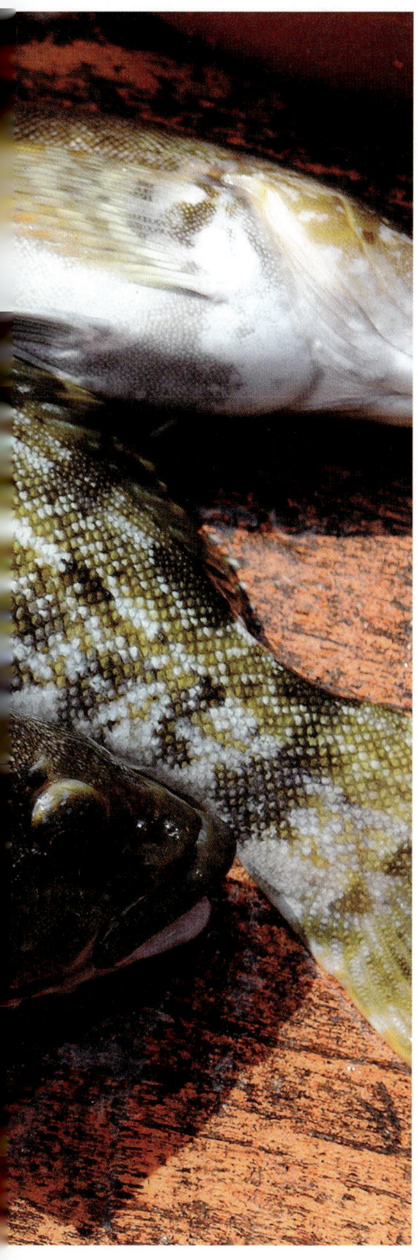

쥐노래미

쥐노래미는 계절을 타지 않는 맛으로 선호도가 높아서 요즘은
광어, 우럭보다 비싼 값에 팔린다. 철따라 맛의 차이가 큰 물고기가
대부분인데 쥐노래미는 연중 비슷한 맛을 낸다. 쥐노래미는 최근까지
양식이 어려운 종으로 알려져 왔으나 지난 2009년 한국해양연구원
해양심층수연구센터에서 양식에 성공하면서 대량 생산의 길이 열렸다.
쥐노래미는 흰살생선으로 맛이 차지고 담백하다. 섬사람들은
등따기를 해 해풍에 꾸덕꾸덕 말려 조림이나 튀김으로 먹었다.
임연수어를 포함한 쥐노래미과 물고기들은 껍질이 맛있는데
오븐에 굽기보다 기름을 두른 프라이팬에 튀겨야 제 맛을 낸다.
특히 부산 사람들은 '게르치'로 부르며 오래전부터 쥐노래미 회를
즐겨왔고 뼈와 껍질로는 미역국을 끓여 먹었다.
가을인 10월에 가장 맛있고, 11~12월 두 달은 산란기여서
쥐노래미 금어기로 지정되어 있으며 산란 직후에는 살이 빠지고
푸석해져 맛이 떨어진다.

쥐노래미 회

큰 쥐노래미는 포를 뜨고, 작은 쥐노래미는 뼈회(세코시)로 먹는다. 쥐노래미는 살이 무른 편이어서
보관에 신경을 써야 한다. 살아 있을 때 바로 피를 뺀 뒤 얼음에 보관했다가 회를 뜨면
더 쫄깃하고 쫀쫀한 맛을 느낄 수 있다. 아니면 회를 썬 뒤 냉동실에 3~4분 넣었다가 꺼내어 먹는 것도 좋다.

Recipe

01

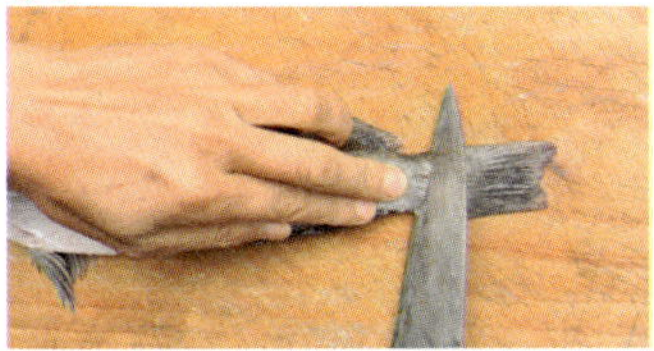

내장을 제거한 다음 머리 쪽을 절반만
자른 뒤 꼬리쪽에도 칼집을 넣는다.

02

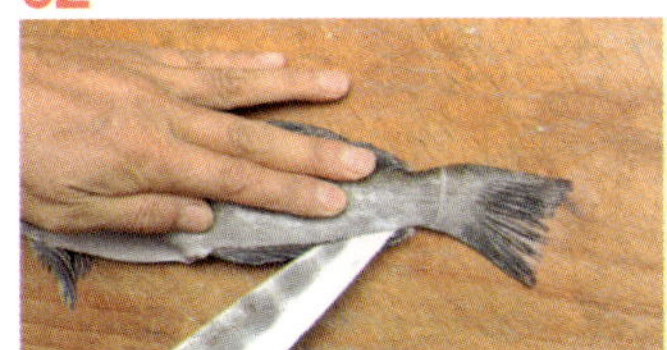

배쪽에서 꼬리쪽으로 칼을 넣어 밀면서
살을 가른다.

03

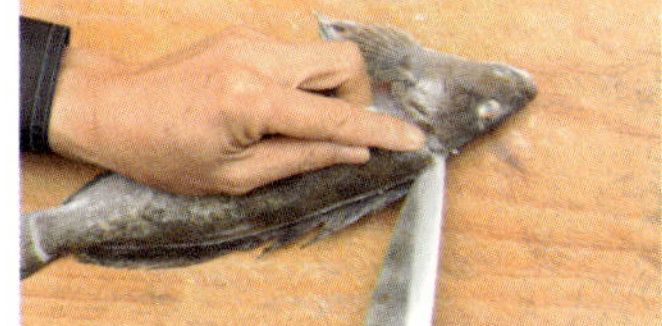

이번에는 꼬리쪽에서 등쪽을 따라
머리 쪽으로 칼날을 민 다음

04

다시 꼬리 쪽으로 뼈를 따라 칼끝으로
긁으며 가르기 시작한다.

05

그러면 사진처럼 포가 뼈에서 분리가
된다. 반대편 살도 같은 방법으로 떠낸다.

06

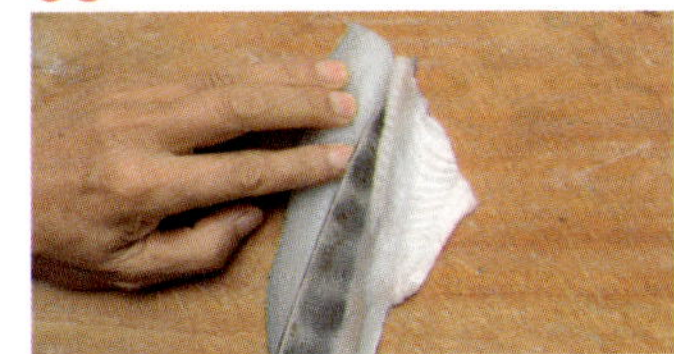

가슴뼈를 잘라낸다.

07

꼬리쪽에 칼집을 낸 뒤 왼손으로 껍질을
단단히 잡고 배 쪽으로 칼날을 쭉 훑어가
듯 밀면 껍질과 살이 분리된다.

08

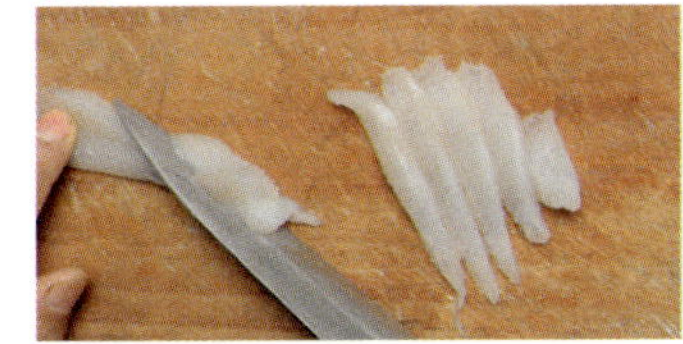

포 중간뼈를 잘라서 버리고 45도 각도로
어슷어슷 썰어 접시에 담는다.

쥐노래미는 어시장에서 광어, 우럭
(1kg 2만원대)보다 비싼 2만5
천~3만원으로 농어, 방어, 참돔과
비슷한 가격에 거래되고 있다. 어획
량이 적을 때는 양식산이 그 자리
를 메우는데, 아직 국내 양식산은
보기 힘들고, 중국 양식산이 대량
으로 들어오고 있다. 자연산은 갈
색과 노란색이 혼합된 체색이며 중
국 양식산은 체색이 전체적으로 검
정색을 띠어 구별할 수 있다. 그리
고 양식산은 25~30cm급으로 크
기가 일정한 데 반해 자연산은 다
양한 크기가 섞여 있다. 그러나 양
식산과 자연산의 가격 차이는 별로
없다. 횟집에 자연산과 양식산이 섞
여 있으며 금어기인 11~12월엔 자
연산을 먹기 어렵다. 쥐노래미 회는
한 접시에 4만~5만원, 큰 놈은 킬
로그램 단위로 파는데, 1kg에 탕
포함 7만~8만원선이다. 쥐노래미
의 포획금지체장은 20cm인데 그
보다 작은 쥐노래미로 만든 뼈회가
인기가 좋아 방류해야 할 치어로
뼈회를 만들어 파는 사례도 많다.
산지 위판장에 가면 싱싱한 활어를
저렴하게 살 수 있다. 경매에 참여
한 중간도매업자를 통하면 1kg에
1만~2만원에 구입할 수 있다. 수협
에 있는 중매인조합사무실로 전화
하면 중매인과 연결해준다.

쥐노래미 매운탕

쥐노래미과 물고기(임연수어, 노래미 등)들은 껍질이 맛있으므로 버리지 말고 매운탕에 같이 넣어주는 게 좋다.

준비물(4인 기준)

손질된 노래미 2마리, 다시마 육수, 무 1개, 대파 1개, 빨간고추 2~3개, 소금 혹은 간장 약간, 양념장

양념장 만들기

고추장 1스푼,
된장 2/1스푼, 고춧가루 2스푼,
왜간장 2/1스푼,
약간의 다진 마늘을
넣고 골고루 섞는다.

01

손질된 쥐노래미를 냄비에 넣기 좋은 길이로 잘라 놓는다.

02

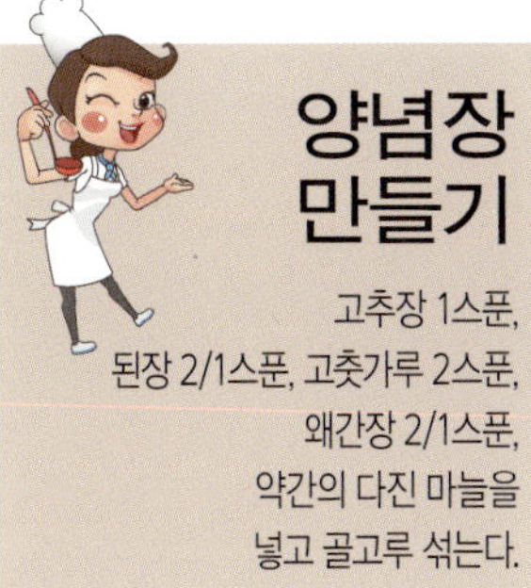

냄비에 무를 적당한 크기로 썰어 쥐노래미와 함께 넣는다.

03

다시마로 우려낸 육수를 적당량 붓는다.

04

그 위에 양념장을 골고루 올려주고 센 불에 20분 정도 끓인다.

05

미리 썰어놓은 대파와 고추를 넣고 중불로 낮춰 5분 정도 더 끓인다. 적당히 끓었다 싶으면 소금이나 간장으로 간을 맞춘다.

Fishing

쥐노래미는 부레가 없어 좀체 떠오르지 않고, 바닥에 배를 붙이고 산다. 따라서 낚시를 할 때도 바닥을 집중적으로 노려야 한다. 어선들도 그물을 바닥에 끌어서 잡는다. 쥐노래미는 주로 루어로 낚는데, 지그헤드 리그를 보편적으로 사용하며 장애물이 있는 곳이라면 밑걸림 회피 능력이 높은 텍사스 리그나 프리 리그 등이 효과적으로 쓰인다. 1/4~1온스 싱커에 2~3인치 웜을 달아 사용한다. 웜은 섀드웜, 테일웜, 호그웜 등이 효과적이다. 장비는 8ft 내외의 미디엄 액션의 낚싯대와 2500번 이상의 중소형 스피닝 릴이면 무난하게 사용할 수 있다.

노래미류는 일정한 세력권을 형성하고 단독생활을 하므로 대형 쥐노래미를 낚았다면 그 자리를 계속 공략하지 말고 지체 없이 자리를 옮기는 것이 좋다. 생미끼낚시를 할 경우 방파제나 갯바위에서 던질낚시를 하면 큰 씨알을 낚을 수 있다.

삼치

해마다 가을이면 우리나라 동·서·남해에 무리지어 나타나는 삼치는 어부들의 끌낚시에 주로 낚이지만
낚시인들에게도 매우 인기 있는 어종이다. 삼치는 구이로 유명하지만 낚시인들은 회로 즐겨 먹는다.
다만 횟감용 삼치는 80cm는 되어야 먹을 만한데 크면 클수록 맛있다.

삼치 회는 갓 잡아 올린 삼치로만 가능하기 때문에 일반인들이 먹기는 쉽지 않다.
다만 산지에서 바로 잡아 24시간 안에 직송하면 회로 먹을 수 있다. 삼치 회는 고소하고 기름지면서
감칠맛이 있고 쫄깃한 식감은 없지만 입안에서 살살 녹는 식감이 매력적이다.

삼치는 등푸른 생선 중에서 비린내가 나지 않아 굽거나 졸이면 생선을 싫어하는 사람도 잘 먹는다.
유자간장소스로 만든 삼치조림은 향긋하고 입에 짝짝 달라붙는 맛이다. 대부분의 생선은 머리 쪽이
맛이 좋은 반면 삼치는 꼬리 쪽이 더 맛있다는 게 특징이다. 9~10월은 '고시'라고 불리는 30~40cm급
잔챙이가 낚이는데 이때는 인기가 없고, 11~12월에 70~100cm급이 낚일 때 조업이 왕성하게
이루어진다. 서해는 여름~가을, 동해는 가을~겨울, 남해는 겨울철 12~2월에 어획량이 가장 많다.

삼치 소금구이

삼치는 대부분 구이를 해서 먹는다. 소금간이 잘 배게 절인 후 기름을 두른 팬에 구우면
고소하고 짭쪼름하여 밥반찬으로 아주 좋다.

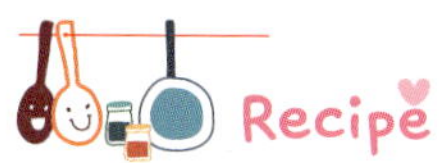

01

낚은 삼치는 즉시 피를 뺀다. 손질할 땐 머리를 자른 후 몸통을 두 토막으로 나눈 후 등따기를 한다.

02

살을 발라낸 후 등뼈를 제거한다.

03

뼈를 제거한 살에 피와 물기가 남지 않도록 키친타월로 닦아준다. 문지르지 말고 살짝 눌러주면 타월이 피와 물기를 흡수한다.

04

껍질에 칼집을 넣어 소금간이 잘 배도록 해준다.

05

후추와 소금을 살과 껍질에 골고루 뿌린다.

06

감자전분을 살에 골고루 묻힌다.

07

기름을 두른 후 중불로 가열한 프라이팬에 삼치를 올린다. 속까지 바삭하게 익히기 위해서는 중불을 유지해 기름 온도가 너무 올라가지 않도록 해야 한다. 겉이 노릇하게 익으면 완성. 마늘도 함께 구우면 좋다.

삼치는 양식이 되지 않지만 8월부터 이듬해 3월까지 많이 잡히기 때문에 비교적 저렴하게 구입할 수 있다. 산지에서 경매에 참여하여 삼치를 사들이는 중간 도매상인에게 구입하는 것이 가장 좋은데 중간 도매상인은 큰 항구 어시장마다 ○○수산이란 간판을 내걸고 영업하고 있다. 가격은 대략 1kg에 1만~1만5천원 사이면 구입 가능하다. 삼치는 잡으면 바로 죽기 때문에 선어로 판매하지만 당일 낚인 삼치는 신선도가 좋아 회로 먹어도 상관없다. 체색이 선명하고 살이 통통하며 손으로 눌러보았을 때 단단한 게 싱싱한 것이다. 횟집에서 삼치회를 맛보려면 3~4인용 한 접시에 4만~6만원을 받는다.

삼치 오코노미야끼

가정에서 만들기 아주 쉬운 부침개 요리다. 마트에서 오코노미야끼 소스 혹은 돈까스 소스 그리고
가다랭이포(가스오부시)만 구입하면 된다. 삼치 외에 부시리, 전갱이, 고등어로 만들어도 좋다.
우리나라 부침개와 달리 약한 불에 아주 천천히 익히는 것이 맛의 비결이다.

준비물

손질된 삼치, 오코노미야끼 소스,
가다랭이포, 양파, 당근, 소금,
후추, 밀가루, 기타 야채 등

더위가 한풀 꺾이고 아침저녁으로 시원한 바람이 불기 시작하면 서해와 동해 방파제마다 삼치 떼가 붙어 삼치를 낚으려는 낚시인들로 북새통을 이룬다. 9월이면 삼치가 나타나 12월까지 이어진다. 시즌 초반에는 40~60cm가 주종을 이루다 11월이 되면 80cm~1m급이 섞여 낚인다.

큰 삼치를 낚으려면 배낚시를 해야 한다. 서해안의 경우 대호방조제, 석문방조제, 부사호방조제, 시화방조제 등이 삼치낚시터로 유명하며, 동해는 전 방파제에서 낚인다. 배낚시터로는 속초, 강릉, 강구, 포항 등이 유명하다. 포항 영일만은 삼치 전문 낚싯배가 10여 척 운항하고 있는데 하루 두 차례(오전 7~12시, 오후 1~6시) 운항하며 뱃삯은 1인당 5만원을 받는다.

삼치는 루어낚시 대상어로 인기가 높다. 에깅낚싯대나 농어낚싯대에 바이브레이션 플러그나 스푼 같은 원투력이 좋은 루어를 쓴다. 삼치는 시력이 대단히 좋기 때문에 루어를 던진 후 최대한 빠르게 감아야 한다. 천천히 감으면 루어가 가짜라는 것을 알아차린다. 삼치 이빨은 면도날처럼 날카로워 5~7호 정도로 굵은 줄이나 합사를 목줄로 묶어 써야 끊어지지 않고 낚아낼 수 있다.

01

삼치와 야채를 준비한다. 양파와 당근은 필수. 삼치는 소금과 후추로 밑간을 해둔다.

02

삼치의 껍질을 벗기고 잘게 썬다. 야채도 약간 굵게 채 썬다. 너무 잘게 썰면 씹는 맛이 떨어진다.

03

밀가루를 뿌린다. 단 재료에 골고루 묻을 정도만 뿌린다. 밀가루를 많이 넣으면 겉만 금방 타고 재료가 충분히 익지 않는다.

04

식용유8:들기름2 비율로 팬에 두르고 재료를 손아귀에 가득 찰 정도로 한 움큼 덜어 굽는다. 들기름을 조금 넣으면 훨씬 고소한 맛이 난다.

05

약한 불에 천천히 굽는다. 한쪽을 충분히 익힌 뒤에 뒤집어야 하며 뒤집을 땐 부서지지 않도록 뒤집개를 두 개 써야 한다. 젓가락으로 찔러보고 속재료가 충분히 익었으면 소스와 마요네즈를 뿌린 후 가다랭이포를 뿌려준다.

삼치 회

삼치는 금방 죽고 쉽게 상하기 때문에 회는 산지에나 가야 맛볼 수 있다. 이제 막 어판장에 팔려나왔거나
현지 어부들이 잡아온 삼치가 있으면 그 자리에서 구입해 회를 떠먹는 것이 가장 맛있게 먹는 방법이다.
산지에 있는 어부나 중매인이 당일 낚은 삼치를 회를 떠서 버스편으로 직송하는 방법으로 판매하기도 한다.
삼치 회는 초고추장보다 고추냉이 간장이나 양념간장에 찍어 먹는 게 더 잘 어울린다.

01

먼저 내장을 제거한 후

02

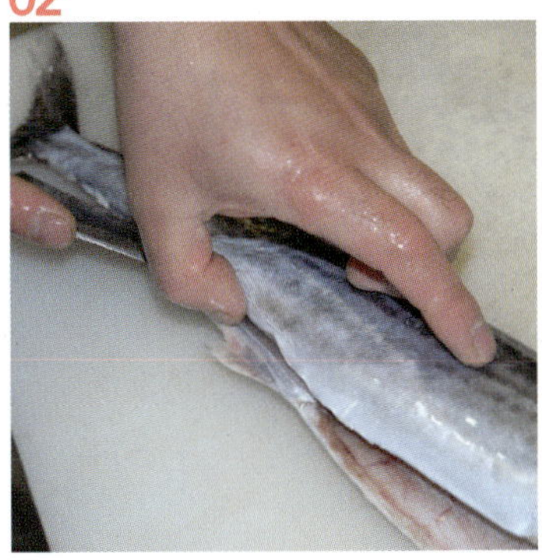

배부터 꼬리까지 가른다.

Nutrition

삼치, 고등어, 꽁치 같은 등푸른 생선에는 단백질을 비롯한 각종 영양소가 풍부하다. 혈압을 내리는 칼륨을 많이 함유하고 있어 고혈압 예방에 좋고, DHA와 비타민 등이 풍부해 두뇌발달을 도와 노인들의 치매 예방, 아이들의 학습 증진, 그리고 감기예방과 야맹증 개선에도 도움이 된다.

03

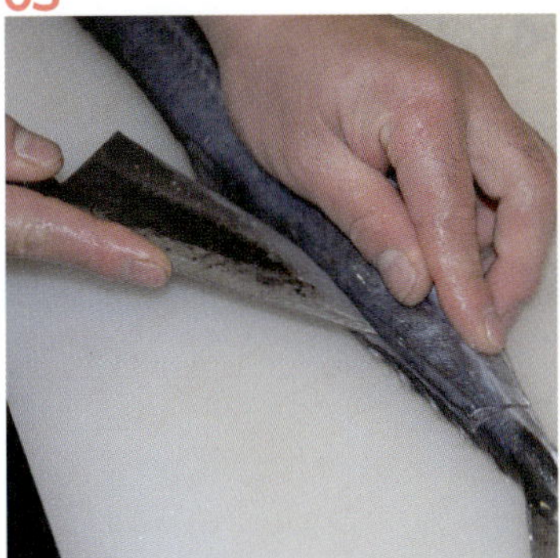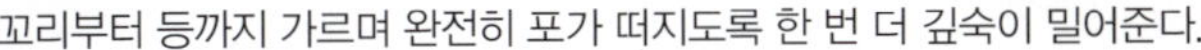

꼬리부터 등까지 가르며 완전히 포가 떠지도록 한 번 더 깊숙이 밀어준다.

04

뱃살 주변에 붙은 잔뼈를 제거한다.

05

가운데 촘촘히 박혀 있는 가시를 가시뽑기로 뺀다. 큰 삼치라면 세로로 갈라 가운데는 버린다.

06

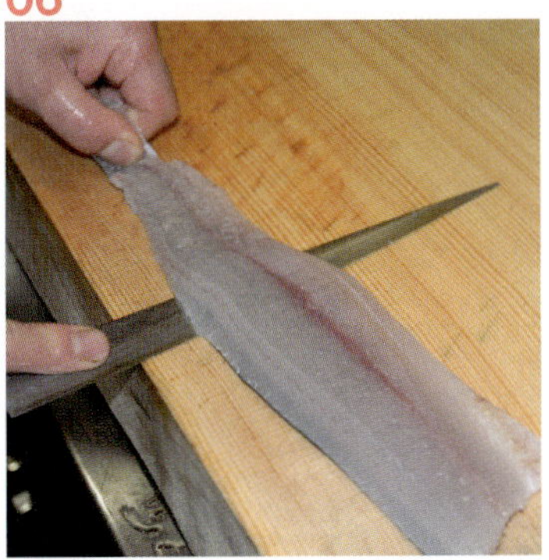

꼬리에 칼을 대고 밀어주면 껍질이 벗겨진다.

07

먹기 좋게 썬다.

풀망둑

망둥어

망둥어는 너무 흔하고 잡기 쉬워 귀하게 대접받지 못하고 있지만 회로 먹거나 말려서 구이, 찜 등으로
요리하면 아주 맛있는 생선이다. 망둥어는 남해안에서 낚이는 문절망둑과 서해안에서
낚이는 풀망둑이 있는데 크기는 풀망둑이 크지만 맛은 문절망둑이 낫다.

풀망둑은 단년생으로 봄에 태어나 겨울이면 30cm 안팎으로 훌쩍 자라는데 가을에 가장 맛이 좋고
1월이 넘어가면 알을 품기 시작해 맛이 떨어진다. 그에 반해 문절망둑은 2년생으로 1년 만에 11~12cm까지
성장하며 2년이면 18~20cm 정도로 자라고 최대 3~4년까지도 산다.

경남 사람들은 문절망둑을 고소하다고 해서 '꼬시래기'라고 부른다.

문절망둑 회는 초고추장보다 된장과 잘 어울리고, 묵은김치에 싸서 먹어도 맛있다.

풀망둑은 꾸덕꾸덕하게 말린 다음 쪄 먹거나 조림으로 먹는다.

가을볕에 사흘 정도 말리면 꼬들꼬들한 상태가 되는데, 따로 소금간을 하지 않아도
망둥어 자체에 짭짤한 바다의 염기가 배어 있다.

잘 말린 망둥어를 연탄불에 구워 술안주 삼는 것이 예로부터 서해안 어촌마을의 겨울 풍경이었다.

문절망둑

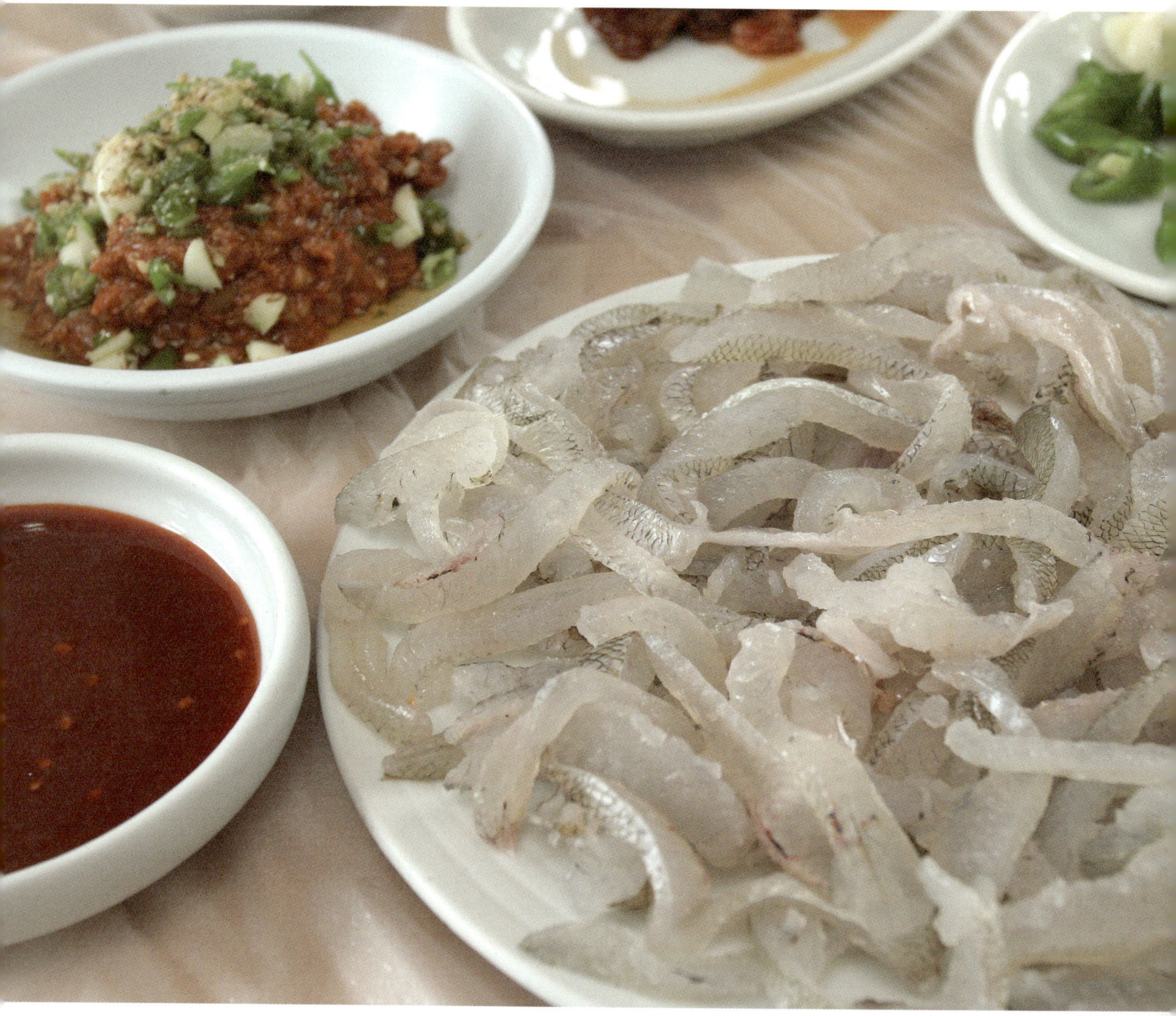

큰 망둥어 손질법

01

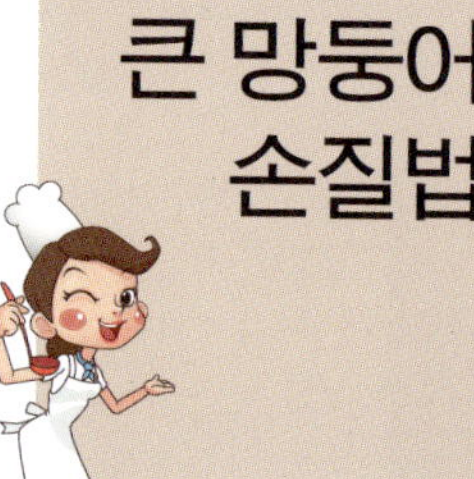

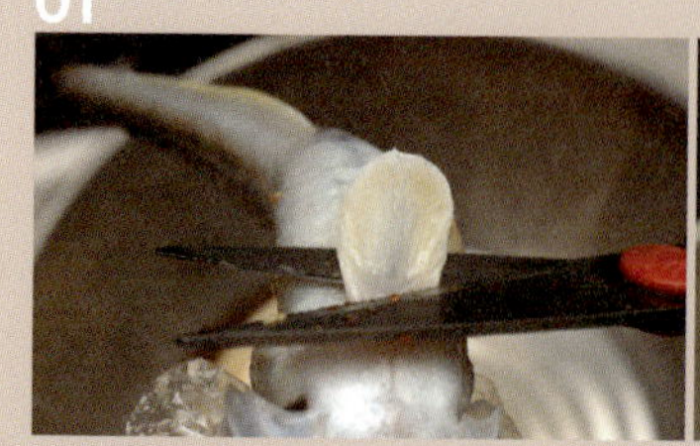

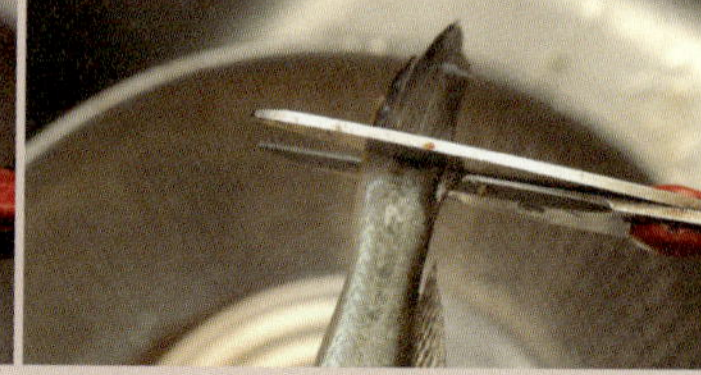

가위로 양쪽 가슴지느러미, 배지느러미, 꼬리지느러미를 잘라낸다.

망둥어 뼈회

망둥어 뼈회는 문절망둑이라야 맛있다. 머리를 잘라낸 후 꼬리부터 서서히 포를 뜨고
껍질을 벗겨 썰어낸다. 한 뼘 미만의 작은 망둥어는 내장을 제거한 후 뼈째 썰어
뼈회로 먹는다. 망둥어는 뼈가 연하고 고소해 뼈회가 훨씬 맛있다.

01

망둥어의 비늘을 벗겨 낸다. 사진처럼 그물망에 넣은
채 빨래하듯 문질러도 잘 벗겨진다.

02

머리를 자르고 등으로 칼을 밀어 넣어 등쪼개기 한
후 내장과 단단한 등뼈 부위를 발라낸다.

03

흐르는 물에 씻은 다음 키친타월로 깨끗이 닦아
물기를 없앤다.

04

먹기 좋은 굵기로 어슷하게 쓸면 망둥어 뼈회 완성.

02

이빨이 있는 주둥이도 잘라내야 나중에
먹기 좋다.

03

입 안으로 가위를 밀어 넣으며 등 부위로
잘라 나간다.

04

등이 쪼개지면 내
장을 제거한다. 가
위를 꼬리까지 밀
어 말리기 좋게 완
전히 쪼갠다.

망둥어 양념조림

망둥어를 찜과 조림으로 먹으려면 생망둥어보다 말린 망둥어를 쓰는 게 좋다. 말린 망둥어는 생망둥어보다 육질이 쫀득해져 맛도 좋아진다. 조리는 도중에 소주나 청주를 넣어서 망둥어 특유의 흙내를 잡아준다.

Recipe

준비물 말린 망둥어, 양념장, 냄비, 가위 등

01

바짝 말린 망둥어를 물에 넣어 충분히 불린다. 쌀뜨물이나 밀가루를 푼 물에 담가 두면 훨씬 빨리 망둥어가 불어 오른다.

02

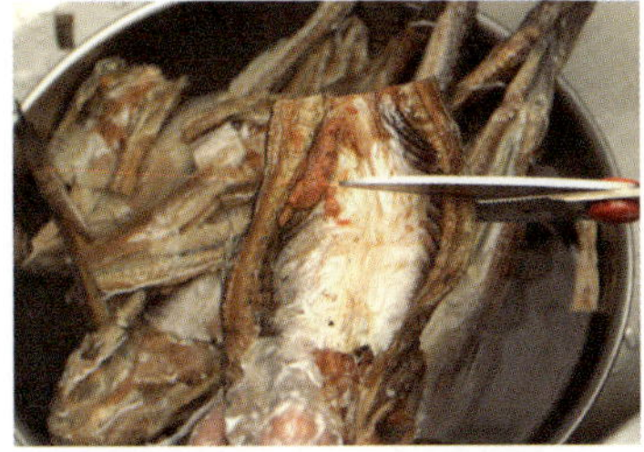

먹기 좋은 크기로 자른다. 이때 이빨이 있는 주둥이와 꼬리, 등지느러미, 가슴지느러미 등도 잘라낸다.

03

양념장을 잘라낸 망둥어에 붓고 양념이 잘 스미도록 섞어준다.

04

양념장을 고루 바른 망둥어를 차곡차곡 냄비나 솥에 담는다. 이때 딱딱한 머리 부위를 맨 아래에 깔아주면 눌러 붙는 것을 막을 수 있다.

05

양념장을 담았던 그릇에 물을 담아 수저로 씻어낸 후 그 물을 냄비나 솥의 벽면에 고루 붓는다. 이 물이 끓는 증기로 망둥어가 조려진다. 그리고 약한 불로 15분가량 조리면 완성.

양념 만들기

설탕, 조선간장(또는 소금), 다진 마늘, 파 등을 넣고 고루 섞는다. 명태조림 때의 양념장과 동일하다.

Buying

망둥어는 통발이나 그물을 놓아 잡는다. 서해안 항구의 활어촌을 찾으면 저렴하게 구입할 수 있다. 여름에는 크기가 작아 거래가 없으며 가을에는 1kg(25cm급 4~5마리)에 1만~1만5천원에 구입할 수 있다. 말린 망둥어는 한 줄(20~30마리)에 1만원선이다. 일반 횟집에서는 망둥어를 취급하지 않지만 경남에는 망둥어(문절망둑)만 전문으로 파는 식당이 있다. 잡히는 양에 따라 시세가 달라지는데 보통 한 접시에 3만~4만원이다. 서해안에선 망둥어(풀망둑)가 많이 잡히는 인천, 강화도, 대부도의 활어회센터에서 망둥어회를 썰어주는데, 한 접시에 2만~3만원이다.

Nutrition

망둥어는 지방이 적어 다이어트에 좋고, 단백질, 칼슘, 철분, 인 등이 풍부하여 회복기 환자의 골격 형성이나 피부 재생에도 효과가 있다.

호래기

표준명이 반원니꼴뚜기인 호래기는 오징어목(目) 꼴뚜기과(科)에 속한다.

꼴뚜기과에는 반원니꼴뚜기, 참꼴뚜기, 꼬마꼴뚜기 등 외형이 비슷한 몇 가지 종류의 꼴뚜기들이 있다.

이 종들은 다 자라도 10~15cm밖에 되지 않는 소형종이다. 그중 반원니꼴뚜기는 무늬오징어와

동격(또는 그 이상)으로 인정받을 만큼 값비싼 꼴뚜기다. 오독오독 쫄깃한 육질, 씹으면 씹을수록 고소하고

끝맛이 달착지근하다. 오징어 특유의 냄새가 나지 않고 맛이 깔끔하기 때문에 아이들과 여성들도 좋아한다.

경남에서는 호래기 회가 8~10마리에 3만~4만원 정도는 지불해야 맛볼 수 있는 고급 요리다.

호래기는 살짝 데쳐 먹어도 꿀맛이고 깍두기나 김장김치에 넣으면 감칠맛이 더한다. 호래기가 잘 잡히는

시기는 10월부터 이듬해 4월까지다. 여름엔 갓 태어난 치어들만 잡히고 10월이 지나면

딱 먹기 좋은 사이즈로 크고 11~12월에 최고의 맛을 보인다. 1월이 지나면 더 커지지만 맛은 떨어진다.

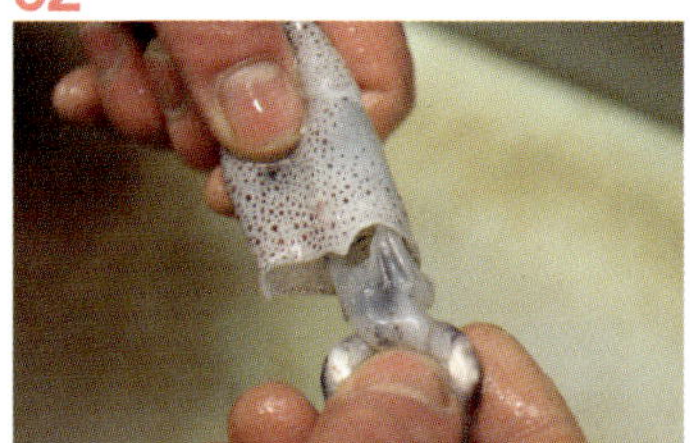
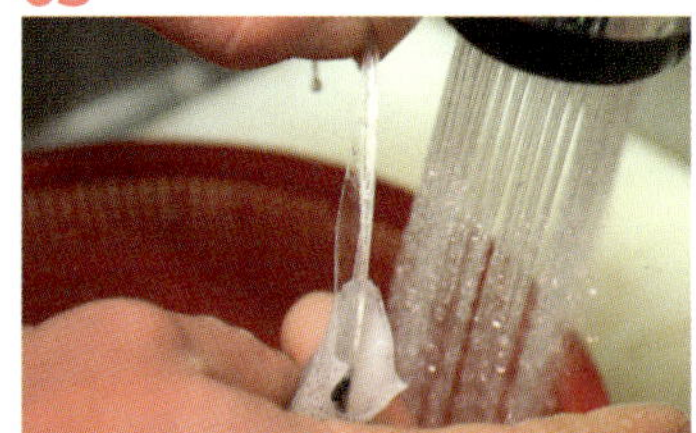

호래기 회

흐르는 물에 호래기를 씻은 후 몸통에서 다리를 분리하고 등뼈만 빼내면 된다. 민물에 너무 많이 씻지 않는 게 좋다. 껍질을 벗기면 부드러운 속살만 맛볼 수 있지만, 껍질의 식감을 좋아하는 사람들도 많다.

01

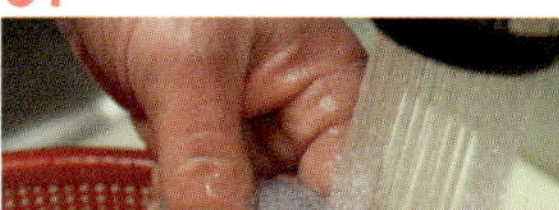

호래기를 흐르는 물에 씻는다.

02

다리를 살짝 당기면 내장도 빠진다.

03

투명한 등뼈를 제거한다.

04

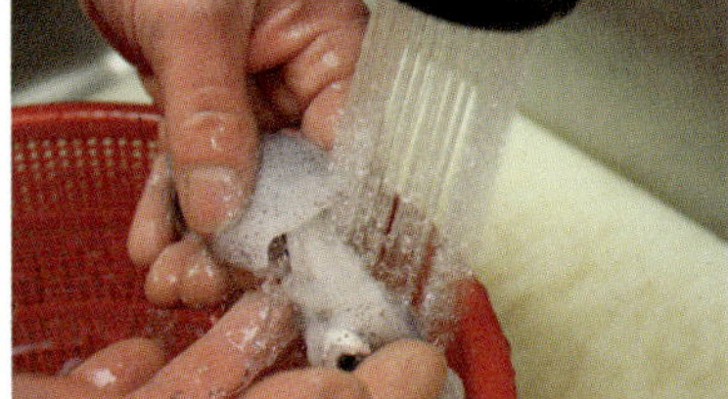

다리에 붙은 눈을 제거한다.

05

다리는 따로 씻는다. 몸통을 잘라
접시에 담으면 완성.

호래기 회무침

호래기 회무침에서 맛을 좌우하는 3가지는 첫째 배의 단맛, 둘째 식초의 새콤한 맛, 셋째 야채의 아삭한 맛이다.
야채는 아삭한 맛이 잘 살도록 너무 잘게 썰지 않는다. 호래기는 껍질에서도 좋은 맛이 나기 때문에
껍질째 회무침에 넣는다. 손질할 때 물로 너무 많이 씻으면 특유의 향이 없어지므로 너무 많이 씻지 않도록 한다.
양념엔 초고추장 외에 식초와 올리고당을 추가로 넣어 상큼하고 단맛을 더해주면 좋다.

01

호래기 회 장만 후 몸통은 3토막으로 나누고, 다리는 세로로 2등분한다.

02

회무침에 빠져서는 안 될 재료가 무와 양파다. 세로로 잘게 썬다.

03
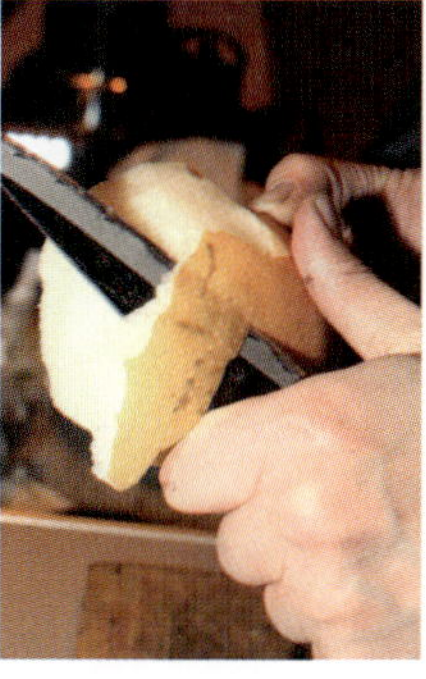
단맛을 내기 위해 배를 넣는다. 식초의 상큼한 맛과 조화를 이루므로 꼭 넣기를 권한다.

04

깨끗이 씻은 미나리를 넣는다. 상추나 깻잎을 곁들여도 좋다.

05

준비된 재료를 그릇에 담고 초고추장과 기호에 따라 올리고당, 식초를 추가한다.

호래기 순대

호래기 순대는 작아서 한 입에 먹기 좋고 오징어 순대보다 맛도 월등하다. 만드는 법도 간단한데
손질한 호래기 몸통에 두부, 버섯으로 만든 속재료를 채워 넣고 찌면 끝이다. 속재료에 호래기 다리를 다져 넣어도 좋다.

 **Recipe** **준비물** 손질된 호래기, 버섯, 당근, 양파, 두부, 파, 약간의 소금, 찜통, 이쑤시개 등

01

당근, 양파, 버섯을 잘게 썰어 볶는다. 그리고
볶은 재료에 파를 함께 버무린다. 호래기 다리
를 함께 썰어 넣어도 좋다.

02

두부는 헝겊에 싸서
물기를 짠다.

03

볶은 재료와 두부를 버무리고 소금으로 간한다.

04

작은 숟갈로 호래기 속에 재료를 채운다. 속은
2/3만 채운다.

05

이쑤시개로 고정한다.

05

미리 김을 올린 찜통에 3~4분 찐다.

호래기는 정치망이나 소형 저인망에 포획되지만 낚시에도 잘 잡힌다. 호래기는 그 맛을 잘 아는 경남지방에서 대부분 소비된다. 위판을 하지 않고 배에서 바로 횟집 주인이나 상인들에게 팔리는데 그래서 어획량에 따라 가격도 천차만별이다. 활어는 1kg(약 40~50마리)에 4만~5만원으로 거래가부터 비싸다. 횟집에서는 마리당 가격을 책정하는데, 10cm 내외의 크기일 경우 8~10마리에 3만원선이다. 중간도매상에게 직접 구매하면 다소 저렴한 가격에 살 수 있는데 통영, 거제, 사천 수협의 중매인조합 사무실에 문의하면 소개를 해준다. 죽은 호래기는 싸게 살 수 있는데 체색이 투명하고 손으로 만져 보았을 때 탄력 있는 것이 싱싱한 것이다.

호래기 카레꼬치튀김

호래기를 이용한 아이들의 영양간식으로 더없이 좋은 요리다.

Recipe 준비물 호래기 10마리, 튀김가루, 감자전분, 기름

01

튀김가루 80, 감자전분 20을 넣고 카레가루를 한 숟갈 넣어 튀김반죽을 만든다.

02

튀김반죽은 물을 조금씩 나누어 부으며 젓가락으로 들어 올렸을 때 점성을 유지할 정도로 반죽한다.

03

손질한 호래기를 꼬치에 끼운다.

04

반죽을 입힌 상태로 5분 정도 둔다.

05

기름에 넣고 튀긴다. 호래기는 기름에 금방 익기 때문에 반죽이 익으면 바로 꺼내면 된다.

Fishing

호래기는 야행성이라 밤에만 낚인다. 11~1월에 가장 잘 낚이고 겨울을 지나 봄으로 갈수록 커진다. 부산 기장, 통영, 진해, 거제, 남해도가 호래기 낚시터이며, 최근에는 울산과 여수에서도 호래기낚시를 하고 있다. 여름철에는 진해만 안에서 낚이다 10월이 되면 거제와 통영 사이의 한산도에 출현하고, 11~12월에는 통영 산양읍 미륵도와 거제도, 남해안에 이르기까지 해안 방파제 전역에서 호래기가 낚이며 피크를 이룬다. 호래기는 민물새우를 이용한 생미끼낚시와 '스테'라고 부르는 작은 에기를 이용한 루어낚시로 낚는다. 낚싯대는 민장대와 릴찌낚싯대를 모두 사용한다. 5.4~7.2m 길이의 민장대는 먼 곳을 노릴 수 없는 게 단점이지만, 발 앞에 호래기가 모여 있고 예민한 입질을 하는 경우에 위력을 발휘한다. 릴낚싯대보다 다루기 손쉬워 아이들이나 여성들이 쓰기 좋다. 민물새우를 호래기바늘에 꿰고, 낚싯줄에는 야광 케미컬라이트를 4~5개 달아 케미컬라이트가 가라앉는 움직임을 보고 호래기의 입질을 파악한다. 호래기가 멀리서 물 땐 릴찌낚시나 루어낚시로 먼 거리를 노려야 한다. 7ft 내외의 연질 볼락대와 합사 0.3~0.5호가 감긴 2000번 스피닝릴이 알맞다. 여기에 2호 내외의 소형 에기나 옵빠이스테를 달아서 쓴다. 호래기의 활성이 좋을 때는 루어가 빠르고, 활성이 나쁠 때는 민물새우 미끼가 낫다.

호래기 누룽지탕

조리 과정이 복잡하게 보이지만 10분이면 끝난다. 다만 튀긴 두부와 누룽지는 미리 만들어 놓아야 한다.
두부는 전분을 입혀 튀기고 누룽지는 먹다 남은 밥이 있으면 김에 버무려 튀기면 된다. 한 번에 여러 개 만들어
놓으면 다른 재료를 가지고도 구수한 누룽지탕을 두고두고 만들어 먹을 수 있다. 호래기 누룽지탕은 술안주로
도 좋고 술 마신 다음날 해장에도 좋다. 누룽지가 들어 있어 든든한 한 끼 식사도 된다. 여기에 전복이나 소라,
조개 등을 곁들이면 최고급 중국식 해물누룽지탕이 된다.

준비물

손질된 호래기, 목이버섯, 새송이, 파, 고추, 두부, 누룽지, 다진 마늘

호래기는 열량이 낮아 다이어트에 효과적이며 지방질과 당질이 적은 반면 단백질이 풍부하고 아미노산의 일종인 타우린이 풍부하게 들어있어 동맥경화증을 비롯한 성인병에 효과가 있다.

01

두부와 누룽지. 두부는 전분을 입혀 튀긴다. 누룽지는 먹다 남은 밥에 김을 버무리고 튀기면 된다.

02

냄비에 참기름을 두르고 다진 마늘을 1분 정도 볶는다.

03

손질된 호래기를 넣고 2~3분 볶은 다음, 멸치나 다시마로 우려낸 육수를 붓는다.

04

목이버섯과 잘게 썬 새송이, 파, 고추를 넣고 2~3분 끓인다.

05

물에 갠 전분을 넣는다. 많이 넣으면 뻑뻑해지므로 주의.

05

계란을 한 개 풀어 넣고 소금, 후추, 조미료를 약간씩 넣는다. 튀긴 두부와 누룽지가 들어 있는 뚝배기에 끼얹으면 완성.

집에서
반건조 생선(피데기)
만들기

물고기에 맛을 불어넣는 특별한 과정은 건조다. 모든 생선은 알맞게 말리면
맛과 영양가가 더 살아난다. 그리고 쉽게 부패하지 않아 오래 보관할 수 있다.
특히 임연수어, 망둥어, 대구 등 살이 무르고 물기가 많은 생선은
꼭 건조를 시킨 다음 요리해야 찰진 맛을 즐길 수 있다.
그러나 해풍이 부는 바닷가라면 모를까 햇빛과 바람이 들지 않는
아파트에서 과연 생선을 말릴 수 있을까 엄두가 나지 않을 것이다.
그래서 각 가정에서 쉽게 할 수 있는 생선 반(半)건조 요령을 소개한다.

선풍기 바람으로 4시간 정도 말린다

보통 반건조 오징어를 '피데기'라 부르는데 낚시인들은 반건조 생선까지 피데기라 부른다. 바
싹 말린 생선보다 반쯤 말린 생선이라야 다양한 요리를 할 수 있다. 건조 시 햇빛은 없어도 된
다. 오히려 햇볕에 바로 고기를 말리면 직사광선이 고기를 상하게 만든다. 그늘에서 표면의 물
기만 살짝 말려주면 되는데, 다만 바람이 꼭 필요하므로 선풍기를 틀어준다. 나는 아파트 베
란다에서 직접 제작한 건조대에 고기를 올려놓고 선풍기를 강하게 돌려주는데 4시간이면 꾸
덕꾸덕하게 건조된다.
생선 건조대는 각목으로 사각 틀을 짜고 방충망을 씌워서 누구나 쉽게 만들 수 있다. 말릴 고
기가 소량이라면 소쿠리나 대나무 발을 이용해도 된다.

반건조 후 급랭하면 맛 그대로 보존

건조대에서 말린 고기들은 비닐랩에 싸거나 진공포장으로 해서 김치냉장고나 전용 냉동고에
보관한다. 처음엔 가정용 냉장고의 최저온도인 영하 25~27도에서 급랭시킨 뒤 영하 20도를
유지해 보관하는데 급랭하지 않고 천천히 얼리면 수분아 날아가서 나중엔 물기 없는 화석처
럼 변해버린다.
반건조 냉동의 장점은 해동해도 물이 적게 나와 요리가 편하고 맛이 좋다는 것이다. 만약 말
리지 않고 바로 얼리면 생선이 '돌덩이'가 되고 만다. 게다가 여러 마리를 포개 놓으면 얼어서
잘 떨어지지도 않을뿐더러 해동 과정에서 많은 양의 물이 생기고 고기의 지방과 체액도 함께
빠져나가 맛도 떨어지고 살도 흐물흐물해진다. 반건조 후에 얼리면 생선의 표면만 얇게 얼고
그 표면층이 고기의 탈수를 막아준다. 또 표면에 붙어있는 얼음이 적기 때문에 별도의 해동
과정을 거치지 않고 그냥 구워도 잘 녹고 잘 익는다.

김용학
경기 파주시 거주.
1년에 50회 이상 바다를 찾는
낚시마니아이자 생선 미식가

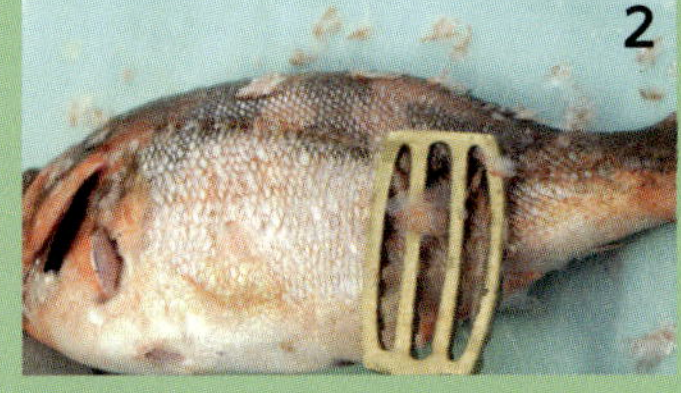

가위로 지느러미를 잘라낸다.

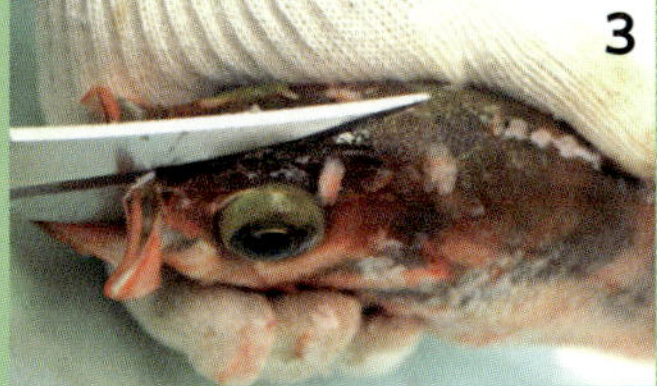

비늘긁개로 비늘을 깔끔히 긁어낸다.

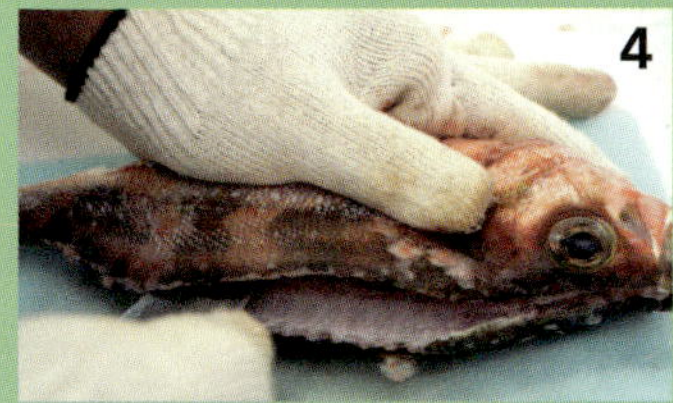

가위를 입속에 넣어 칼로 쪼개기 힘든 머리를 자른다.

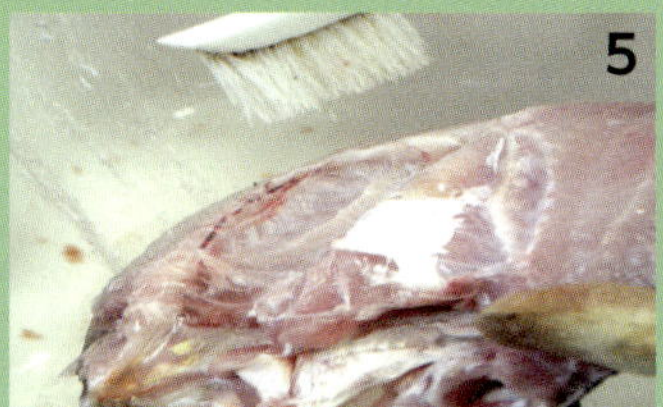

칼을 이용해 등따기를 한다.

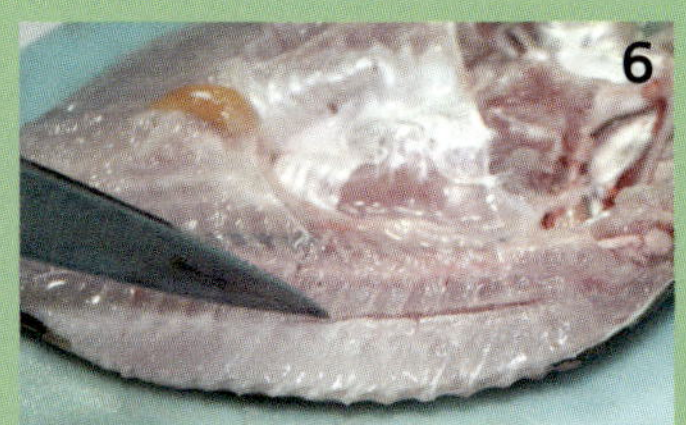

솔을 이용해 내장 찌꺼기와 막 등을 깔끔히 제거한다.

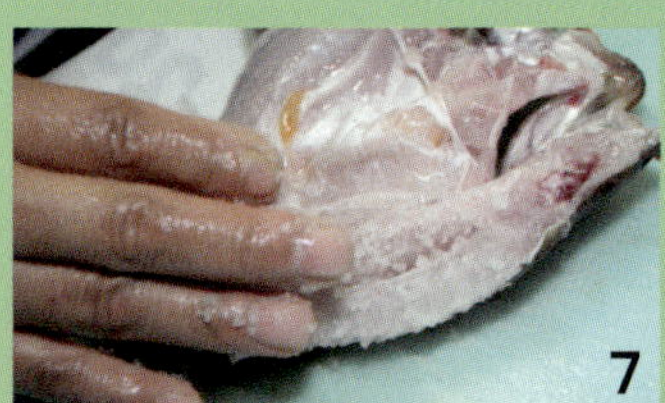

간이 고루 밸 수 있도록 두터운 등살에 칼집을 낸다.

손으로 고루 소금을 묻혀 염장한다.

김치냉장고에서 24시간 정도 숙성 후, 수돗물로 염분을 제거한다.

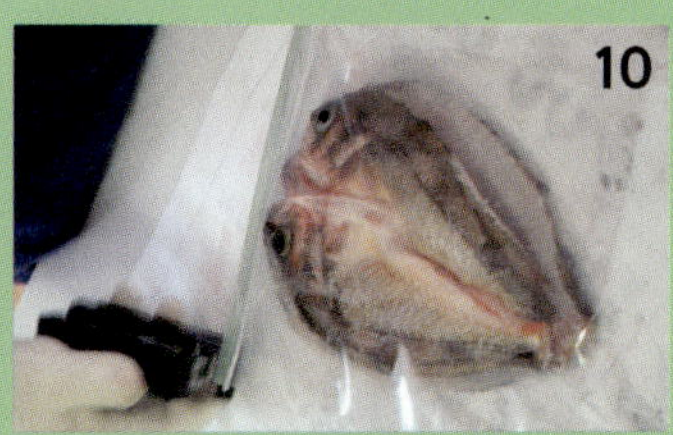

자작한 건조대에 생선을 올리고 선풍기 바람을 이용해 4시간 정도 건조시킨다.

두 마리씩 랩으로 포장해 냉장고에 급랭 시킨다. 지퍼백을 쓰면 편하다.

녹일 필요 없이 곧바로 그릴에 넣어 굽는다.

노릇노릇 잘 구운 열기.

냉장고 생선 보관법

진공포장한 생선.

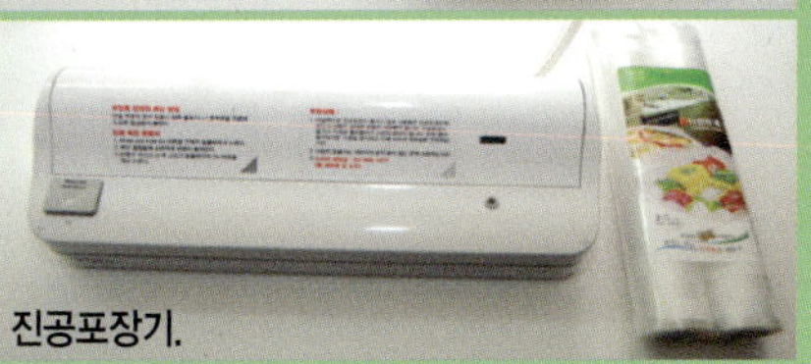

진공포장기.

횟감 보관 _해동지에 말아서 냉장실에

집에 가져온 물고기를 회로 먹고 싶다면 도착한 당일 바로 떠서 먹는 게 가장 맛있다. 먹고 남은 물고기를 다시 회를 떠서 먹을 생각이라면 포를 뜬 뒤 횟집에서 생선을 깔 때 사용하는 종이인 '해동지'에 둘둘 말아서 냉장고에 넣어두면 선도를 더 오래 유지할 수 있다. 해동지는 1,000장에 3만~4만원이면 구입할 수 있다. 회로 먹을 고기는 절대 물을 묻히지 말아야 한다.

매운탕감 보관 _지퍼백에 넣어서 급냉

물기가 남아 있는 고기를 냉동실에 넣을 때 밀폐 효과가 있는 지퍼백에 담아서 얼리면 수분 증발을 어느 정도 막아준다.

구이감 보관 _반건조한 뒤 진공포장 냉동

진공포장을 하면 신선도를 가장 오랫동안 유지할 수 있다. 반건조 후 진공포장하면 1년 정도는 두고두고 먹을 수 있다. 그냥 지퍼백에 넣은 냉동 고기는 3개월이 지나면 맛이 떨어진다. 진공포장기는 시중에서 7만~8만원이면 구입할 수 있다. 진공포장할 때 주의점! 물고기의 등지느러미 같은 가시가 진공포장 중 비닐을 뚫고 나올 수 있으므로 책 포장용 비닐과 같은 두꺼운 비닐로 물고기를 둘둘 감싼 뒤 진공포장을 한다.

김치냉장고 활용

김치냉장고는 일반 냉장고보다 훨씬 저온이므로 횟감을 3~4일 장기보관하기에 좋다. 그러나 김치냉장고에 고기를 바로 넣으면 살까지 얼어버릴 수 있으므로 '락앤락' 같은 밀폐용기 안에 얼음을 깔고 그 위에 고기를 올려놓고 다시 얼음을 덮은 뒤 뚜껑을 닫아 보관하면 고기는 얼지 않으면서 더 신선한 선도를 유지할 수 있다.

part 4

바다의 겨울은 육지의 여름과 같다. 육지의 초목이
여름에 무성하다면 바다의 해조류와 각종 플랑크톤은
겨울에 번성한다. 그 이유는 한류가 확장되는 겨울에
용존산소가 가장 많아지고 산소를 먹고 사는
영양염류가 증식하기 때문이다. 그 결과 겨울바다에는
영양염-플랑크톤-초식어-육식어로 이어지는
완벽한 먹이사슬이 형성된다.

겨울고기

12월 감성돔/벵에돔/볼락/붕장어

1월 대구/학공치

2월 숭어/열기/삼세기

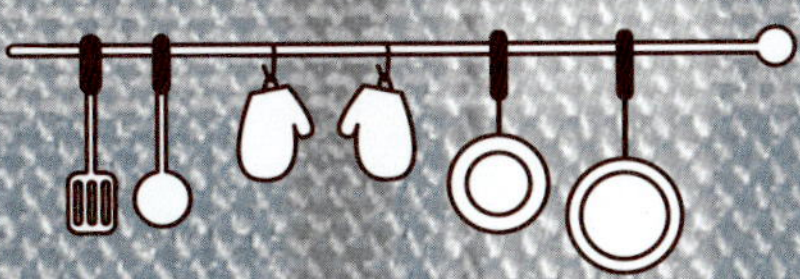

감성돔

'바다의 백작' '은린의 美魚' 낚시인들이 감성돔을 부르는 애칭이다.
이런 수식어에서 알 수 있듯이 감성돔은 우리나라 바다낚시인들이 가장
선호하는 어종이다. 돔 중에서 회맛은 돌돔보다 아래, 참돔보다 위로
평가되며 탕과 구이 맛도 중간쯤으로 평가되니 맛에서 최고 평점을 받는
생선은 아니지만 외모가 아름답고 파이팅이 대단하여 낚시대상어로
인기가 높다. 지역에 따라 감생이(전남), 감시(경남), 가문돔(제주)이라
불리며 새끼는 남정바리(강원도), 비드락(전남), 비디미(서해) 등으로 낮춰
부른다. 감성돔은 계절에 따른 맛의 차이가 크다. '오뉴월의 감성돔은
개도 안 물어간다'는 말이 있듯 산란 직후의 여름 감성돔은 맛이 없고
가을부터 맛이 들기 시작해 겨울(11~3월)에 최고의 맛을 보인다.
겨울 감성돔은 기름이 차서 회를 뜨면 무지갯빛이 감돈다.
감성돔은 요리법이 다양하고, 구이, 찜, 튀김, 조림, 탕 등 어떤 요리를 해도
맛있다. 회를 뜨고 남은 머리와 뼈로는 맑은탕(지리)을 끓이면
감성돔의 깊은 맛을 느낄 수 있다.

감성돔 회

감성돔은 어떤 요리보다 회로 먹는 게 가장 맛있다. 피를 깨끗이 빼고
손이 많이 닿지 않게 단번에 떠서 육질을 잘 보존하는 것이 중요하다.

01 아가미를 칼로 찔러 피를 충분히 뺀 다음 비늘을 벗긴다.

02 머리를 차르고 내장을 제거한 뒤 머리 쪽 등에 칼을 넣어 꼬리 쪽으로 잘라간다.

03 등뼈 선까지 칼로 긁어서 포의 등 쪽 부분만 일단 자른 다음

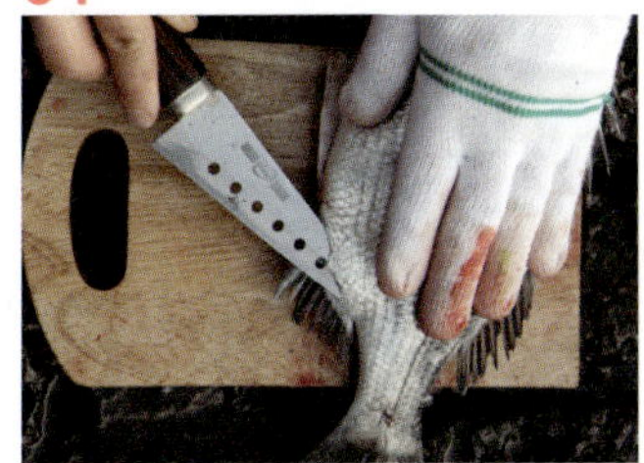

04 이번엔 감성돔 배 쪽을 자른다. 배에서 도 똑같이 머리 쪽부터 등뼈까지 칼을 넣어 꼬리 쪽으로 내려가며 자른다.

05 등뼈를 살에서 분리할 단계다. 한 손으로 포를 살짝 들면서 칼을 꼬리에서부터 머리 쪽으로 쓱쓱 당기면 쉽게 분리되는데 칼날이 갈비뼈에 닿았을 때 살짝 힘을 주어 당기면 갈비뼈도 쉽게 잘라진다.

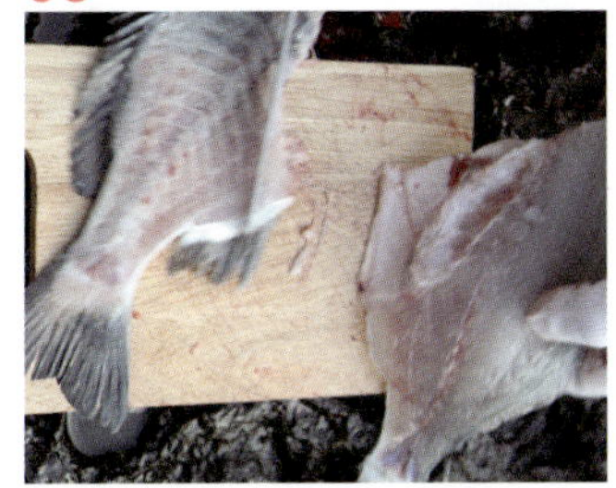

06 한쪽 포를 분리한 상태. 반대쪽도 같은 요령으로 잘라낸다.

07 가슴뼈를 도려낸다.

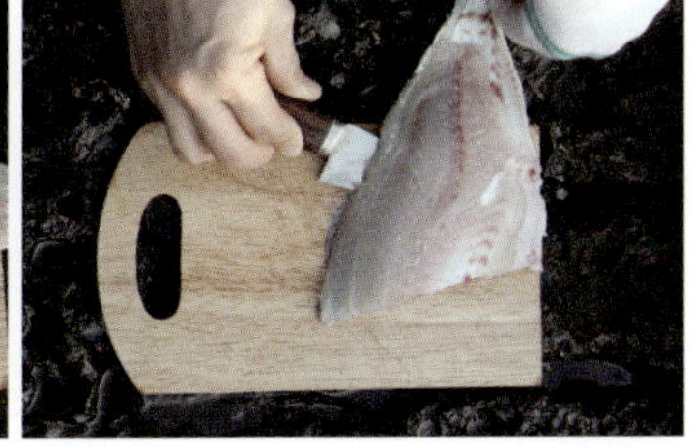

08 껍질을 벗긴다. 그 다음엔 포를 반 잘라서 가운데 뼈를 버리고 먹기 좋게 썰면 된다.

Buying

감성돔은 5~6월에는 인기가 없어 1~2.5kg(40~50cm급) 감성돔 한 마리가 2만~4만원에 거래될 정도로 싸다. 그러나 가을이 지나면 귀한 대접을 받아 자연산은 1kg에 6만~8만원, 양식은 4만~6만원에 거래된다. 횟집에서 감성돔 회를 맛보려면 2인 기준 15만원~20만원(탕 포함)은 지불해야 맛볼 수 있다. 자연산은 귀해서 맛보기 힘들다. 자연산은 비늘이 은빛이지만 양식산은 약간 거무튀튀하다. 그러나 자연산이라도 거무튀튀한 놈이 많아서 체색으로는 양식과 자연산을 구별하기가 쉽지 않다. 단지 양식의 경우 30cm급만 되면 출하하므로(비싼 사료 값 때문에 더 키우지 않는다) 40cm 이상의 씨알이 수족관에 있다면 자연산일 확률이 높다. 회를 떠놓았을 때 양식산은 자연산보다 색이 연하며 살 속에 까만 실핏줄 같은 게 보인다. 감성돔 선어를 고를 때는 눈이 맑고, 몸이나 지느러미에 상처가 없는 것, 체색이 선명한 것이 좋다.

감성돔 매운탕

매운탕은 회 뜨고 남은 머리와 뼈로 끓이는데, 큰 감성돔을 재료로 써야 진국이 우러난다.
작은 감성돔은 한 마리를 통째로 넣고 매운탕을 끓여도 맛있다.

준비물

무 3분의 1, 양파 2분의 1, 청양고추 5개, 대파 2뿌리, 마늘, 쑥갓, 고춧가루,
다시다 2큰술, 고추장 2분의 1큰술, 설탕 2분의 1작은술, 후춧가루, 소금.

01

요리하기 전 다시마, 무, 양파 등을 넣고
육수를 끓여 놓는다. 다시마는 오래 끓이
면 쓴맛이 나므로 처음부터 넣었다가 육
수가 끓기 시작하면 빼는 것이 좋다.

02

육수가 끓기 시작하면 손질한 감성돔과
무를 넣고 20분 정도 센 불에 끓인다. 그
후 약한 불에서 15분 정도 더 끓인다.

육수 만들기

무 3분의 1, 양파 2분의 1,
다시마 반 장, 다시다 2큰술,
육수용 멸치(15~20마리)를
넣고 물과 함께 끓인다.

03

고춧가루, 다시다, 고추장, 소금을 차례로 넣고 중불에서 계속 끓인다. 20분 정도 더 끓이다가 잡내를 없애기 위한 마늘,
설탕, 후춧가루를 넣고 간을 본 후 소금으로 간을 맞춘다.

04

간이 맞으면 양파, 청양고추, 대파를 넣고 5분 정도 더 끓인 후 먹기 직전에 쑥갓을
얹으면 완성.

Nutrition

감성돔에는 불포화지방산인 DHA
와 EPA, 오메가3 등이 풍부하다.
DHA는 뇌의 활성에도 좋고 항산
화작용을 하기 때문에 피부 노화,
치매 예방에 효과가 있다. 오메가3
는 시력을 보호하고 신진대사와
혈액순환과 면역력 강화에 좋다.

감성돔 맑은탕

매운탕을 즐겨 먹었다면 맑은탕이 처음엔 입맛에 안 맞을지도 모르지만
감성돔 뼈가 우려내는 시원한 맛은 맑은탕이 한 수 위다.

준비물 감성돔 1마리, 무 1/4쪽, 양파 1/4쪽, 통마늘 5개,
두부 1/4쪽, 바지락 한 접시, 청양고추 1개, 파 1/2쪽, 소주 1잔,
소금 적당량, 식초 적당량.

Fishing

감성돔은 조류 소통이 좋은 7~13m 수심대의 암초지대에서 가장 많이 낚이는데 벵에돔이나 참돔처럼 갯바위 찌낚시로 낚는다. 미끼는 크릴을 사용하며 크릴과 집어제를 섞어 만든 밑밥을 뿌려 감성돔을 유인한다.

낚시시즌 초반이라 할 수 있는 가을철에는 섬이 많은 남해안의 경우 항구에서 뱃길로 10~30분 소요되는 근거리 섬에서 많이 낚이고, 겨울철에는 낚싯배로 1시간 이상 나가는 중장거리 섬이나 원도권(거문도, 추자도, 태도, 만재도, 가거도, 홍도)까지 나가야 낚을 수 있다.

그리고 남해 내만 가두리 양식장에서는 배낚시도 많이 한다. 고성만, 진해만, 보성만, 도암만, 무안 홀통 등이 대표적인 감성돔 배낚시터들이다.

01

무와 양파를 얇게 썰어 넣고 강한 불에 끓인다. 물이 끓으면 토막 낸 고기를 넣는다.

02

이때 마늘과 소주 1잔을 붓고 다시 끓인다.

03

10~15분 후 고기가 익으면 두부와 고추, 조미료와 다시다, 소금을 적당량 넣고 약한 불로 5분 정도 더 끓인다.

04

어느 정도 시간이 지나면 파와 바지락을 넣는다. 바지락이 입을 벌리기 시작하면 쑥갓 등을 넣고 기호에 따라 식초를 조금 넣으면 감성돔 맑은탕 완성.

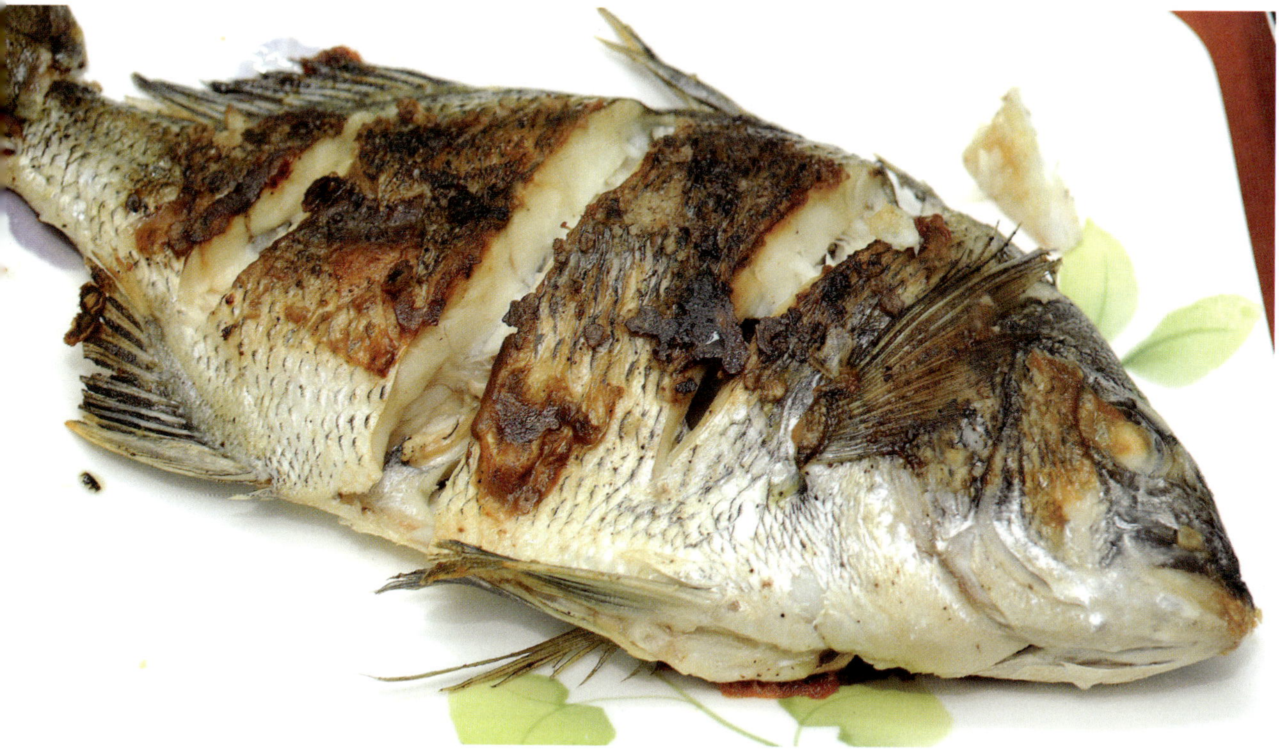

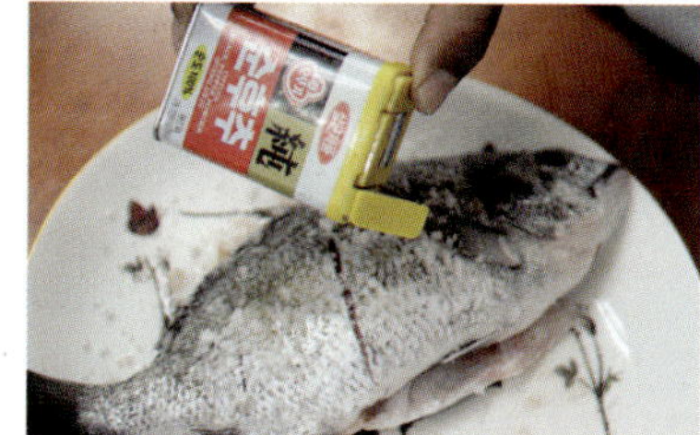

감성돔
소금구이

30cm 이하의 작은 감성돔은
소금구이를 하면 더 맛있다.
누구나 쉽게 할 수 있으며
아빠가 만들어 가족이 함께
즐길 수 있다.

준비물
손질한 감성돔, 소금, 후춧가루,
식용유, 간장, 겨자 등

01

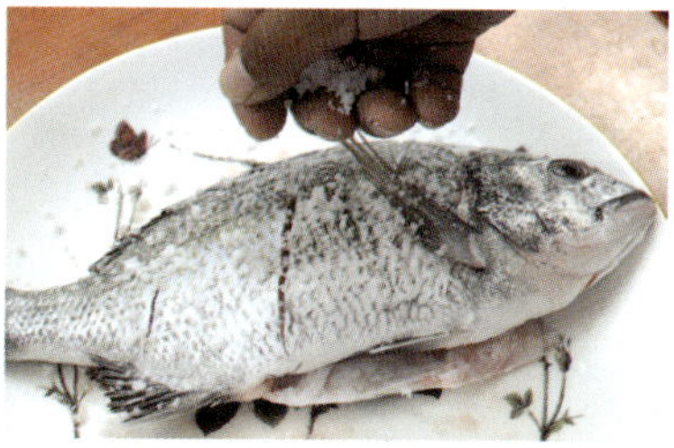

비늘을 긁어내고 배를 갈라 내장을 빼낸 다음 흐르는 물에 깨끗이 씻은 감성돔에 3~4줄 정도 칼집을 낸 후 굵은 소금을 뿌린다.

02

후추를 적당히 치면 비린 내를 잡을 수 있다.

03

달군 팬에 식용유를 두르고 손질한 감성돔을 올려 중불에서 굽기 시작한다.

04

냄비 뚜껑을 닫고 10~15분 정도 굽는다. 한쪽이 익으면 반대쪽으로 뒤집어 마저 익힌다.

감성돔 찜

감성돔의 맛을 제대로 음미할 수 있는 요리가
찜이다. 밥반찬으로 더없이 좋다.

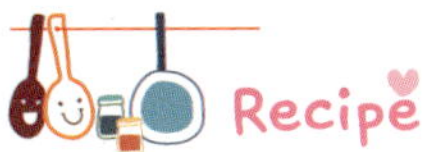 Recipe

준비물 감성돔 1마리, 무 반 토막, 우거지 작은 한 접시, 파 한 쪽, 간 마늘 2스푼, 양파 1개, 고춧가루 3스푼, 간장,
다시마 3~5조각, 소주 2잔, 북어 3~5조각, 후추, 조미료, 다시다 반 스푼, 물엿 2스푼, 청량고추 1~2개. 버섯, 쑥갓, 황태.

01

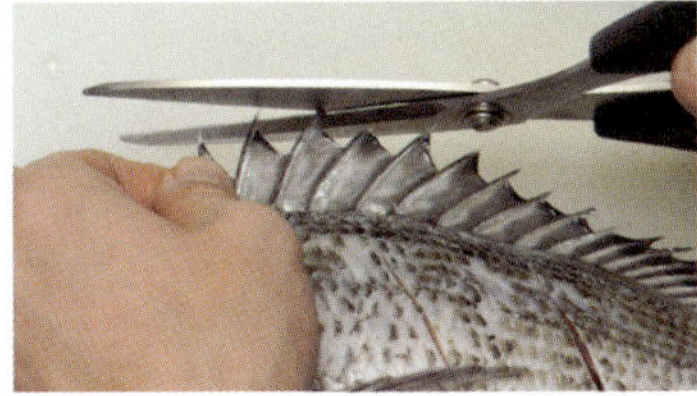

비늘을 벗기고 내장을 제거한 뒤 가위로
등지느러미의 가시를 제거한다.

02

냄비에 무와 황태, 다시마를 넣는다.

양념 만들기

간 마늘 2스푼, 고춧가루 3스푼,
간장, 소주 2잔, 후추 1/2스푼,
다시다 1/2스푼, 물엿 2스푼
(없으면 설탕 1 스푼)

03

무가 잠길 정도로 물을 넣고 끓인다. 강한
불로 끓인 다음 약한 불로 20분 정도 더
끓인다. 무가 익으면 고기에 칼집을 3~4
군데 내고 무 위에 올린다.

04

양념 중 반 정도만 고기 위에 골고루 얹는
다. 뚜껑을 덮고 강한 불에 끓인다. 물이
끓기 시작하면 양파를 넣고, 약한 불로 다
시 20~30분 천천히 조린다.

05

불 끄기 전 고추와 양파, 그리고 남아 있
던 양념을 넣고 다시 5분 더 조린다. 마지
막으로 버섯, 파 쑥갓 등을 넣으면 감성돔
찜 완성.

벵에돔

'바다의 흑진주'라 불리는 벵에돔은 일반인들은 잘 모르는 고기지만 낚시인들은 돌돔과 더불어
가장 맛있는 도미로 꼽는 생선이다. 단단하고 강인한 외형만큼 속살도 여물고 고소하다.
그리고 벵에돔 사촌 격인 긴꼬리벵에돔은 돌돔보다 맛있다고 할 만큼 뛰어난 미어다. 낚시를 하면
벵에돔과 긴꼬리벵에돔이 섞여서 낚이는 경우가 많은데, 낚시인들은 당연히 긴꼬리벵에돔을 반긴다.
벵에돔은 양식산이 있지만 긴꼬리벵에돔은 양식산이 없다. 벵에돔은 씨알에 따라 맛의 차이가 크다.
크면 클수록 회맛이 좋다. 30cm급 이하의 잔 씨알은 살도 다소 무르고 하절기엔 풀냄새가 난다.
벵에돔은 여름에 잘 낚이지만 맛은 겨울에 좋다. 18~25℃ 수온을 좋아하는 난류성 어종이라
물이 찬 서해와 동해북부에는 서식하지 않는다(삼척 이남에서만 확인). 따뜻한 제주도가 벵에돔의
주산지로, 겨울이면 마라도나 가파도에서 40cm가 넘는 벵에돔이 곧잘 낚인다. 겨울 벵에돔은 돌돔보다
더 맛있는데도 횟집에서 돌돔보다 싼 값에 맛볼 수 있다. 벵에돔이 잘 알려지지 않은
어종이라서 시세가 제대로 형성되어 있지 않기 때문이다.

벵에돔 & 긴꼬리벵에돔

벵에돔은 연근해에 정착해 사는 반면, 긴꼬리벵에돔은 해류를 타고 이동생활을 한
다. 벵에돔보다 더 난류성인 긴꼬리벵에돔은 제주도, 울릉도, 거제도 일원에 많
이 서식하며 벵에돔보다 꼬리가 길고 아가미뚜껑에 검은 테가 있다. 회를 썰어
놓으면 벵에돔은 흰색, 긴꼬리벵에돔은 옅은 분홍색을 띤다. 회맛은 긴꼬리벵
에돔이 낫지만 껍질숙회를 하면 벵에돔이 더 맛있다. 벵에돔의 껍질이 더 두껍기
때문이다. 껍질을 토치로 살짝 구워서 회를 썰면 껍질의 지방이 살 속으로 녹아들고
껍질도 부드러워져 그 식감이 대단히 좋다.

벵에돔 회

벵에돔이든 긴꼬리벵에돔이든 씨알이 35cm 이상 돼야
제 맛이 나고 40cm가 넘으면 훨씬 더 맛이 좋다.

01

비늘을 친 다음 아가미 옆에 칼집을 내고 배를 갈라 아가미와 내장을 깔끔히 긁어낸다.

02

감성돔, 돌돔 회 뜨기와 같은 요령으로 포를 떠낸다. 포를 떠낸 나머지는 맑은탕용으로 보관한다. 포는 다시 반을 잘라 중앙의 잔뼈를 제거한다.

03

껍질과 살점 사이에 칼날을 넣고 껍질을 꾹 누른 상태에서 왼손으로 껍질을 잡고 쓱싹쓱싹 당겨내면 살점이 깨끗이 분리된다.

04

먹기 좋은 크기로 썰어낸다. 너무 얇아도 두꺼워도 좋지 않다.

벵에돔은 참돔보다는 비싸고 돌돔보다는 저렴하게 거래되고 있다. 제주도에서 자연산을 구매할 경우 1kg에 4만~5만원선이다. 양식산은 국내산도 있지만 일본에서 많이 들어오고 있다. 자연산은 양이 적어 시중에서 구하기 어려운데 정치망으로도 잡지만 어부들이 배에서 직접 낚시로 잡는 걸 최상품으로 친다. 제주도에는 횟집 주인이 직접 벵에돔을 낚아 파는 자연산 전문식당들이 곳곳에 있다. 이런 곳을 찾으면 비싸지 않은 가격에 자연산 회를 맛볼 수 있다. 그러나 낚시로 잡는 어획량이란 한정되어 있어 매우 귀한 편이다. 벵에돔은 자연산과 양식산을 구분하기가 쉽지 않다. 다만 비슷한 크기가 20~30마리씩 수족관에 들어 있거나 꼬리나 등지느러미, 그리고 입 주변에 상처가 있다면 양식일 가능성이 높다. 횟집에서 자연산 벵에돔을 맛보려면 1kg당 부요리 포함, 10만~13만원이다. 횟집이나 어시장에서는 벵에돔과 긴꼬리벵에돔을 구분하지 않고 같은 가격에 판매하고 있다. 따라서 횟집에 벵에돔과 긴꼬리벵에돔이 함께 보이면 수족관에 들어 있는 긴꼬리벵에돔을 지정해서 회를 떠 달라고 하는 게 좋다. 특히 벵에돔은 700~800g짜리(35cm 내외)를 1kg 회로 속여 판매하는 경우가 많으므로 잡기 전에 무게를 잴 필요가 있다.

벵에돔 맑은탕

낚시인들이 현장에서 바로 요리할 때는 통마늘과 소금만 넣고
끓여 먹기도 하는데 그래도 맛있다. 무와 마늘을 넉넉히 넣고
대파를 곁들여주면 좋다. 별도의 조미료는 넣지 않는 것이
담백한 맛을 살리는 길이다.

준비물
벵에돔 회를 떠내고 남은 머리와 몸체,
대파, 마늘, 소금, 생강 한쪽, 다시마, 무

01

벵에돔과 기타 준비된
재료를 냄비에 넣고
물을 붓는다.

02

센 불로 30분 정도, 뼈와 살
이 부드럽게 분리될 정도로
끓이면 되는데 너무 많이 끓
이면 살이 물러지고 시원한
맛이 덜하다. 적당히 끓었을
때 소금으로 긴을 맞춘다.

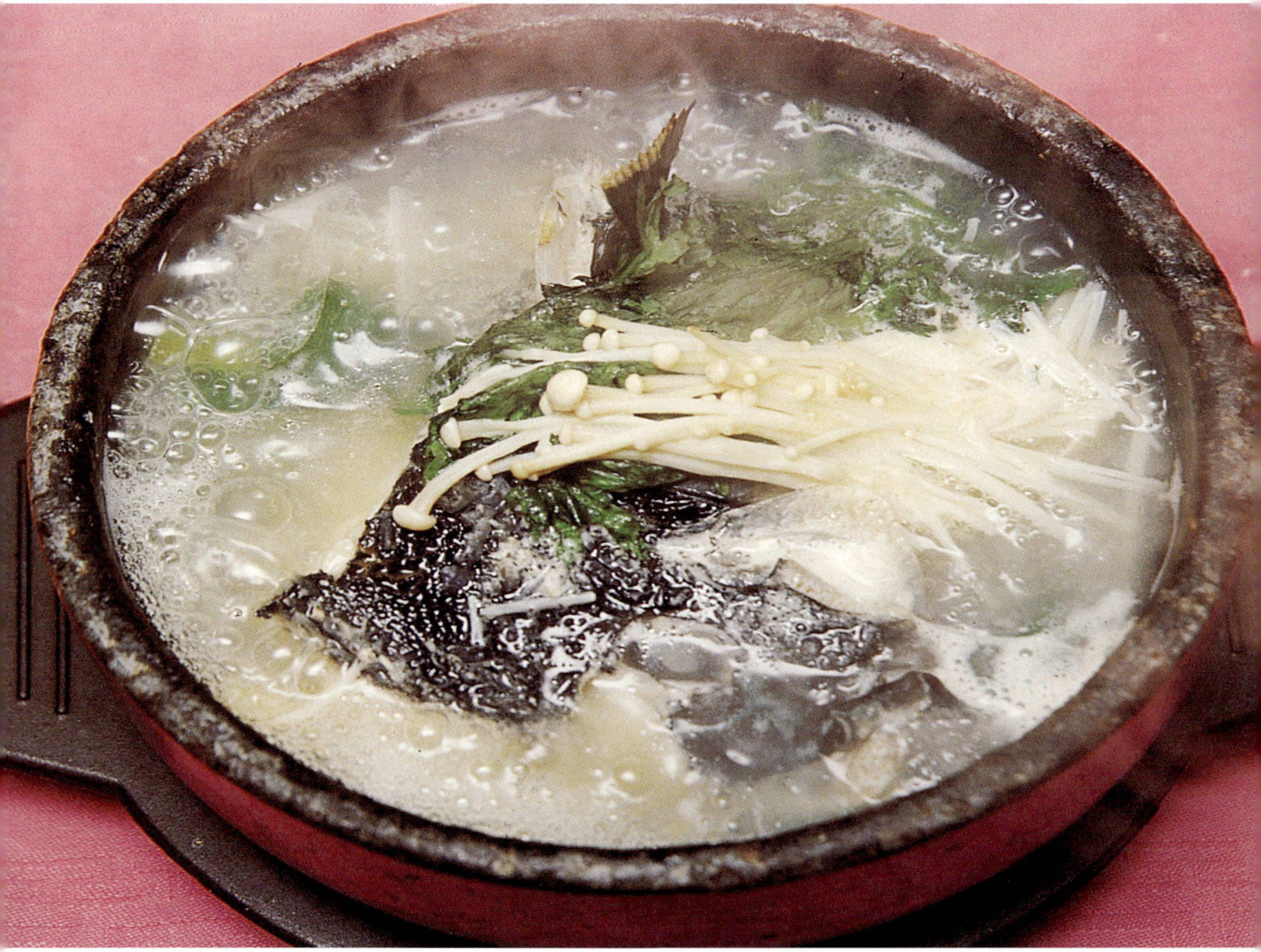

헷갈리기 쉬운 일본식 숙회의 이름

유비키 or 마츠카와? 아부리 or 히비키?

일본식 생선회 중엔 껍질을 익힌 요리가 많다. 우리말로 흔히 숙회라 부르는데 사실 딱 맞는 번역은 아니다. 일본식 숙회는 껍질만 익힌 것, 껍질과 살을 붙여서 껍질만 익힌 것, 껍질을 익힐 때 끓는 물로 익힌 것, 불로 익힌 것 등 다양한 종류가 있고 그 각각의 이름이 있다. 그런데 우리나라에서는 큰 구분 없이 '유비키'라고 잘못 통칭하거나 이름을 뒤바꿔 부르는 경우가 많다. 정확한 용어를 설명하면 다음과 같다.

유비키 湯引き, ゆびき

생선의 껍질만 분리해서 뜨거운 물에 살짝 데친 요리를 말한다. 껍질이 두껍고 질긴 생선은 거의 유비키로 해서 먹으면 맛있다. 돌돔 유비키가 유명하다.

마츠카와 松皮, まつかわ

생선의 살에서 껍질을 분리하지 않은 상태의 포를 가지고 뜨거운 물을 껍질 쪽에만 부어서 살짝 데친 후 재빨리 얼음물에 담그는 요리다. 살은 익지 않고 적당히 익은 껍질만 탱글탱글해지면서 쫄깃한 식감을 발한다. 데친 후 얼음물에 담근 껍질이 일어나는 모양이 소나무 껍질 같다 하여 붙여진 이름이다. 마츠카와의 마츠(松)는 소나무, 가와(皮)는 가죽이나 껍질을 말한다. 마츠카와를 하는 대표적인 생선은 감성돔, 참돔, 벵에돔이다. 우리나라에선 마츠카와를 유비키라고 잘못 부르는 경우가 많다.

아부리 炙り, あぶり

생선회의 껍질이나 표면을 토치램프로 살짝 익혀서 썰어낸 숙회를 말한다. 물로 익히는 마츠카와와 달리 불로 익힌다는 것이 다르다. 주로 기름이 많은 등푸른 생선 즉 연어, 참치, 삼치를 회로 먹을 때 아부리를 즐겨 먹는다. 원래는 소고기의 한쪽 면에 굵은 소금을 살짝 뿌리고 겉 부분만 익혀서 먹는 숙회의 뜻이었다고 한다.

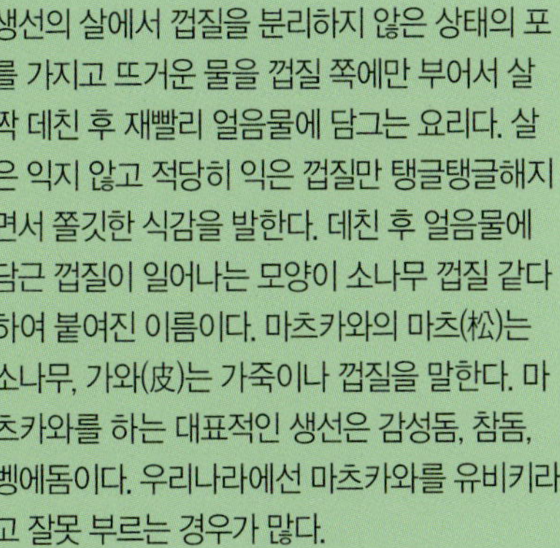

히비키 火引き, ひびき

아부리와 유사한데 껍질만 토치램프로 익힌다는 점이 다르다. 아부리는 생선회의 살 표면도 익힐 수 있지만 히비키는 껍질만 익힌다. 히비키의 히는 불(火)을 의미한다. 히비키는 일본에서도 요리의 정식 명칭이 아니라 낚시인들이 자주 사용하여 굳어진 말이라고 한다. 주로 벵에돔, 긴꼬리벵에돔을 히비키로 즐겨 먹는다. 토치램프가 없어도 프라이팬을 기름 없이 달구어 생선껍질 쪽만 살짝 익히면 된다.

타다키 敲き, たたき

전갱이(마아지, マあじ), 정어리(이와시, いわし), 고등어(마사바, マサバ) 등 등푸른 생선의 붉은 살을 칼로 잘게 다져서 먹는 회의 한 종류이다. 연한 된장과 잘게 다진 파를 버무려 먹기도 한다. 우리나라에서 탕탕이로 불리는 산낙지회를 연상하면 되겠다.

☞우리나라에서는 아부리와 타다키를 반대로 알고 사용하는 사람들이 많다. 즉 삼치 아부리를 삼치 타다키라 부르는 것이다. 아부리는 회의 표면을 구워서 먹는 숙회이고, 타타키는 생선살을 다져서 먹는 걸 말한다.

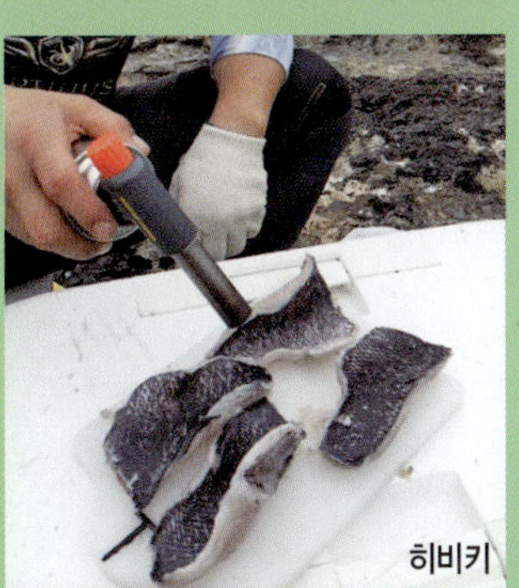

초회 お酢付 さしみ, 쓰즈케 사시미

고등어나 청어 같은 등푸른 생선을 식초에 절인 후 회로 떠서 먹는 숙회를 말한다. 오래전 일본 사람들이 생선을 저장하던 한 방식으로 우리나라에서는 초회라 부른다. 한국식 초회로는 가자미 식해와 황태 식해 등이 있다.

볼락

몸집에 비해 유난히 눈이 커 '왕눈이'란 애칭을 갖고 있는 볼락은 돔하고도 바꾸지 않는다는 맛있는 물고기다.

특히 '볼락이라면 자다가도 벌떡 일어난다'는 부산경남 사람들의 볼락 사랑은 유별나다.

작지만 단단한 육질을 자랑하는 볼락은, 아삭아삭한 식감에 달콤한 회맛, 속이 후련해지는 국물 맛을 낸다.

비린내가 나지 않고 사철 어느 때나 맛있으며 어떤 요리를 해도 깊은 풍미를 자아낸다.

깊은 원해보다 얕은 연근해에서 나는 게 더 맛있고 너무 큰 것보다 적당히 작아야 맛있는 독특한 물고기다.

큰 볼락은 회보다 구이나 탕 재료로 쓰고, 작은 볼락을 뼈회(세꼬시)로 먹는다.

경상남도에선 손바닥보다 작은 볼락으로 젓갈을 담았는데, 그래서 새끼 볼락을 '젓볼락'이라 부른다.

삼천포에선 김장을 할 때 배추 속에 볼락을 넣어 시원한 맛을 냈다.

볼락은 춘고어(春告魚)라고 해서 4~5월에 많이 낚았지만 지금은 사철 내내 볼락낚시를

즐기는 마니아들이 생겼다. 맛은 산란기(1~3월) 직전인 11~12월에 가장 좋고

그 다음으로는 산란 후 다시 살을 찌운 4~5월에 맛이 좋다.

볼락 간장조림

어떻게 먹어도 맛있다는 볼락은 구이, 찜, 조림, 매운탕, 맑은탕으로 다양한 요리를 해먹을 수 있다.
그중에서 조림은 회보다 더 맛있다는 볼락요리의 일미다

준비물 볼락, 무, 청경채, 버섯, 양파, 다시마, 간장, 설탕, 소금, 고추장, 마늘

01

볼락은 비늘과 지느러미, 아가미와 내장을
제거해서 깨끗하게 손질한다.

02

모양이 흐트러지는 것을 막기 위해 꼬치로
꿰어 오븐이나 화덕에 살짝 굽는다.

Nutrition

볼락은 단백질과 칼슘이 풍부한 생선이
다. 다른 생선들과 달리 탄수화물이 많이
포함되어 있으며 현대인들에게 권하는 고
단백 저칼로리 수산식품의 대표라고 해도
손색이 없다. 두뇌를 좋게 하는 DHA와
섬유소도 풍부하다.

03

무, 버섯, 청경채 등의 각종 야채를 먹기 좋은 크기로 썬다.

04

잘 구워진 볼락과 야채를 냄비에 담아 육수를 붓고 간장과 설탕, 고추장 약간, 마늘을
넣고 센 불에서 약한 불로 줄이면서 국물이 자작해질 때까지 조린다.

05

국물이 다 조려질 때까지 수시로 볼락
위에 국물을 부어서 양념이 배게 해준다.

볼락 맑은탕

볼락은 맑은탕보다 매운탕으로 많이 먹는데, 그 이유는 볼락은 지방이 적은 흰살생선임에도 불구하고
맑은탕을 하면 기름진 맛이 강하게 나기 때문이다. 하지만 거기에 조개를 넣으면 맛이 확 달라진다. 조개가 볼락의
구수한 맛을 더 감칠맛나게 해주고 시원한 뒷맛으로 마무리한다.

준비물 볼락 3~4마리, 모시조개, 대파, 쑥갓, 당근, 다시마, 청주, 소금, 후춧가루, 레몬

01

볼락은 내장과 아가미를 깨끗하게 제거하고 연한 소금물에 넣고 흔들어 주어 핏물까지 완전히 빼준다.

02

모시조개는 소금물에 담가 해감을 한 다음 깨끗하게 씻고 대파와 쑥갓, 당근은 큼직하게 썰어둔다.

03

냄비에 다시마를 넣고 볼락과 모시조개, 야채를 담고 물을 넉넉하게 넣고 끓인다.

04

탕이 끓기 시작하면 소금과 후춧가루로 간을 하고 청주와 레몬즙을 조금 뿌린다.

05

간을 한 후 충분히 끓인 후에 쑥갓을 올리고 불을 끄면 완성.

물고기는 죽으면 값이 많이 떨어지지만 볼락은 죽어서도 비슷한 값을 유지한다. 겨울에 많이 잡히는 자연산 볼락은 어획량이 많지 않고 산지에서 전량 소비된다. 대도시 횟집 수족관에 든 것은 대부분 양식산이다. 자연산 볼락은 체색이 선명하고 뚜렷한 편이다. 그에 반해 양식산은 자연산보다 검은색을 띠며 꼬리와 가슴지느러미가 짧은 게 특징이다. 그리고 양식산은 15~18cm 정도 크면 출하하기 때문에 이 크기의 볼락들이 많이 들어 있다면 양식산일 가능성이 높다. 무엇보다 양식산은 가두리에 갇혀 있었기 때문에 눈에 백태가 낀 게 많고 지느러미가 상처가 있거나 닳아 있다. 어시장에 유통되는 자연산 볼락은 통발이나 유자망으로 잡는 게 대부분인데 씨알이 잔 편이고, 25cm 이상의 굵은 볼락은 어부들이 어초 부근을 노려 카드채비로 낚아서 파는 것들이다. 자연산 볼락은 1kg(18~20cm 중치급 10마리 정도)에 4만~5만원선에 거래되며, 신발짝만 한 30cm급은 한 마리 값이 1만원을 훌쩍 넘는다. 양식 볼락은 1kg에 2만~3만원선이다. 횟집에서는 한 접시에 대(4인), 중(3인), 소(2인)로 나뉘며 부요리 포함하여 각각 12만원, 10만원, 8만원 정도에 맛볼 수 있다.

볼락 데리야끼

데리야끼란 일본식 구이요리인 야키모노의 일종으로 어패류에 간장 소스를 발라 굽는 것이다.
전통 일본식 데리야끼는 초벌구이를 한 뒤 양념을 바르고 굽는 것을 3~4번 반복하는데 맛은 있지만
다소 번거로운 작업이다. 그래서 간편하게 재료를 튀겨서 데리야끼 소스를 발라먹는 방법을 소개한다.
데리야끼의 맛도 느낄 수 있고 조리법도 간편하다.

데리야끼 소스 만드는 방법

다시마 국물 5+간장 4+물엿 1+설탕 1의 비율로 넣고 약한 불에 올려서 간을
보며 조린다. 걸쭉해지면 완성.

01

볼락은 포를 떠 한입 크기로 썬다. 전복,
바나나, 키위도 먹기 좋은 크기로 썰어
준비한다.

02

고구마 전분과 튀김가루를 1:1 비율로
섞은 것을 준비한 재료에 버무린다.

03

계란 노른자만 풀어서 재료에 섞는다.

04

잘 버무려 튀김옷을 입힌다.

05

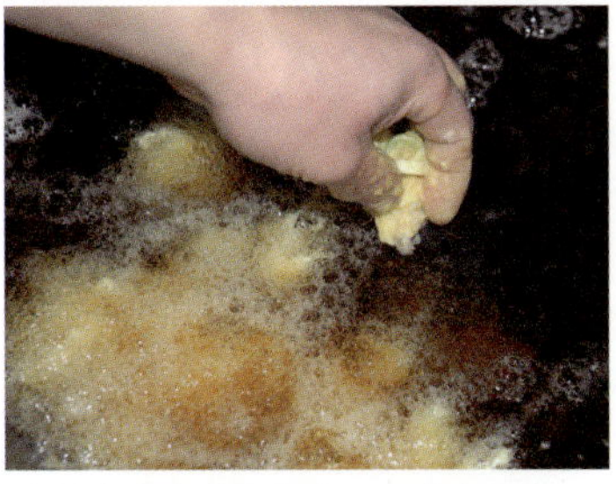

미리 달궈진 기름에 넣고 튀긴다. 익은
튀김은 위로 떠올라 노릇노릇해지는데
바로 건져낸다.

06

튀김을 담아 데리야끼 소스를 부으면 완성.

Fishing

볼락은 서해에는 없고 남해, 동해, 제주도
의 전역에 서식한다. 암초로 형성된 갯바
위나 해초가 무성한 몽돌밭에 주로 서식
한다. 볼락은 야행성이라 야간에 주로 낚
는데 해 질 무렵과 동틀 무렵에 잘 낚인
다.

볼락을 낚는 방법 중 최근 가장 인기 있는
것은 루어낚시다. 7ft 내외의 볼락전용대
에 1000번 내외의 소형 스피닝릴을 사용
하며 합사 0.2~0.6호로 아주 가는 원줄
에 2인치 이하인 볼락용 소형 웜을 사용
한다. 루어낚시에서는 볼락을 유인하는
집어등이 필수품이다.

다음으로 많이 즐기는 것이 생미끼를 쓰
는 민장대 맥낚시와 릴찌낚시다. 미끼는
청갯지렁이, 크릴, 민물새우, 사백어 등을
쓴다.

볼락을 가장 쉽게 낚는 방법은 선상낚시
다. 볼락 선상낚시는 다시, 먼 바다로 나가
서 바늘이 10개 달린 카드채비를 이용해
다수확을 노리는 외줄낚시와, 바늘이 3개
달린 짧은 카드채비를 사용해 가까운 곳
의 암초대를 노리는 '털털이'로 나뉜다. 볼
락 선상낚시는 오후에 출조해 자정까지
낚시하고 철수하는데, 통영, 고성, 사천,
거제도에 낚싯배가 집중되어 있다.

볼락 김치말이찜

볼락은 비린내가 적어 생선요리를 싫어하는 사람들도 거부감 없이 먹는다. 그러나 비위가 약해도
너무 약한 사람은 생선 모양이나 냄새만 맡아도 먹지 못하는 경우가 있는데 이럴 때 적합한 요리가
볼락 김치말이찜이다. 볼락 살과 각종 야채, 적당히 익은 김치의 새콤한 맛이 어우러진 요리다.

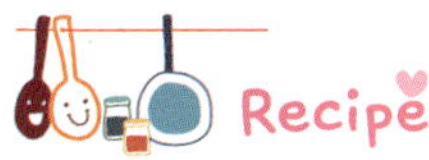 **Recipe**   **준비물** 볼락, 포기김치, 호박, 잔 파, 팽이버섯, 밀전병, 소금, 파인애플 소스

01

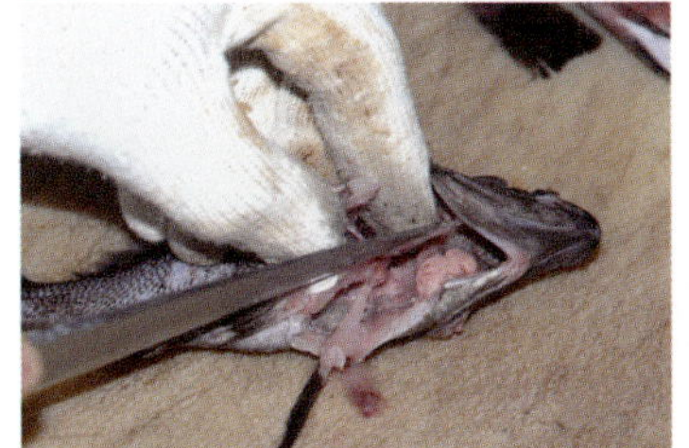

볼락은 비늘과 내장을 제거한 후 수돗물
로 깨끗이 씻는다. 되도록 얇게 순살만으
로 포를 뜬다.

02

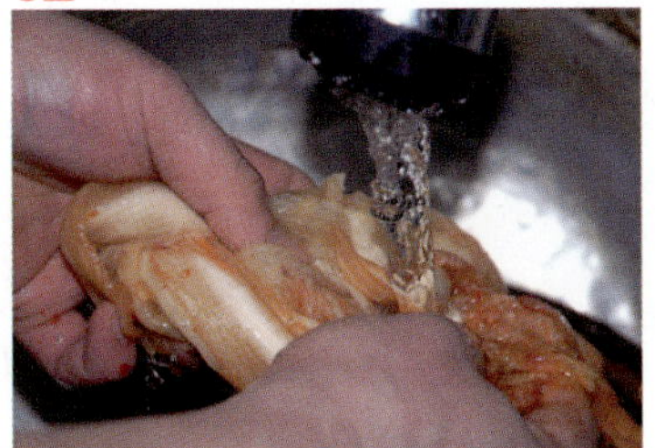

김치는 포기로 준비하여 양념을 물로 씻
어낸 후 물기를 뺀다.

03

팽이버섯, 잔 파, 각종 야채를 7~8cm 크
기로 잘라 준비한다.

04

밀전병에 볼락 살과 야채를 올린다.

05

김밥을 말듯 밀전병을 동그랗게 만다.

06

같은 크기로 썰어둔 김치 몇 장을 깔아
동그랗게 말아 놓은 밀전병을 말아낸다.

07

찜기에 넣고 5분 정도 찐 뒤 적당한 크기로
썰어 과일소스나 간장소스에 찍어 먹는다.

붕장어

보양식품의 대명사인 장어류 중에서 서민에게 가장 친숙한 것이 '아나고'란 일본명으로 더 익숙한 붕장어다.

양식산이 대부분인 민물장어보다 100% 자연산인 붕장어가 더 보양식이라고 주장하는 사람들도 많다.

새하얀 살에 듬뿍 담긴 지방질이 부드러운 감칠맛을 내는 붕장어는 회, 구이, 탕, 어떤 요리를 해도 맛있다.

붕장어는 여름철에 즐겨 먹는 스태미나 식품으로 알려져 있지만 가장 맛있는 철은 겨울이다.

또 하나 잘못 알려진 속설은 '붕장어에는 지방이 많아 그냥 먹으면 배탈이 난다'는 것이다.

그래서 붕장어 회를 탈수기에 넣고 돌리거나 뜨거운 물로 살짝 데치기도 하는데 모두

맛과 영양을 파괴하는 잘못된 행동이다. 간혹 배탈을 나게 하는 것은 붕장어의 피 속에 들어 있는

이크티오헤모톡신이란 독소인데 그래서 붕장어 회를 뜰 때는 흐르는 물로 핏기를 깨끗이 씻어내야 한다.

붕장어의 지방에는 각종 비타민을 비롯, DHA, EPA 등 온갖 영양소가 다 들어 있는데 탈수기까지

이용해 기름기를 빼는 것은 붕장어가 가지고 있는 영양분을 모조리

빼버리고 살 부스러기만 먹는 것이나 다름없다.

붕장어 소금구이

붕장어 요리는 양념전골과 탕(추어탕처럼 뼈를 추려내고 끓이기도 하고 살코기
그대로 끓이기도 한다)도 있지만 역시 소금구이가 가장 인기 있다.

01

살아있는 장어가 움직이지 못하도록 도마에 붕장어를 놓고 대가리를 못이나 송곳으로 찔러서 고정시킨 다음 등 쪽에 칼을 넣어 머리에서 꼬리 방향으로 가른다.

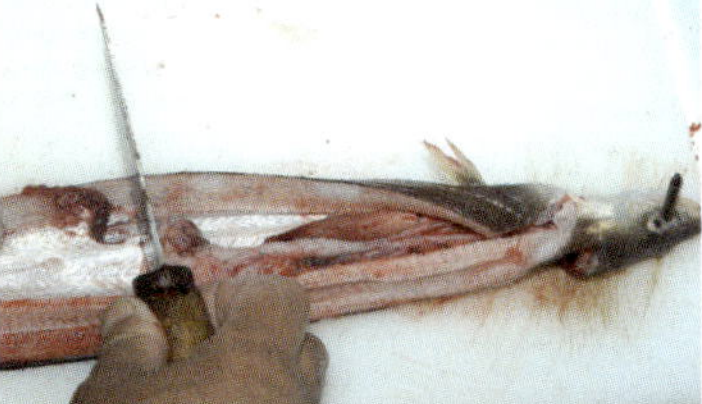

02

내장을 제거한 뒤

03

등뼈를 발라낸다.

04

물에 깨끗이 씻어 석쇠나 불판에 올린다. 통째로 굽거나 토막을 내서 굽기도 한다.

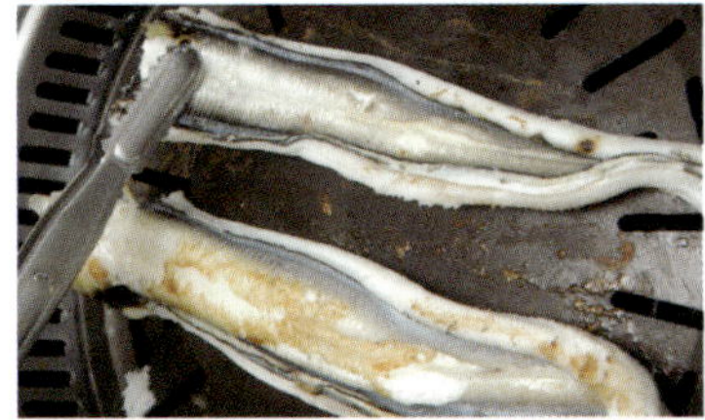

05

노릇노릇할 때까지 뒤집어가며 굽는다. 참숯에 구우면 맛이 좋다.

06

어느 정도 구워지면 일정한 크기로 먹기 좋게 잘라낸다.

초벌구이 때 양념고추장을 발라 구운 양념구이.

붕장어는 통발어업으로 잡는데 어획량이 많기 때문에 저렴한 가격에 사먹을 수 있다. 양식산이 판치는 요즘 자연산을 안심하고 먹을 수 있는 바다어류이다. 살아 있는 붕장어는 어시장에서 1kg에 2만5천~3만원에 구입 가능하다. 붕장어는 점액이 투명하고 미끈하고 눈이 맑은 것을 고르는 게 요령이다. 싱싱한 붕장어 회를 맛보려면, 바닷가를 찾아 회센터에서 직접 붕장어를 고른 뒤 돈을 지불하면 즉석에서 회를 떠 준다. 그 회는 회센터에서 소개시켜준 이웃 횟집에 가져가면 양념값만 추가로 내고 먹을 수 있다. 일반 횟집의 붕장어 회 가격은 한 접시에 2만~2만5천원이다.

Nutrition

붕장어는 양질의 단백질과 비타민 A가 특히 풍부하다. 허약체질을 개선하고, 병후회복, 산후회복에 좋으며 항암효과도 있다고 알려져 있다. 한방에서는 장어를 성질이 차가운 음식으로 분류, 몸 기운이 찬 소음인에게는 별 효과가 없다고 말한다.

붕장어 대나무통찜

삼계탕, 보신탕 못지않은 영양식이 붕장어 영양 대나무통찜이다.
재료만 준비되면 특별난 조리기술 없이도 누구나 쉽게 집에서 해먹을 수 있다.

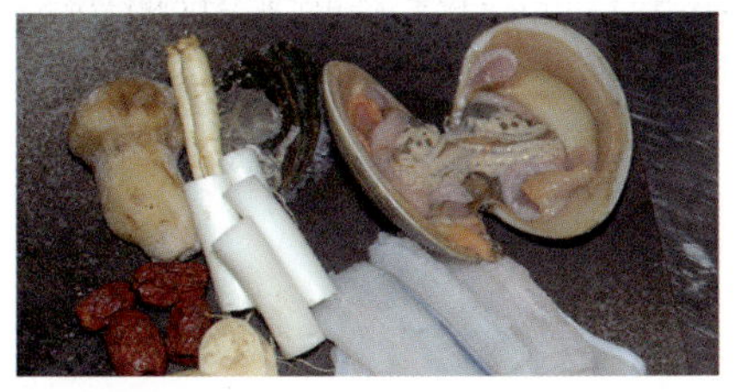

준비물

붕장어, 민들조개(혹은 대합), 전복, 인삼,
대파, 밤, 대추, 송이버섯(혹은 새송이버섯)

Fishing

붕장어는 우리나라 전 연안에서 낚이며 포
구의 선착장이나 방파제 근처에서 잘 낚이
는데 탐식성이 좋아 여성이나 초보자들도
쉽게 낚을 수 있다. 붕장어는 주로 밤에 먹
이활동을 하므로 야간낚시로 잡는다. 붕장
어는 서해안에 자원이 많고, 붕장어낚시 인
구도 많다.

붕장어는 방파제나 갯벌에서 청갯지렁이를
꿴 던질낚시 채비로 낚는다. 배낚시를 하면
더 많이 낚을 수 있는데 붕장어낚시용 편대
채비를 수직으로 바닥에 내려준 뒤 살짝 살
짝 고패질을 해주면 붕장어가 물고 늘어진
다. 붕장어는 미끄러우므로 맨손으로 잡지
말고 면장갑이나 수건을 사용하는 게 바람
직하다.

01

붕장어를 손질한다. 껍질에 끈적한 진액
이 있는데 이를 없애기 위해 칼로 문질러
흐르는 물에 씻어낸다.

02

대나무통에 준비한 장어살과 전복, 민들
조개, 송이버섯, 밤, 대추, 대파를 넣는다.

03

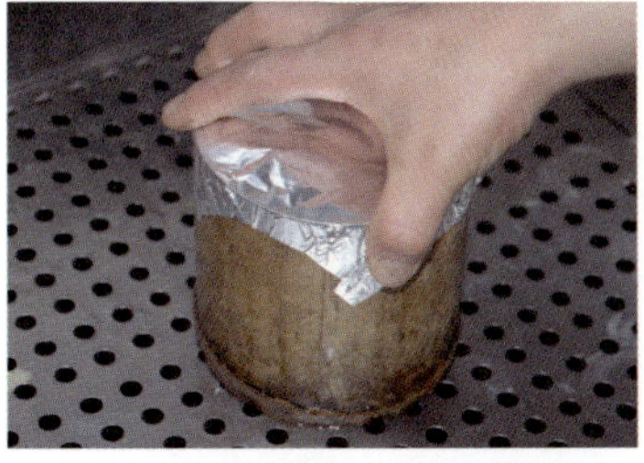

대나무통 입구를 한지나 호일로 막은 다
음 찜기에 대나무통을 올리고 강한 불로
약 30분 정도 쪄낸다.

04

대나무통 안에서 익은 재료들.

05

대나무통에서 다 쪄낸 재료를 꺼내 먹기
좋은 크기로 썰어준다.

06

대나무통 바닥에 생긴 육수는 따로 그
릇에 담는다.

07

썰어서 담은 붕장어 대나무통찜. 간장 소
스에 찍어 먹는다.

붕장어 간장조림

붕장어 간장조림은 달짝지근한 소스를 사용하므로
붕장어의 생김새만 보고 먹지 않으려던 어린이들도 맛있게 잘 먹는다.

준비물

붕장어, 전복, 새우, 데리야끼 소스,
청경채, 가지 등 각종 야채, 버터

01

붕장어는 내장과 머리를 제거하고 넓적하
게 포를 떠 장만한다. 가는 뼈가 목에 걸
리지 않도록 최대한 조밀하게 칼집을 내면
서 뼈를 잘라준다.

02

프라이팬에 버터를 두르고 센 불을 이용해 붕장어살을 구워낸다.

03

붕장어살, 전복, 새우를 냄비에 넣고 데리야끼 소스를 넉넉하게 부은 다음 은근한 불로
조린다.

04

청경채, 가지 같은 야채는 기름에 살짝 튀
기거나 물에 데쳐서 익혀둔다.

05

먹기 좋은 크기로 붕장어와 야채를 썰어
그릇에 담는다.

06

남은 데리야끼 소스를 요리 위로 부어주
면서 간을 맞춘다.

대구

대구는 명태와 함께 겨울철을 대표하는 한류성 생선이다.
산란기인 12월부터 3월 사이에 잘 잡히고 12~1월에 가장 맛있다.
명태는 우리바다에서 거의 자취를 감추었지만 대구는 여전히 많이
잡히고 있다. 한때 어족 고갈로 대구 한 마리에 40만~60만원까지
하던 적도 있었지만 1999년부터 정부의 지속적인 수정란 방류사업이
이어져 지금은 우리 식탁에 흔하게 오르는 생선이 되었다.
대구는 회보다 익혀야 맛있는데 대구탕, 대구찜, 고니(수컷의 정소)를 넣고
끓인 맑은탕이 별미다. 대구는 비린내가 적어서 생선을 싫어하는 서양인들도
즐겨 먹는 대표적 흰살생선이다. 겨울 대구는 기름이 차고 살이 쫀득해져
회로 먹기도 하는데 깊은 맛은 아니지만 빙수처럼 청량한 맛이다.
모든 요리는 얼리지 않은 생대구로 해야 맛있다. 냉동하면 살이 스펀지처럼
퍼석해지기 때문이다. 대구를 장기보관할 때는 냉동하는 것보다
말려서 보관하면 훨씬 맛있는 요리재료가 된다. 대구는 암놈보다 수놈이
맛있고 값도 더 비싸다. 암대구는 영양분을 알로 보내서 살은 맛이 없다.

대구찜

생대구보다 반쯤 말린 대구로 요리하는 대구찜은 누구나 좋아하는 밥반찬이다.

대구찜용
양념장
만들기

01
국그릇에 물을 반 정도 붓고
간장을 네 숟가락 넣는다.

02
다진 마늘과
썰어낸 파를 넣는다.

03
고춧가루를
두 숟가락 넣는다.

준비물 반건조된 대구, 무 반쪽, 양파 1개, 양념장, 고추, 파 등

01

냉동실에서 꺼낸 반건조 대구를 토막 내서 접시에 담는다.

02

먼저 솥에 무를 썰어 넣은 다음

03

무 위에 토막 낸 대구와 썬 양파를 얹는다.

04

준비한 양념장을 골고루 부어준다.

05

고추를 썰어서 넣는다.

06

그리고 20분간 센 불로 끓이면 완성.

Buying

대구는 물밖에 나오면 금방 죽기 때문에 시장에서 활어를 보기 어렵다. 암놈보다 수놈이 1.5~2배 비싸다. 대구가 많이 잡히는 진해, 울진~삼척, 속초~고성을 가면 대구 회를 맛볼 수 있는데 서더리탕을 포함해 4인 기준 10만~15만원선이다.

어시장에서 대구는 무게로 계산하지 않고 눈대중으로 크기를 보고 가격을 매기는데, 60~80cm급의 경우 암놈은 3만~5만원, 수놈은 5만~7만원에 거래되고 있다. 활어는 선어에 비해 마리당 5천~1만원 더 비싸다. 새벽 일찍 수협 위판장을 찾으면 일반 어시장에서 사는 가격보다 10~20% 싼 가격에 살 수 있다. 위판장에서는 새벽에 들어온 생선을 당일 모두 소진하기 때문에 낮에 가서 사도 대부분 싱싱하다. 생선에 물기가 없고, 하얗게 변색된 얼룩이 많은 것은 선도가 나쁜 것이다.

04

소주(혹은 청주)를 두 숟가락 넣는다.

05

소금을 반 숟가락 넣은 뒤 저어준다.

대구를 집에서 말리는 법

대구는 말렸다가 요리하면 더 맛있다. 대구의 머리를 잘라낸 뒤 등 쪽을 갈라 내장을 제거하고 베란다에서 겨울 햇볕에 말리는데, 이틀 정도 말리면 반건조 상태가 되고 열흘 이상 말리면 완전 건조된다. 반건조 대구는 찜을 해먹고 완전 건조된 대구는 구워 먹거나 찢어서 술안주로 삼으면 좋다.

말린 대구포.

대구 누룽지탕

부드러운 소스와 담백하고 바삭한 대구 살, 고소한 누룽지의 맛이 곁들어진 별미로
가정에서 쉽게 해먹을 수 있다. 특히 생선을 싫어하는 어린이들의 영양 간식으로 적극 추천한다.

준비물

생대구 혹은 냉동 대구살,
누룽지, 새송이버섯,
팽이버섯, 고구마 전분, 무,
다시마, 소금, 후추,
청경채(또는 배추) 등

Nutrition

대구는 지방과 칼로리가 적어 다이어트에 좋다. 대구로 국을 끓였을 때 나는 특유의 시원한 맛은 대구에 함유된 글리신·글루탐산 등 아미노산과 이노신산 때문이다. 대구 간에는 단백질, 미네랄과 비타민 A와 D가 풍부하다. 비타민 A는 시력 회복과 피부, 점막의 건강, 비타민 D는 뼈나 치아를 튼튼하게 하는 데 없어서는 안 될 영양소이다. 민간요법에서는 옛날부터 대구 쓸개를 소화제로 썼다.

01

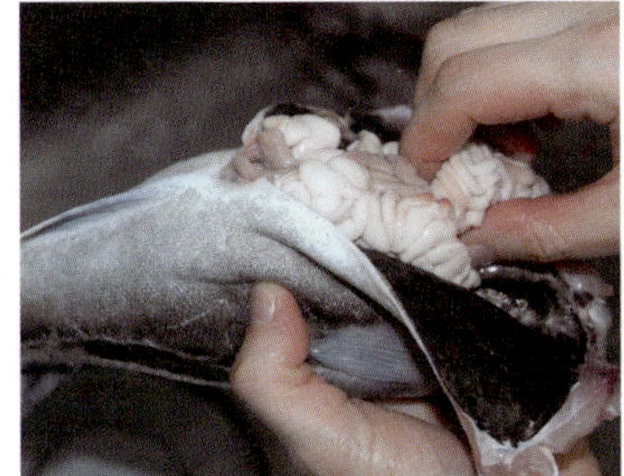

생대구는 내장과 머리를 분리하고 알을 빼낸다.

02

살은 포를 떠 적당한 크기로 썬다.

03

미리 준비한 누룽지를 적당한 크기로 부숴 기름에 튀긴다.

04

대구살은 소금과 후추로 밑간을 한 다음 튀김가루를 묻혀 기름에 튀긴다.

05

프라이팬에 식용유로 마늘을 볶은 다음 다시마와 무를 우려낸 육수를 붓는다.

06

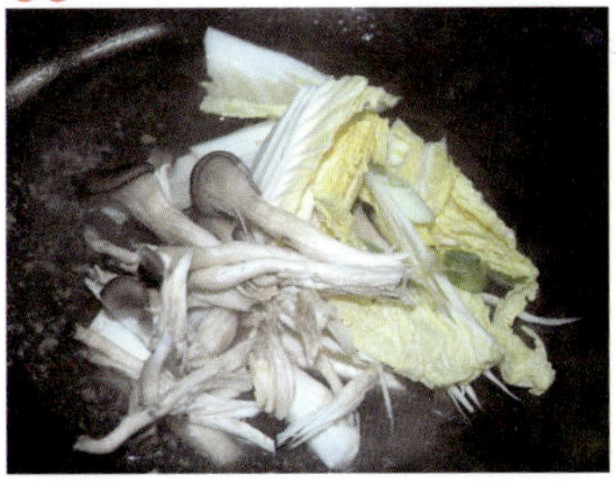

새송이버섯, 팽이버섯, 청경채(또는 배추)를 넣고 재료가 익을 때까지 끓인다.

07

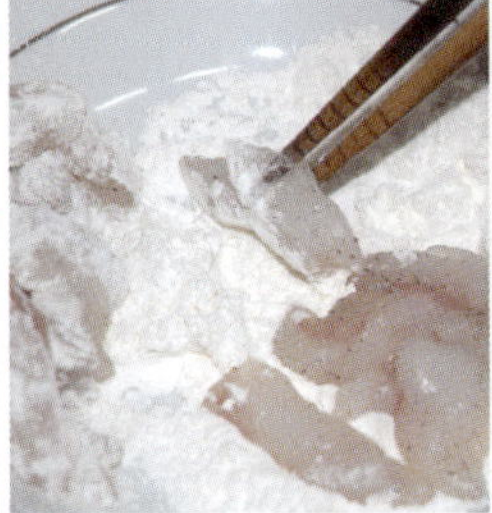

물에 갠 전분가루를 넣고 조금씩 소금간을 하면서 걸쭉해질 때까지 끓인다.

08

그릇에 튀긴 대구살과 누룽지를 깔고 끓인 소스를 얹어주면 누룽지탕 완성.

대구 양념장구이

말린 대구만 있으면 아주 간단히 만들 수 있는 음식으로서 밥반찬으로 좋고 술안주로도 좋다.

01

등따기를 해서 아파트 베란다의 건조망에 말린 대구.

02

완전 건조한 대구를 물에 불려 적당히 자른 다음 냄비에 담는다.

03

대구에 불고기 양념장을 붓고

04

프라이팬에 구우면 완성.

Fishing

대구는 배낚시를 하면 어렵지 않게 낚을 수 있다. 동해에선 사철 낚이고, 서해에선 여름~가을에 대구가 낚인다. 주로 메탈지그라는 중량급 루어를 이용한 지깅낚시로 낚는데 여름에는 바늘이 여러 개 달린 카드채비로 30~40cm급 소형 대구를 마릿수로 낚기도 한다. 동해에서 유명한 대구 낚시터는 고성 거진항, 대진항, 공현진항, 아야진항, 삼척 장호항, 임원항, 울진 죽변항, 후포항 등이다. 1인당 10만원 내외의 뱃삯을 내면 항구에서 40분에서 1시간 정도 나간 100~150m 수심에서 대구를 낚는데, 2만원의 장비 대여료를 내면 낚싯대와 전동릴까지 배에서 빌려주므로 초보자도 쉽게 대구를 낚아볼 수 있다.

대구 요리의 대표주자, 대구 맑은탕

대구 요리 하면 뭐니 뭐니 해도 대구탕이다. 납작하게 썬 무와 야채를 넣고 멸치액젓과 간장으로 간을 맞춘다. 대구탕은 오래 끓여야 제 맛이 나는데, 냉동대구보다 생대구를 써야 국물이 시원하고 고기 살도 부드럽다.

학꽁치

학꽁치는 횟집에서는 보기 힘들지만 동서남해 전역에서 쉽게 낚이기 때문에
낚시인들에게는 횟감으로 널리 사랑받는 생선이다. 특히 일본에서 초밥의
주요 재료로 꼽힌다. 학꽁치 회는 투명하면서도 빛이 나서 보는 것만으로도
군침이 돈다. 식감도 아주 쫄깃쫄깃하다. 깊은 맛이라고는 할 수 없지만
상쾌하고 담백하여 자꾸 당기는 맛이다.

학꽁치는 잡히자마자 바로 죽기 때문에 활어는 유통되지 않지만 당일 잡은
선어는 회로 먹을 수 있다. 무를 썰어 함께 끓인 학꽁치국은 복어국에 뒤지지
않는 시원한 맛으로 애주가의 속을 풀어주며, 굵은 소금을 뿌려 석쇠에 구워도
맛있다. 학꽁치는 서해안에서는 초여름, 동해와 남해에선 겨울에 어군을
형성한다. 4~7월의 산란기에는 맛이 덜하고, 가을에는 씨알이 너무 잘며,
동해남부와 남해안에서 굵은 학꽁치가 낚이기 시작하는 겨울(12~2월)에
가장 맛이 좋다.

학꽁치 회

학꽁치는 싱싱할 때 회로 먹는 것이 최고로 맛있다. 일반 물고기보다 회 뜨기가 쉬워
한 번만 익히면 누구나 뜰 수 있다. 굵은 학꽁치는 중간 뼈를 제거하고 껍질을 벗긴 뒤 회를 썰고,
볼펜 크기만 한 작은 학꽁치는 비늘과 내장만 제거한 뒤 뼈째 썬다. 학꽁치 회를 뜰 때는
뱃속의 검은 막이 완전히 없어질 때까지 말끔하게 긁어내야 배탈이 나지 않는다.

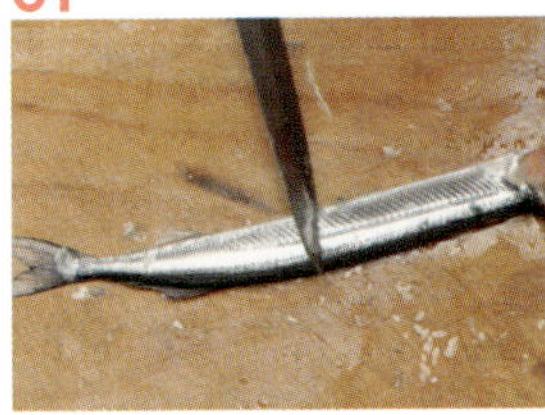

01

비늘을 친다. 잔 비늘이 많으므로 깔끔하게 해야 한다.

02

머리를 자른다.

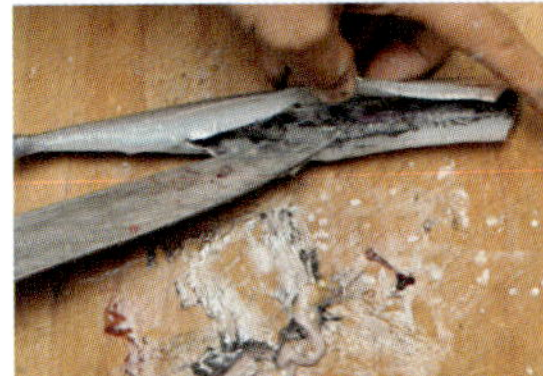

03

배를 가르고 내장을 빼낸다.

04

흐르는 물로 내장 벽에 있는 검은 막을 깨끗하게 씻어낸다.

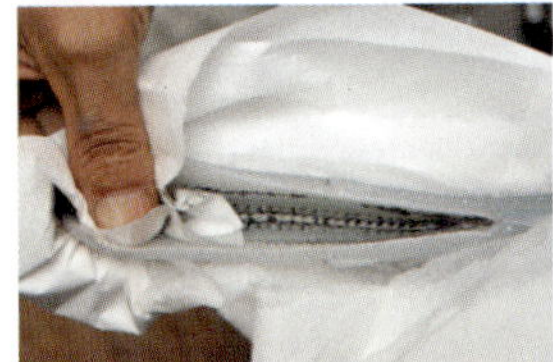

05

수건이나 키친타월로 물기와 검은 막을 완전히 제거한다.

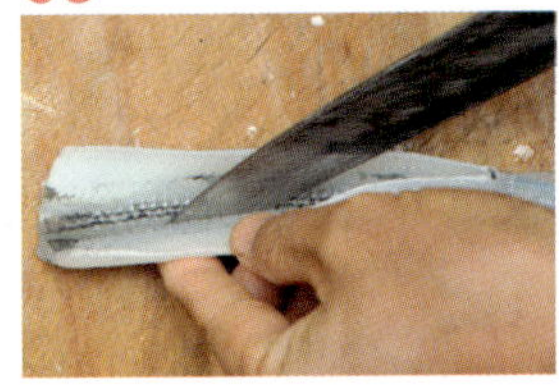

06

가운데 뼈를 기준으로 좌우로 머리에서 꼬리까지 칼집을 넣는다.

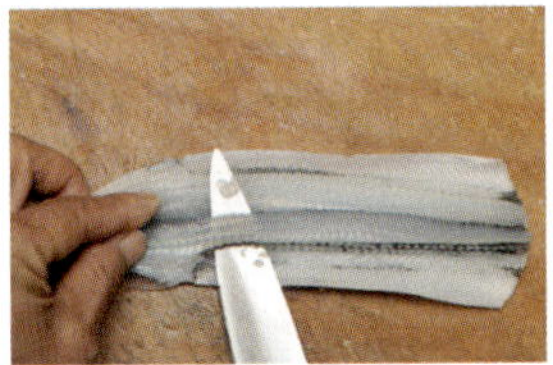

07

가운데 뼈 아래로 칼날을 집어넣은 후 뼈를 발라낸다.

08

몸통에 붙은 지느러미를 모두 제거한다.

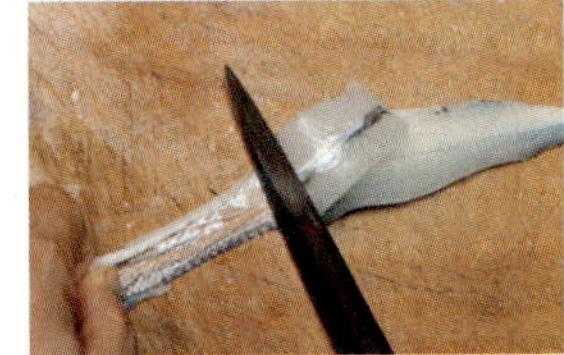

09

껍질을 벗긴다. 사진처럼 칼로 살을 밀어도 되고 장갑을 낀 손으로 껍질을 잡고 벗겨도 된다.

10

적당한 크기로 어슷하게 썰면 완성.

Fishing

학꽁치는 작은 바늘에 예민한 찌만 있으면 누구나 쉽게 낚을 수 있는 물고기다. 서해안은 6월부터 학꽁치가 붙기 시작해 7월 말까지 성수기를 맞는다. 격포, 군산, 서천 앞바다에 이르기까지 전역에서 낚인다. 동해안에서는 9월 하순부터 4월 초순까지 학꽁치가 낚인다. 방파제, 갯바위 어디에서도 쉽게 낚을 수 있다. 남해안의 경우 12월부터 4월까지 남해동부 전역과 남해서부 원도권에서 학꽁치를 만날 수 있다.

낚시채비는 민장대의 경우 B~3B 부력의 소형 막대찌를 원줄에 달아 쓰고, 릴대의 경우 던질찌(구멍찌)와 B~2B 목줄찌(또는 소형 막대찌)를 세팅한 2단찌를 사용한다. 미끼는 크릴을 가장 많이 쓰며, 곤쟁이를 쓰기도 한다. 낚시점에 학꽁치 전용 채비를 팔고 있기 때문에 사서 낚싯대에 연결하면 바로 낚시를 할 수 있다.

학꽁치의 입질은 찌가 수면 아래로 잠기거나 옆으로 끌고 가는 형태로 나타난다. 그러나 예민하게 입질할 때는 찌가 살짝 잠기거나 옆으로 살짝 움직이고 말기 때문에 찌에 미동이 생기면 바로 챔질하는 순발력을 갖추어야 한다.

숭어

숭어는 계절에 따라 맛이 확연히 달라지는 물고기다. 상층을 유영하며 수면의 부유물을 많이 먹는

여름과 가을에는 기름 냄새가 나고 맛이 없지만, 바닥층을 유영하며 해저의 먹잇감을 섭취하는

겨울과 봄엔 잡내가 없고 기름이 차서 맛이 좋다. '겨울 숭어 앉았다 간 자리 뻘만 먹어도 달다'는 속담이

겨울 숭어의 맛을 말해준다. 자산어보에 '회는 달고 찰지며 살짝 데친 껍질은 고소하고 쫄깃하다.

위는 오돌토돌 씹히는 맛이 별미'라고 적혀 있다. 독특한 주판알 모양의 위는 닭의 위와 마찬가지로

그 쫄깃쫄깃한 맛으로 미식가들에게 인기가 높다. 숭어 종류에는 숭어와 가숭어가 있는데,

겨울에는 숭어가 맛있고 봄~초여름에는 가숭어가 맛있다. 숭어는 눈알이 희고 가숭어는 눈알이 노란색이어서

쉽게 구분할 수 있다. 한여름과 가을에는 어떤 숭어든 맛이 없다.

서산, 태안 지방에서는 가숭어를 더 높게 쳐 '참숭어'라 부르고 제사상에 가숭어를 올렸다.

특히 봄에 잡히는 2kg 이상 되는 가숭어의 알을 가지고 임금님 수랏상에 올랐다는 어란(魚卵)을 만든다.

활동시기가 다른 숭어와 가숭어

숭어는 2~3월에 가장 맛이 좋고 가숭어는 5~6월에 가장 맛이 좋다. 그 이유는 두 어종의 산란기 등 활동시기가 다르기 때문이다. 부경대학교 김진구 교수는 "대부분의 물고기들이 산란 전에 맛이 좋은 데 반해 숭어는 산란 후에 맛이 좋은 물고기다. 숭어는 찬바람이 불기 시작하는 11~12월에 깊은 바다로 가서 산란을 하고 다시 얕은 연안으로 돌아와 왕성한 먹이 섭취를 하는데 이때부터 살에 기름이 차 2~3월에 가장 맛이 좋다"고 말한다. 실제로 수온이 떨어지면 상층까지 부상하던 숭어들이 바닥 생활을 시작하는데, 어부들은 이 시기를 가리켜 '숭어가 뻘을 먹기 시작했다'라고 표현한다. 이맘때 숭어들은 육질이 단단하고 쫄깃쫄깃해 전량 횟감으로 팔려나간다. 3월 이후면 숭어는 눈 위의 지방질이 눈꺼풀을 덮어 맹목(盲目)이 되어 다시 수온이 오를 때까지 활동을 멈춘다.

그에 반해 맹목 현상이 덜한 가숭어는 5~6월에 산란과 맞물려 먹잇감이 많은 강하구로 몰려들어 먹이를 섭취한다. 가숭어는 보리누름 시기에 잘 낚이고 맛도 좋아 '보리숭어'라고도 불린다.

숭어 회

숭어는 구이나 탕보다 회가 맛있는 물고기다. 특히 겨울철 숭어는 육질의 단단함이 넙치를 능가할 만큼
식감이 좋고 기름이 많아서 혀로 느끼는 맛도 달다.

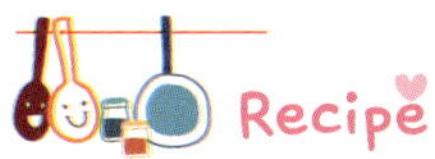
Recipe

01 비늘을 치고 대가리를 자른다.

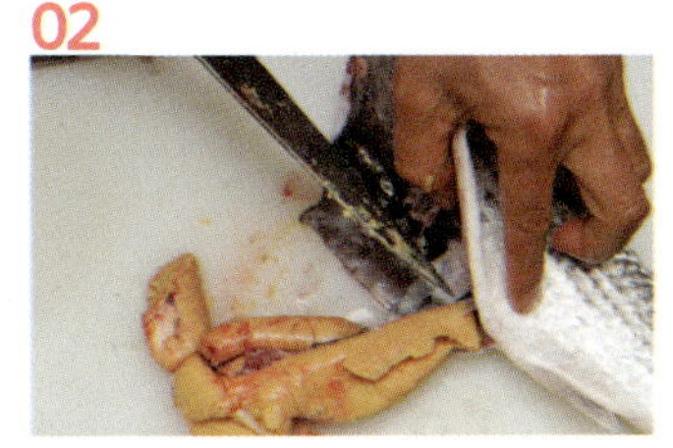

02 배를 갈라 내장을 제거한 다음 흐르는 물에 깨끗하게 씻어낸다.

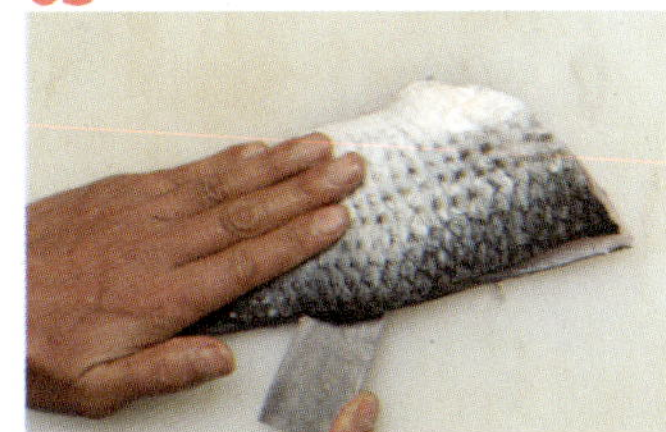

03 등 부위에 칼날을 넣어 꼬리 쪽으로 내려가며 포를 떠낸다. 반대쪽 면도 같은 방법으로 떠낸다.

04 먼저 꼬리 쪽에 칼집을 넣어 왼손으로 꼬리쪽 껍질을 쥐고 칼을 머리 쪽으로 밀면서 포를 뜬다.

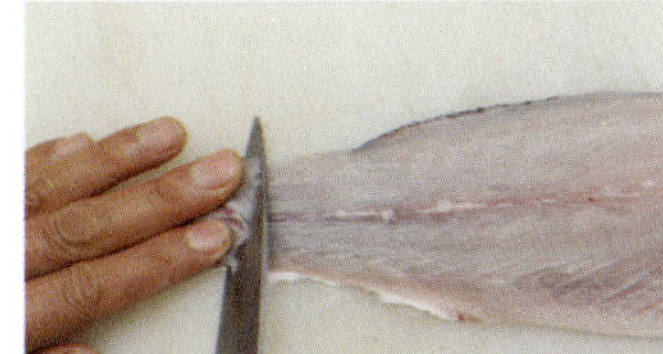

05 뱃살의 갈비뼈를 제거한다.

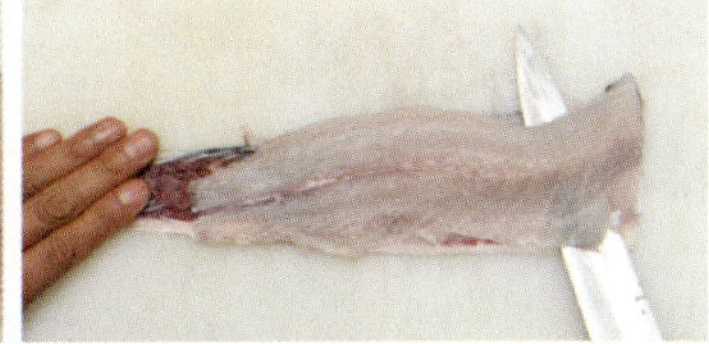

06 키친타월로 물기를 뺀 다음

07 포 중간에 있는 단단한 뼈를 제거한다.

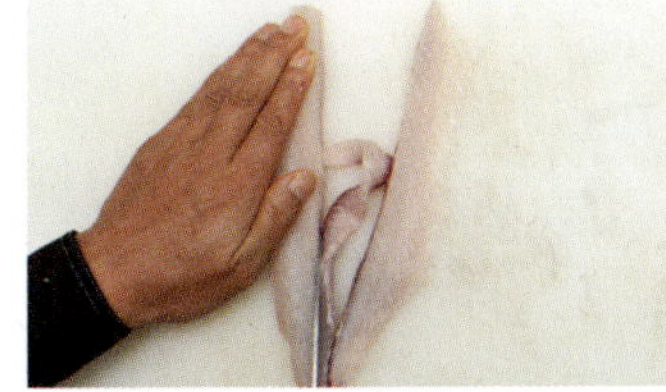

08 회를 썰 때는 넓적하게 썰어야 맛이 좋다.

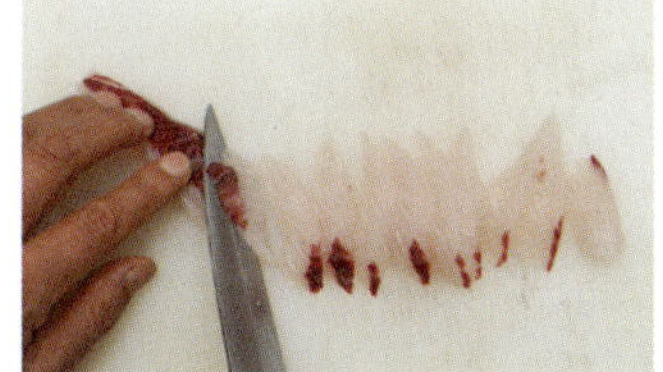

Buying

숭어는 겨울이 되면 회맛이 좋아지는 만큼 값도 오른다. 가숭어와 숭어를 굳이 구분하지 않으며 가격도 비슷하다. 1kg당 시세에 따라 1만~2만원에 거래되고 있다. 겨울철이면 수협 위판장이나 어시장에서 활어로 쉽게 살 수 있다.

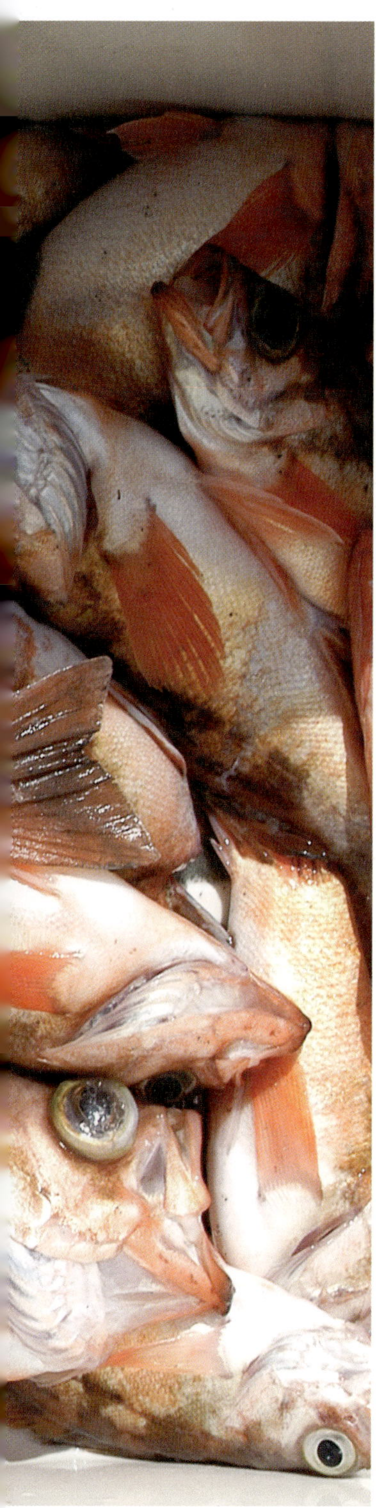

열기

열기의 표준명은 '불볼락'이다. 모양이 흡사한 볼락과 자주 비교되는데,
회는 열기가 낫고 구이는 호불호가 갈리며 국물요리는 볼락이 낫다는 게
일반적 평가다. 볼락 회는 색이 희고 고소한 맛이라면 열기 회는
연분홍색이며 달짝지근한 맛이다. 시장 가격은 볼락보다 싸게 형성되어
있는데 그래서 볼락과 달리 양식을 하지 않아 100% 자연산을 먹을 수 있다.
열기는 냉수성 어종으로 볼락보다 깊고 찬 물에서 서식한다.
가을부터 봄 사이에 잘 낚이며 추워질수록 맛이 좋다. 큰 열기는 뼈가
억세므로 포를 뜨고, 손바닥보다 작은 씨알은 뼈회로 먹는다.
작은 열기는 껍질이 부드러워 굳이 껍질을 벗기지 않아도 된다.
오히려 껍질에서 감칠맛이 우러나와 회 맛을 좋게 만든다.
열기는 소금구이 맛도 일품이다. 내장을 빼지 말고 그대로 구워야 맛있다.
열기 비늘은 아주 얇아서 굽는 도중 타버리기 때문에 비늘을 칠 필요가
없다. 말려서 구우면 더 맛있어지는데 참조기보다 낫다는 사람도 많다.

열기 회

열기는 살이 쉽게 물러지지 않으므로 당일 잡아온 것이라면 활어가 아니라도 횟감으로 쓸 수 있다.
그러나 살이 무르거나 내장에서 냄새가 난다면 회로 먹어선 안 된다. 25cm 이상 굵은 씨알은 다른 어종과
마찬가지로 칼을 이용해 포를 뜨고, 잔 씨알은 주방용 가위를 이용하면 간편하고 신속하게 회를 뜰 수 있다.

01

먼저 장갑을 끼고 가위로 등지느러미와 배지느러미를 잘라낸다.

02

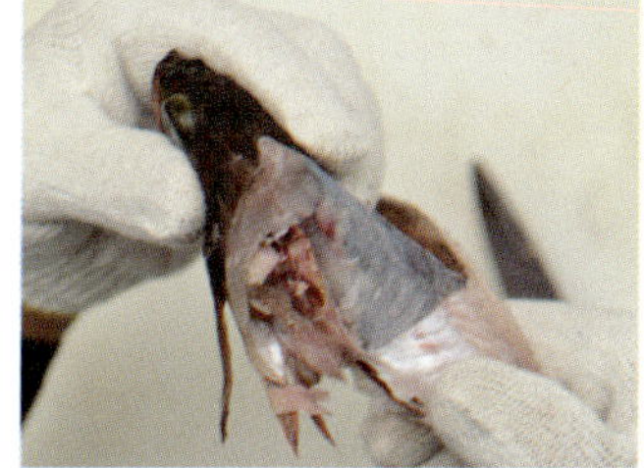

배 쪽에서 아가미 뒤쪽으로 등까지 가위로 껍질을 자른다.

03

장갑 낀 손으로 등 쪽 껍질을 잡고 당기면 꼬리 쪽까지 쉽게 벗겨진다.

04

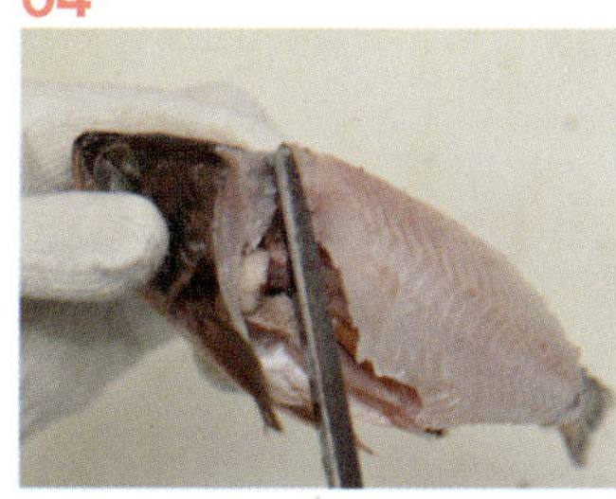

한쪽 면의 껍질을 제거했으면 열기의 머리를 잡은 상태로 가위로 반대편까지 살을 잘라준다. 이때 반대쪽 껍질이 잘리지 않도록 주의해야 한다.

05

이번에는 오른손으로 살을 잡고 당기면 반대쪽도 껍질과 살이 분리된다.

06

내장을 제거한 뒤 몸속에 남은 핏기와 내장 찌꺼기를 키친타월로 깔끔히 닦아낸다. 그리고 배 안쪽에 있는 굵은 뼈와 갈비뼈까지 가위로 깔끔하게 도려낸다.

07

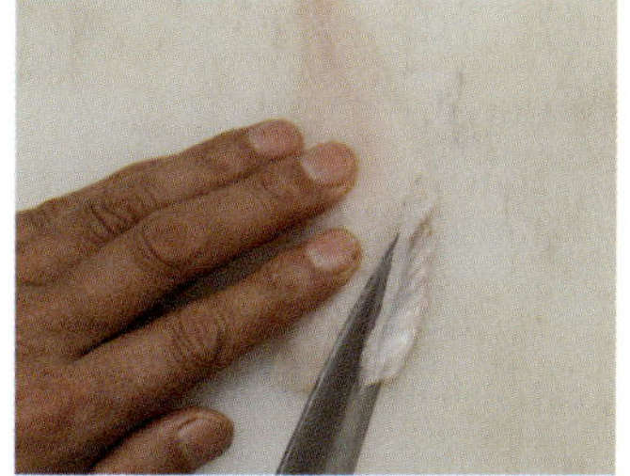

껍질을 벗겨낸 열기. 이 상태에서 잔 씨알이라면 뼈째 썰어 먹어도 되지만

08

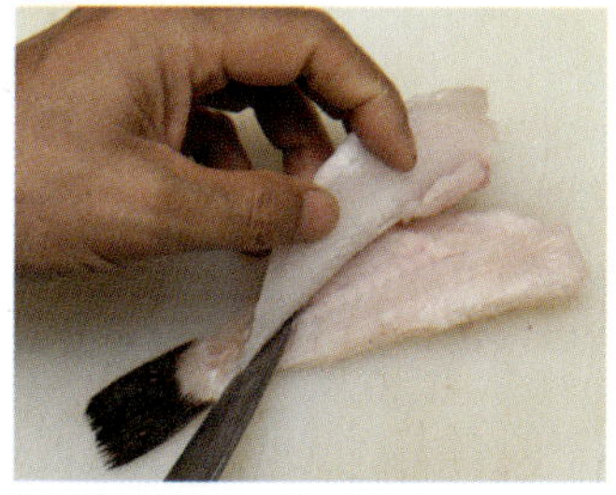

큰 씨알이라면 포를 떠낸다.

09

포를 뜨고 난 뒤 가슴뼈를 제거한다.

10

키친타월로 물기를 없앤 다음 무늬결과 평행하게 어슷어슷 썬다. 그래야 식감이 좋다.

열기 삼색찜

갓 낚은 열기는 회나 구이로 먹는 것이 더 맛있지만 한번 얼린 것이라면 찜이 좋다.
먼저 냉동실에서 꺼낸 열기를 천천히 해동시켜 모락모락 김이 나는 찜통에 넣어두면 특유의 탱탱한 육질이
잘 살아난다. 거기에 직접 만든 간장 소스를 곁들이면 웬만한 식당에서는 쉽게 먹어보기 어려운 별미가 된다.
찜 요리는 살이 단단한 볼락이나 열기 혹은 돔 종류라야 제 맛을 낸다. 살이 흐물흐물한 생선으로는 만들기 어렵다.
해동을 제대로 시키지 않고 장시간 찌게 되면 살이 푸석푸석해지므로 미리 고기를 꺼내 해동시키는 것이 중요하다.

Recipe

01

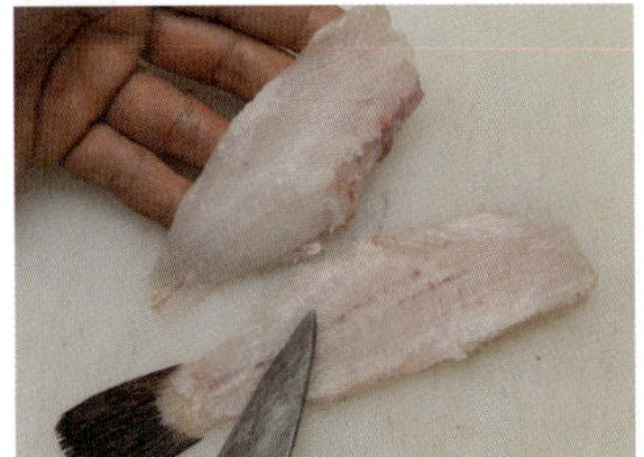

열기를 손질한 후 포를 떠낸다.

02

고기 위에 얹을 당근, 계란 고명, 파를 가늘게 썰어 둔다. 고기를 묶을 파를 미리 데쳐서 가늘게 찢어 놓는다.

03

파를 넣고 감은 뒤 이쑤시개로 고정한다.

04

데친 파로 묶은 뒤에 전분가루를 입힌다.

05

붙지 않게 가지런히 놓고 미리 가열한 찜기에 올려 2~3분간 찐다.

06

준비한 고명을 얹으면 완성. 소스에 찍어 먹으면 된다.

열기 활어는 1kg에 2만~3만원이다. 남해안에서는 정치망에 들어온 열기들이 어시장에 선어로 나오는데, 당일 잡은 열기 선어는 횟감으로 충분하다.

마트나 시장에 가면 저렴한 가격으로 냉동열기를 구입할 수 있다. 그러나 냉동보다는 냉장열기가 좋고 손가락으로 눌러봐서 살이 단단한 것이 상품이다. 열기를 더 저렴하게 구입하고 싶다면 중매인을 통하거나 가거도, 홍도의 어부들에게 직접 구입할 수도 있다. 산지에서는 그물로 잡자마자 급랭시키거나 반건조시킨 열기를 인터넷이나 전화로 직거래하고 있는데 시장에서 구입하는 것보다 더 싱싱하고 가격도 싼 편이다. 인터넷에 불볼락(열기) 판매를 클릭하면 된다.

25~30cm급 10마리 한 상자(小)에 3만~4만원, 20~25마리 한 상자(大)는 5만~7만원에 판매하고 있다.

열기 허브 양념구이

열기 허브 양념구이는 소금구이에만 익숙해 있던 입맛을 향기롭게 채워줄 별미 요리다.

01

깔끔하게 손질한 열기에 칼집을 낸다.

02

허브를 몸 전체에 골고루 뿌려준다. 생선 요리에 어울리는 허브는 스위트마조람, 샐러리, 타임, 타라곤, 파슬리 등이 있다.

03

초벌 양념을 골고루 발라준다.

04

석쇠 위에 호일을 깔고 열기를 겉만 살짝 초벌구이한다.

05

불을 약하게 조절해 열기가 타지 않도록 한 뒤 속까지 골고루 익힌다.

고추장, 설탕, 물엿, 다진 마늘, 생강, 간장 등이 들어간 양념장을 골고루 발라준 다음 굽는다.

Nutrition

열기는 불포화지방산과 섬유소가 풍부한 저칼로리 고단백 식품으로 다이어트에 좋고, 콜레스테롤의 농도를 낮춰 성인병을 예방하는 DHA가 풍부하다.

비싼 몸값 자랑하는
'귀족물고기'는?

저립

돗돔

세계에서 가장 비싼 물고기는 참치

지구상에서 가장 비싼 물고기는 일본 아오모리현 오바 해역에서 12월에 낚이는 참치(혼마구로)다. 세계 제일의 참치 소비국인 일본에선 북해도 인근 오바 해역에서 낚시로 잡은 참치를 최고로 쳐주는데 새해 첫 경매에 나온 오바산 최고급 참치를 낙찰 받으면 행운이 따른다고 하여 초밥집 사장들이 굉장한 고가에 구입한다. 2010년 1월 5일 도쿄 츠키지 시장에 나온 233kg짜리 참치를 일본과 홍콩의 초밥집 사장들이 1628만엔(당시 환율로 약 2억원)에 공동구매한 적 있으며, 2014년엔 8억원짜리 참치가 거래되었다는 소문도 돌았다.

우리나라에서 비싼 물고기 1위는 돗돔

우리나라에서 가장 비싼 물고기는 '전설의 물고기'로 알려진 돗돔이다. 돗돔은 1.5~2m 길이에 150kg에 육박하는 초대형어다. 평소엔 200~400m의 깊은 바다에 서식하다 초여름 산란기에 알을 낳기 위해 잠깐 50~100m 수심대로 접근하여 그물이나 낚시에 걸려든다. 비늘 한 장의 크기가 500원짜리 동전보다 크고 삽으로 비늘을 치고 톱을 이용해서 해체해야 한다. 회 맛은 참치와 비슷하며, 지방 함량이 많아 기름지고 고소한 맛이 난다. 드물게 낚이는 어종이어서 위판가격이 정해져 있지 않고 부르는 게 값이다. 그동안 거래된 가격을 살펴보면 한 마리 가격이 200만~400만원선이다.

우리나라에서 비싼 물고기 2위는 저립(재방어)

우리나라와 일본에서만 극히 드물게 잡힐 정도로 세계적 희귀어인 저립은 2m가 넘는 거대한 육식성 회유어로서 덩치는 참치만 하지만 삼치의 일종이다. 일본에선 우시사와라(ウシサワラ)라고 부르는데 '소처럼 큰 삼치'란 뜻이다. 그동안 국내에서 낚인 사례가 10마리 안팎으로 돗돔보다 더 귀한 어종이다. 저립은 배에서 트롤링으로 낚는데, 그동안 낚였던 저립은 2~2.5m로 무게는 60~130kg 정도 된다. 저립은 워낙 귀해 시장에서 거래된 사례가 없으나 2009년에 218cm 저립이 150만원에 팔린 적이 있다.

킬로그램당 가장 비싼 횟감은 다금바리와 붉바리

같은 무게일 경우 가장 비싼 횟감은 무엇일까? 제주도의 특산종인 다금바리와 붉바리가 공동 1위를 기록하고 있다. 다금바리와 붉바리는 횟집에서 1kg당 가격이 23만~25만원선에 팔린다. 그 뒤를 이어 돌돔이 18만~23만원, 긴꼬리벵에돔, 벵에돔, 감성돔이 모두 10만~15만원선의 가격대를 형성하고 있다.

비싼 몸값 자랑하는 복병 줄가자미

가자미 하면 싼 생선에 속하지만 다금바리 수준의 몸값에 거래되는 가자미도 있다. 바로 줄가자미다. 깊은 바다에 서식해 낚시에는 거의 잡히지 않는 종으로 간혹 그물에 걸려온다. 흔히 '이시가레이' 또는 '이시가리'로 많이 부르지만 이시가레이는 돌가자미의 일본 이름이며 줄가자미의 정확한 일본명은 '사메가레이(サメガレイ)'이다. 워낙 귀해서 값이 거의 다금바리 수준이다. 위판 가격이 킬로그램당 9만~13만원으로 횟집에서 판매되는 가격은 23만~25만원선이다.

삼세기

대체로 못생긴 고기들이 매운탕감으로는 최고의 지위를 누리고 있는데, 뚝지(도치)나 물메기(곰치),

아귀가 그런 놈들이다. 그러나 매운탕의 맛으로나 못 생긴 것으로나 첫손꼽는 녀석이 있으니 바로

삼세기(일명 삼숙이)다. 삼세기를 만나면 세 번 놀란다는 말이 있다. 생긴 모습에 놀라고, 싼 값에 놀라고,

그 맛에 놀란다는 것이다. 겉모양은 맹독이 있는 쑤기미와 유사하지만

삼세기의 등지느러미 가시엔 독이 없다. 옛날에는 아귀나 곰치와 마찬가지로

너무 못 생겨서 어부들도 배에 올리자마자 버렸다고 하는데, 그렇게 버린 삼세기를

가난한 사람들이 주워서 매운탕으로 끓여 먹기 시작하면서 그 놀라운 맛이 알려졌다고 한다.

국물은 시원하고 살은 살살 녹으며 알과 내장은 쫄깃하다. 삼세기는 심해어로 평소엔 깊은 바다에 살다가

겨울이 오면 산란을 위해 얕은 연안으로 올라붙는데 매년 11월이 되면 어부들이 연안에 설치한

그물에 대량으로 잡히기 시작하며 이때부터 3월까지가 가장 맛이 좋은 시기여서 식당에 삼세기

요리가 자주 등장한다. 특히 일본인들이 좋아해 어획량 중 상당수가 일본으로 수출되고 있다.

삼세기 냉채

삼세기를 매운탕으로만 먹기에 식상하다면 냉채로 만들어 먹어보기 바란다.
냉기와 어우러진 삼세기 살은 복어 못지않은 육질을 자랑한다.
냉채는 깔끔한 회와 야채를 곁들여 시원하게 즐길 수 있는 요리다.
특별한 소스나 재료가 들어가지 않아 가정에서도 쉽게 만들어 먹을 수 있다.

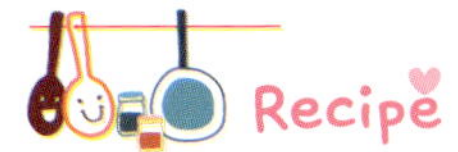

준비물
삼세기, 해삼 또는 전복, 청경채, 버섯, 피망, 겨자소스,
얼음물, 레몬즙

삼세기는 어시장에서 활어나 선어로 유통되고 있고, 거래되는 활어 가격은 1kg당 7천~1만원이다. 싱싱한 활어는 회로 먹기도 하지만 횟감보다는 매운탕감으로 좋은 재료다. 횟집에서도 매운탕으로 주로 팔린다. 삼세기 매운탕은 3~4인용(中)을 2만원이면 맛볼 수 있다. 삼세기는 낚시대상어종은 아니지만 남해와 서해 먼 바다에서 우럭 선상낚시를 하다보면 간혹 손님고기로 잡힌다.

01
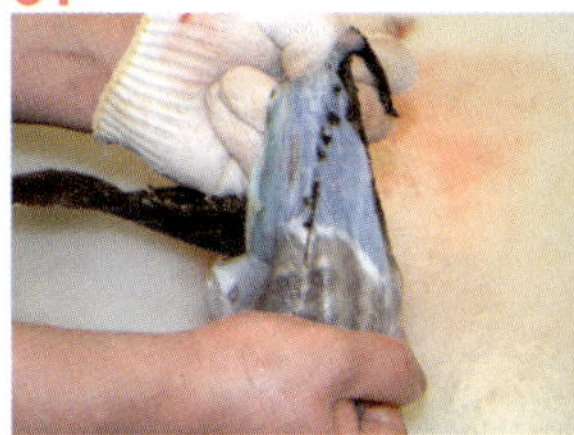

삼세기는 회를 떠야 하므로 되도록 살아있는 것을 준비한다. 머리를 잘라 피를 뽑고 껍질을 벗긴 다음 포를 뜬다.

02
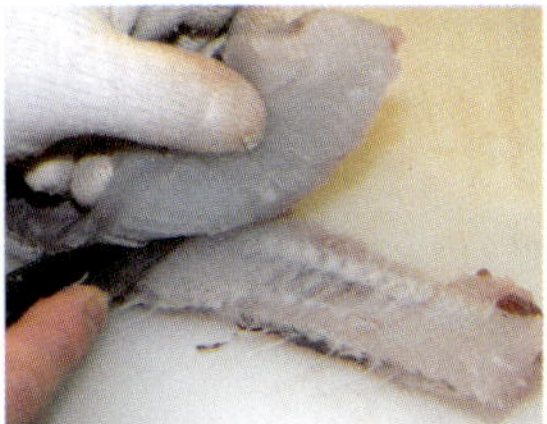

껍질을 벗겨낸 다음에도 살에는 질긴 막이 붙어 있는데 이것 또한 벗겨낸다.

03
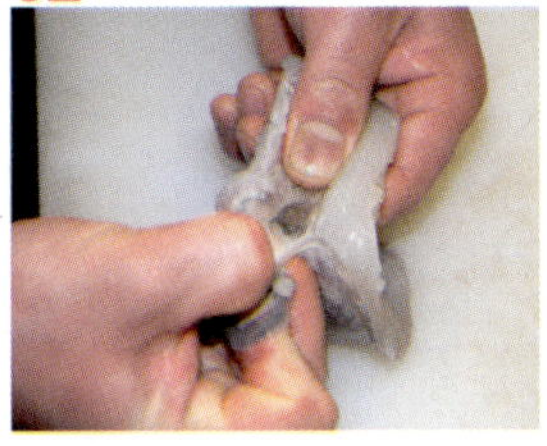

얼음물에 레몬즙을 짜 넣고 소금을 한 움큼 넣은 다음 삼세기 살을 넣고 헹궈준다. 이렇게 하면 생선 비린내를 없앰과 동시에 살균의 효과도 볼 수 있다.

04

전복, 해삼, 오징어 등의 해산물과 데친 청경채, 버섯, 피망을 적당한 크기로 썰어둔다.

05

예열한 프라이팬에 버터를 두르고 야채와 해산물을 넣고 살짝 볶는다.

06

살의 물기를 제거한 다음 적당한 크기로 썬다.

07

볶은 야채와 해산물 위에 삼세기 회를 얹은 다음 겨자소스를 부으면 완성. 겨자소스는 마트에서 '해파리 냉채 소스로 나온 것을 쓰면 된다.

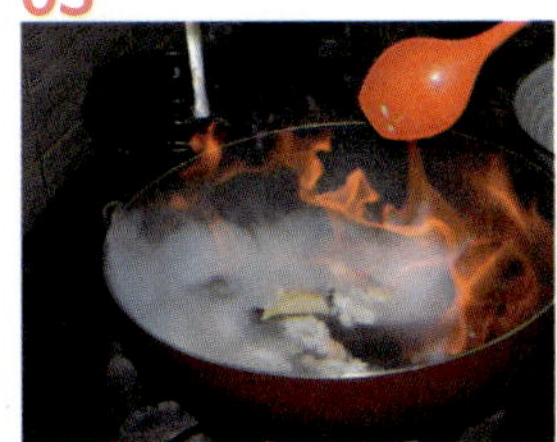

Nutrition

삼세기는 열량이 낮아 다이어트에 효과가 있고, 칼륨, 인, 칼슘 등을 함유하고 있어 혈압을 낮춰주고, 골다공증에 도움이 된다

아빠, 생선요리를 부탁해

지은이 낚시춘추 편집부
펴낸이 정규도
펴낸곳 황금시간

초판 1쇄 발행 2015년 3월 12일
3쇄 발행 2025년 9월 19일

편집 허만갑 이기선
디자인 이상준 김광규

공급처 (주)다락원 (02)736-2031

주소 경기도 파주시 문발로 211 다락원빌딩
전화 (02)736-2031(내선 803)
팩스 (031)8035-6907
출판등록 제406-2007-00002호

Copyright ⓒ 2015, 황금시간

저자 및 출판사의 허락 없이 이 책의 일부 또는 전부를
무단 복제 · 전재 · 발췌할 수 없습니다. 잘못된 책은 바꿔드립니다.

값 16,800원
ISBN 978-89-92533-73-7-13590

http://www.darakwon.co.kr

- 다락원 홈페이지를 통해 인터넷 주문을 하시면 자세한 정보와 함께 다양한
  혜택을 받으실 수 있습니다.